实例 014
两点线工具——教学三角尺

实例 015
手绘工具——木工锯

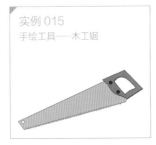

实例 016
贝塞尔工具——自定

实例 017

U0215666

实例 018
三点曲线工具——表情头像

实例 019
钢笔工具——卡通胡萝卜

实例 020
艺术笔——字母

实例 021
B 样条——蝴蝶

实例 022
钢笔工具——雨伞

实例 023
智能绘图工具——三角形

实例 024
椭圆工具——小 Q 人

实例 025
椭圆工具与多边形工具——气球

实例 026
椭圆与矩形工具——铜钱形图标

实例 027
矩形工具——图标

实例 028
三点椭圆工具——热气球

实例 029
矩形与椭圆工具——小熊猫

实例 030
图纸工具——五子棋

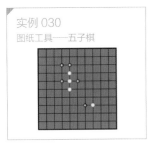

实例 031
螺纹工具——螺旋弹簧

实例 033
形状工具——卡通小猪

实例 032
标注工具——小羊

实例 034
吸管工具——大嘴猴

实例 035
交互式填充——糖葫芦

实例 036
多边形工具——卡通猫头鹰

实例 037
螺纹工具——蚊香

实例 038
虚拟线删除工具——装饰画 1

实例 039
喷涂——装饰画 2

实例 040
旋转变换——太阳花

实例 041
矩形工具——石英表

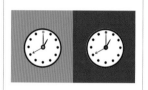

实例 042
顺序——愤怒的小鸟

实例 043
镜像变换——开始按钮

实例 044
大小变换——对称图形

实例 045
形状工具——夜色

实例 046
裁剪工具——插画

实例 047
刻刀与裁剪工具——分离图像

实例 048
艺术笔工具——树

实例 049
旋转复制——花环

实例 050
形状工具——调色板

实例 053
渐变填充——水晶苹果

实例 051
贝塞尔工具——酒杯

实例 052
渐变填充——蜡烛

实例 054
矢量图样填充——大嘴猴

实例 055
位图图样填充——背景墙

实例 056
图框精确剪裁——描边

实例 057
智能填充——五角星

实例 058
底纹填充——创意画 1

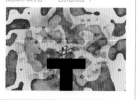

实例 059
PostScript 填充——创意画 2

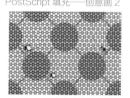

实例 060
图框剪裁与变换——背景插图

实例 061
艺术笔描边——心形图像

实例 062
双色调与智能填充——礼物

实例 063
PostScript 填充——晶格

实例 064
插入字符——地图

实例 065
交互式填充——3D 几何图

实例 066
对齐——太极图

实例 067
焊接合并——小白兔

实例 068
相交——卡通头像

实例 069
分布——卡片

实例 070
简化——视觉

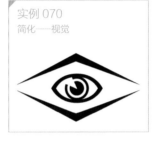

实例 071
相交——五环

实例 072
透镜——局部写真

实例 073
透镜——描线图

实例 074
修剪与创建边界——图标

实例 075
相交与合并——卡通形象

实例 076
合并——镖盘

实例 077
组合——飞镖

实例 078
相交——天

实例 079
移除前面的对象——书签

实例 080
透镜——蘑菇

实例 081
拆分——文字宣传语 1

实例 082
直排文字输入——文字宣传语 2

实例 083
选择字体——文字宣传语 3

实例 084
沿路径键入文字——图章

实例 085
使文字适合路径——弧线文字

实例 086
转换为曲线——图标

实例 087
添加图形——文字创意

实例 088
文字编辑——名片

实例 089
图框精确剪裁——手机

实例 090
文字排版——飞

实例 091
相交——水纹字

实例 092
移除前面的对象——修剪字

实例 093
内置文本——圆形内嵌入文字

实例 094
沿路径键入文字——月亮文

实例 095
图框精确剪裁——文字嵌入图片

实例 096
首字下沉——海报

实例 097
栏——排版

实例 098
项目符号——旅游项目

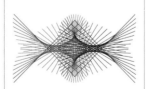

实例 099
直排文字——极限运行

实例 100
艺术笔——画笔描边字

实例 101
交互式调和——过渡

实例 102
顺时针调和——线条组合

实例 103
交互式调和——彩蝶

实例 104
交互式轮廓——轮廓字

实例 105
新路径——描边字

实例 106
立体化工具——促销海报

实例 107
变形工具——小精灵

实例 108
旋转变形——图标

实例 109
立体化——齿轮

实例 110
封套工具——变形字

实例 111
调和改变路径——心形项坠

实例 112
添加透视点——调和字

实例 113
轮廓图——多层次描边

实例 114
调和工具——图形
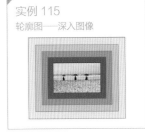

实例 115
轮廓图——深入图像

实例 116
斜角——视觉图
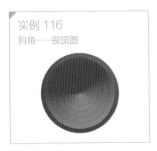

实例 117
斜角——巧克力

实例 118
步长与重复——舞台

实例 119
添加透视点——学习平台

实例 120
圆角——标志牌

实例 121
扇形角——立体字
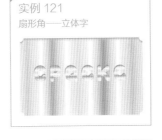

实例 122
调和面板——立体五角星

实例 123
创建边界——雪人

实例 124
高斯模糊——画

实例 125
色度/饱和度/亮度—美丽的乡间

实例 126
矩形渐变透明——赶海

实例 127
颜色转换——蝴蝶

实例 128
轮廓描摹——汽车

实例 129
凸凹贴图——浮雕

实例 130
图框精确剪裁——快递
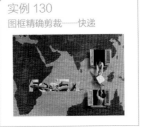

实例 131
通道混合器——炫彩字

实例 132
转换为位图——金属字

实例 133
湿笔画——降雪字

实例 134
彩色玻璃——石头字

实例 135
粒子——气泡字

实例 136
蜡笔画——彩沙字

实例 137
图像调整试验器——调整色调

实例 138
椭圆渐变透明——合成图像

实例 139
图框精确剪裁——合成图像

实例 140
天气——脚印

实例 141
篮球

实例 142
灯笼

实例 143
小圆桌

实例 144
挂钟

实例 145
小白兔

实例 146
折扇

实例 147
酒瓶

实例 148
智能手机

实例 149
轮胎

实例 150
卡通小猪

实例 151
小猫

实例 152
马克杯

实例 153
电量

实例 154
表情

实例 155
珍珠项链

实例 156
电池人
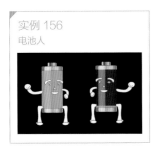

实例 157
鸡蛋创意

实例 158
图标 01

实例 158
图标 02

实例 158
图标 03

实例 158
图标 04

实例 162
一次性纸杯

实例 163
帽子

实例 164
T 恤衫
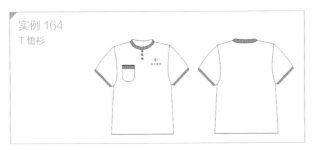

实例 166
名片

实例 165
道旗

实例 167
背景墙

实例 168
工作证

实例 169
优盘

实例 170
纸兜

实例 171
车身

实例 172
伞

实例 173
停车牌

实例 174
光盘

实例 175
信封

实例 176
登录界面 01

实例 176
登录界面 02

实例 176
登录界面 03

实例 176
登录界面 04

实例 176
登录界面 05

实例 181
立六

实例 182
飞舞

实例 183
绿色家园

实例 184
步步高

实例 185
康达盈创

实例 186
静夜思

实例 187
倒影景色

实例 188
空中之城

实例 189
康达
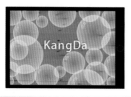

实例 190
手机广告

实例 191
店铺宣传招贴

实例 192
汽车广告

实例 193
演唱会门票

实例 194
商场促销广告

实例 195
公益广告

实例 196
电影海报

实例 197
旅游海报

实例 198
天佑书吧微网页

实例 199
学校网页

实例 200
儿童网页

Corel

CorelDRAW X7

实战 | 从入门到精通

新视角文化行 曹培强 刘冬美 编著

人民邮电出版社

北　京

图书在版编目（CIP）数据

CorelDRAW X7实战从入门到精通 / 曹培强，刘冬美
编著. — 北京：人民邮电出版社，2016.2（2017.8重印）
ISBN 978-7-115-41275-1

Ⅰ. ①C… Ⅱ. ①曹… ②刘… Ⅲ. ①图形软件 Ⅳ.
①TP391.41

中国版本图书馆CIP数据核字(2015)第318438号

内 容 提 要

CorelDRAW 是一款功能强大的矢量图形绘制软件。如今，它广泛应用于广告设计、服装设计、插画设计、包装设计、版式设计和网页设计等与平面设计相关的各个领域。

本书根据使用 CorelDRAW X7 进行图形设计的特点编写而成，并精心设计了 200 个实例，循序渐进地讲解了使用 CorelDRAW X7 设计专业平面作品所需要的全部知识。全书共分 16 章，前 10 章包括 CorelDRAW X7 的软件的基础知识、线性工具的使用、几何图形工具的使用、图形对象的编辑、填充与编辑对象、对象之间的编修、文字的输入与应用、矢量图的交互效果、矢量图的特殊效果命令和位图效果应用等。后 6 章从提升图形设计技能的角度出发，层层深入到商业应用的层面进行讲解，包括矢量绘图、企业形象设计、界面设计、创意设计、广告设计和网页设计等内容。本书附赠 1 张 DVD 光盘，包含了书中 200 个案例的多媒体视频教程、CDR 文件和素材文件。

全书采用"完全案例"的编写形式，兼具技术手册和应用技巧参考手册的特点，技术实用，讲解清晰，不仅可以作为图形设计初、中级读者的学习用书，还可以作为大中专院校相关专业及图形设计培训班的教材。

♦ 编　　著　新视角文化行　曹培强　刘冬美
　　责任编辑　杨　璐
　　责任印制　陈　犇
♦ 人民邮电出版社出版发行　北京市丰台区成寿寺路 11 号
　　邮编　100164　　电子邮件　315@ptpress.com.cn
　　网址　http://www.ptpress.com.cn
　　固安县铭成印刷有限公司印刷
♦ 开本：787×1092　1/16
　　印张：23.5　　　　　　　　彩插：4
　　字数：632 千字　　　　　　2016 年 2 月第 1 版
　　印数：5 701 – 6 300 册　　　2017 年 8 月河北第 6 次印刷

定价：49.80 元（附光盘）

读者服务热线：(010)81055410　印装质量热线：(010)81055316
反盗版热线：(010)81055315
广告经营许可证：京东工商广登字 20170147 号

前 言

PREFACE

本书针对CorelDRAW进行图形设计的应用方向，从软件基础开始，深入挖掘CorelDRAW的核心工具、命令与功能，帮助读者在最短的时间内迅速掌握CorelDRAW软件，并将其运用到实际操作中。本书作者具有多年的丰富教学经验与实际工作经验，将自己在实际授课和项目制作过程中积累下来的宝贵经验与技巧展现给读者，帮助读者从学习CorelDRAW软件使用的层次迅速提升到图形设计应用的阶段。本书按照实践案例式教程编写，兼具实战技巧和应用理论参考手册的特点。

内容特点

本书共16章，包括200个实际应用的方法与技巧。

- 完善的学习模式

"实例目的＋实例要点＋操作步骤＋技巧提炼"4大环节保障了可学习性。明确每一阶段的学习目的，做到有的放矢。详细讲解操作步骤，力求让读者即学即会。200个实际案例，涵盖了大部分常见应用。

- 进阶式讲解模式

全书共16章，每一章都是一个技术专题，从基础入手，逐步进阶到灵活运用。通过精心设计的200个案例，与实战紧密结合，技巧全面丰富，不但能学习到专业的制作方法和技巧，还能提高实际应用的能力。

配套资源

- 全案例视频教学

660分钟全程同步多媒体语音教学视频，由一线讲师亲授，详细记录了每个实例的具体操作过程，边学边做，同步提升操作技能。

- 便捷的配套素材

提供书中案例所需的素材文件，便于读者直接实现书中案例，掌握学习内容的精髓。还提供了所有案例的CDR文件，供读者对比学习。

本书读者对象

　　本书主要面向初、中级读者。对于软件每个功能的讲解都从必备的基础操作开始，以前没有接触过CorelDRAW X7的读者无需参照其他书籍即可轻松入门，接触过CorelDRAW X7的读者同样可以从中快速了解CorelDRAW X7的各种功能和知识点，自如地踏上新的台阶。

　　书中难免有错误和疏漏之处，恳请广大读者批评、指正。

编者

目 录
CONTENTS

第 03 章　几何图形工具的使用

第 04 章　图形对象编辑

第 09 章　矢量图的特殊效果命令

第 10 章　位图效果应用

第 11 章　矢量绘图

第 12 章　企业形象设计

第 16 章　**网页设计**

第 01 章

CorelDRAW X7基础知识

本章主要讲解CorelDRAW X7软件中文件的新建、打开、导入图片、保存文件、关闭文件、页面设置、放大视图、缩小视图和设置快捷键等操作。本章可使读者对CorelDRAW X7软件的整个工作窗口和操作中的一些基础知识有一个初步了解，为读者后面的学习打下基础。

实例 001 启动CorelDRAW X7

| 实例目的 |

主要讲解CorelDRAW X7软件启动的方法。

| 实例要点 |

☆ 启动 CorelDRAW X7
☆【CorelDRAW X7】欢迎界面

| 操作步骤 |

01 单击桌面左下方的【开始】按钮，在弹出的菜单中将鼠标移动到【所有程序】选项上单击，再将鼠标移至【CorelDRAW Graphics Suite X7】选项上，展开下一级子菜单，最后将鼠标移至【CorelDRAW X7】选项上，如图1-1所示。

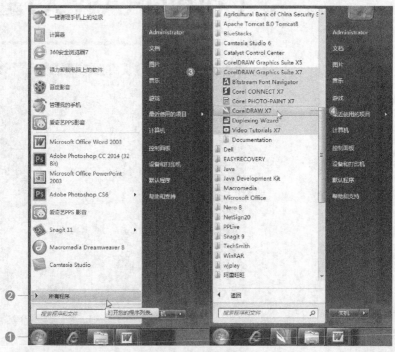

图1-1　启动菜单

| 技巧 |

如果在桌面上创建有 CorelDRAW X7 快捷方式，在桌面的 图标上双击，即可快速地启动 CorelDRAW X7。

02 在【CorelDRAW X7】选项上单击鼠标左键，启动CorelDRAW X7（见图1-2），弹出【CorelDRAW X7】欢迎屏幕对话框（见图1-3）。此时CorelDRAW X7已被启动。

| 技巧 |

启动时始终显示欢迎屏幕：复选框处于勾选状态时，则每次启动 CorelDRAW X7 时，都会出现【CorelDRAW X7】欢迎屏幕对话框；如果将复选框的勾选取消，则在每次启动 CorelDRAW X7 时，将不再出现该对话框。

图1-2 启动界面

图1-3 【CorelDRAW X7】欢迎屏幕对话框

实例 002 新建文档

| 实例目的 |

主要讲解CorelDRAW X7软件新建文档的方法。

| 实例要点 |

☆ 新建文档
☆ 从模板新建文档

| 操作步骤 |

01 将光标移动到【新建文档】按钮处，鼠标变为 图形时，单击鼠标左键，系统会弹出图1-4所示的进入【创建新文档】对话框。单击【确定】按钮，会进入CorelDRAW X7的操作界面，系统自动新建一个空白文档，如图1-5所示。

图1-4 【创建新文档】对话框

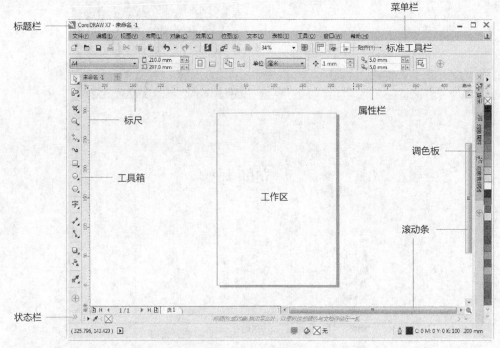

图1-5 操作界面

图1-6 菜单栏

02 上面介绍的是从【CorelDRAW X7】对话框中的新建图标，建立新的空白文档的方法。进入CorelDRAW后，要建立新的空白文档，可通过单击菜单栏上的【文件】/【新建】命令（见图1-6），或单击标准工具栏上的 ◻（新建）按钮（见图1-7）来建立新文档。

图1-7 标准工具栏

> **技巧**
>
> 除了可通过单击菜单栏【文件】/【新建】命令和单击标准工具栏上的 ◻（新建）按钮新建文档外，还可以按键盘上的 Ctrl+N 组合键，快速建立一个新的文档。

> **技巧**
>
> 在 CorelDRAW X7 中，在菜单栏中单击【文件】/【从模板新建】命令，将弹出【从模板新建】对话框，在其中选择"类型"或"行业"后，在右面的"模板"中即可通过模板样式选择新建的文档形式。

实例 003 打开文件

┃ 实例目的 ┃

以"雪景"文件为例，讲解通过菜单栏中的【文件】/【打开】命令或单击标准工具栏上的 ◻（打开）按钮的方法打开"雪景"文件。

┨ **实例要点** ┠

　　☆ 打开【打开绘图】对话框

　　☆ 打开"雪景"文件

┨ **操作步骤** ┠

01 启动 CoreIDRAW X7 软件。

02 执行菜单中的【文件】/【打开】命令，或将鼠标移至标准工具栏上的 ⬚（打开）按钮上，单击鼠标左键，弹出【打开绘图】对话框，导入"素材/第1章/雪景"（本书用到的素材全部在本书配套光盘中），在【打开绘图】对话框中可预览文件效果，如图1-8所示。

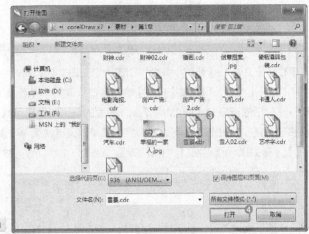

图1-8 【打开绘图】对话框

技巧

按键盘上的 Ctrl+O 组合键，可直接弹出【打开绘图】对话框，快速打开文件。

技巧

在【打开绘图】对话框中的"雪景"文件上双击鼠标左键，可以直接打开"雪景"文件。

03 单击【打开】按钮，打开"雪景"文件，如图1-9所示。

技巧

高版本的 CoreIDRAW 可以打开低版本的 CDR 文件，但低版本的 CoreIDRAW 不能打开高版本的 CDR 文件。解决的方法是在保存文件时选择相应的低版本。

技巧

安装 CoreIDRAW 软件后，系统自动识别 CDR 格式的文件，在 CDR 格式的文件上双击鼠标，无论 CoreIDRAW 软件是否启动，都可用 CoreIDRAW 软件打开该文件。

图1-9 打开的"雪景"文件

实例 004　认识软件界面

| 实例目的 |

通过图1-5至图1-9所示的界面，快速了解CorelDRAW X7软件工作界面。

| 实例要点 |

☆ 新建文档
☆ 打开文档
☆ 界面中各个功能的使用

| 操作步骤 |

01 单击菜单栏中【文件】/【新建】命令，新建一个空白文档，此时会启动软件操作界面，如图1-5所示，或单击菜单栏中【文件】/【打开】命令，可通过【打开】命令启动软件操作界面，如图1-9所示。

02 标题栏：标题栏位于CorelDRAW X7操作界面的最顶端，显示当前运行程序的名称和打开文件的名称，最左边显示的是软件图标和名称，单击该图标可以打开控制菜单，通过此菜单可以移动、关闭、放大或缩小窗口；右边3个按钮分别为【最小化】、【最大化/还原】和【关闭】按钮，如图1-10所示。

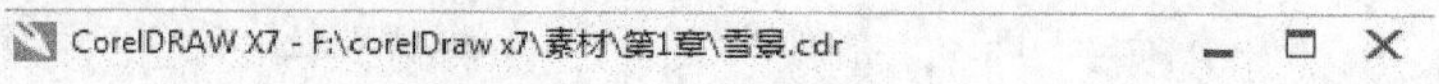

CorelDRAW X7 - F:\corelDraw x7\素材\第1章\奇景.cdr　　　　＿ □ ✕

图1-10　标题栏

03 菜单栏：在默认的情况下，菜单栏位于标题栏的下方，它是由【文件】、【编辑】、【视图】、【布局】、【对象】、【效果】、【位图】、【文本】、【表格】、【工具】、【窗口】、【帮助】这12类菜单组成，包含了操作过程中需要的所有命令，单击可弹出下拉菜单，如图1-11所示。

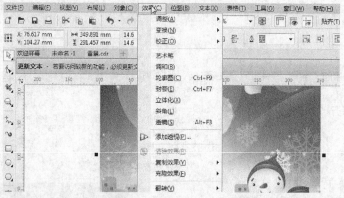

图1-11　菜单栏

04 标准工具栏：标准工具栏是由一组图标按钮组合而成的，在默认的情况下，标准工具栏位于菜单栏的下方，其作用是将菜单中的一些常用的命令选择按钮化，以便于用户快捷操作，如图1-12所示。

图1-12　标准工具栏

05 属性栏：在默认的情况下，属性栏位于标准工具栏的下方。属性栏会根据用户选择的工具和操作状态显示不同的属性，用户可以方便地设置工具或对象的各项属性。如果用户没有选择任何工具，属性栏将会显示与整个绘图有关的属性，如图1-13所示。

图1-13 属性栏

06 工具箱：工具箱是CorelDRAW X7一个很重要的组成部分，位于软件界面的最左边，绘图与编辑工具都被放置在工具箱中。其中，有些工具图标按钮的右下方有一个小黑三角形，表示该按钮下还隐含着一列同类按钮，如果选择某个工具，用鼠标直接单击即可，如图1-14所示。

07 标尺：在CorelDRAW X7中，标尺可以帮助用户确定图形的大小和设定精确的位置。在默认情况下，标尺显示在操作界面的左方和上方。执行菜单中的【视图】/【标尺】命令即可显示或隐藏标尺。

08 页面导航器：页面导航器位于工作区的左下角，显示了CorelDRAW文件当前的页码和总页码，并且通过单击页面标签或箭头，可以选择需要的页面，特别适用于多文档操作，如图1-15所示。

图1-15 页面导航器

09 状态栏：状态栏位于操作界面的最底部，显示了当前工作状态的相关信息，如被选中对象的简要属性、工具使用状态提示及鼠标坐标位置等信息，如图1-16所示。

(-5,933.899, 2,823.566) ▶ 71 对象群组于 桌面 　　填充色 　　轮廓色

图1-16 状态栏

图1-14 工具箱

10 调色板：CorelDRAW X7的调色板位于操作界面的最右侧，是放置各种常用色彩的区域。利用调色板可以快速地为图形和文字添加轮廓色和填充色。用户也可以将调色板浮动在CorelDRAW操作界面的其他位置。

11 泊坞窗：在通常情况下，泊坞窗位于CorelDRAW操作界面的右侧，泊坞窗的作用是方便用户查看或修改参数选项，在操作界面中可以把泊坞窗浮动在任意位置，如图1-17所示。

图1-17 泊坞窗

实例 005 导入素材

┃ 实例目的 ┃

在使用CorelDRAW软件绘图或编辑时，有时需要从外部导入非CDR格式的图片文件。下面，我们通过实例讲解导入非CDR格式的外部图片的方法。

┃ 实例要点 ┃

☆ 打开【导入】对话框

☆ 使用【导入】按钮

☆ 直接拖动图像导入

┃ 操作步骤 ┃

01 单击菜单栏中【文件】/【新建】命令，新建一个空白文件。

02 执行菜单中的【文件】/【导入】命令，或将鼠标移至标准工具栏上的 （导入）按钮上，单击鼠标左键，弹出【导入】对话框，如图1-18所示。

03 在【导入】对话框的查找路径中，导入"素材/第1章/电影海报"，将鼠标指针移动至"电影海报"文件上，将会在鼠标指针的下方显示该文件的尺寸、类型和大小信息，如图1-19所示。

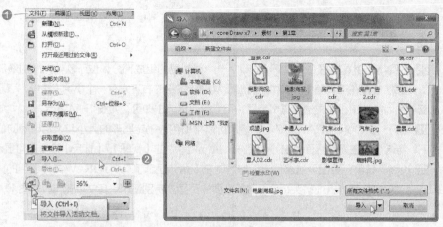

图1-18　打开【导入】对话框

图1-19　选择导入的图片

04 单击【导入】按钮，鼠标指针变为图1-20所示的状态。

> **技巧**
>
> 在 CorelDRAW 中导入图片的方法有 3 种：单击导入图片，图片将保持原来的大小，单击的位置为图片左上角所在的位置；拖曳鼠标的方法导入图片，根据拖动出矩形框的大小重新设置图片的大小；敲击键盘上的 Enter 键导入图片，图片将保持原来的大小且自动与页面居中对齐。

05 移动鼠标指针至合适的位置，按住鼠标左键拖曳，显示一个红色矩形框，在鼠标指针的右下方显示导入图片的宽度和高度，如图1-21所示。

06 鼠标指针拖曳至合适位置，松开鼠标左键，即可导入图片，如图1-22所示。

电影海报.jpg
w: 130.048 mm, h: 180.001 mm
单击并拖动以便重新设置尺寸。
按 Enter 可以居中。
按空格键以使用原始位置。

图1-20　鼠标指针的状态　　　　　　　　图1-21　拖动导入图片　　　　　　　　图1-22　导入的图片

实例 006 导出文档

实例目的

在CorelDRAW中，读者可以将绘制完成的或是打开的矢量图存为多种图像格式，这就需要用到【导出】命令。

实例要点

☆ 打开文件
☆ 【导出】对话框

操作步骤

01 打开一个CDR格式的文件，如图1-23所示。

图1-23　打开的文件

02 执行菜单中的【文件】/【导出】命令，或者单击【标准工具栏】上的 ▣【导出】按钮，此时会弹出【导出】对话框，在该对话框中选择需要导出的图像的路径，在下方输入文件名，如图1-24所示。

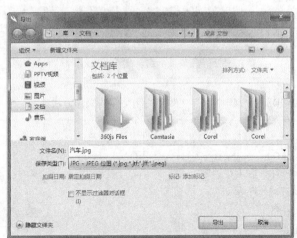

图1-24　打开【导出】对话框

03 单击【导出】按钮后，将弹出【导出到JPEG】对话框，在其中可以更改图像的大小和图像的分辨率等设置，如图1-25所示。

04 单击【确定】按钮，完成导出，如图1-26所示。

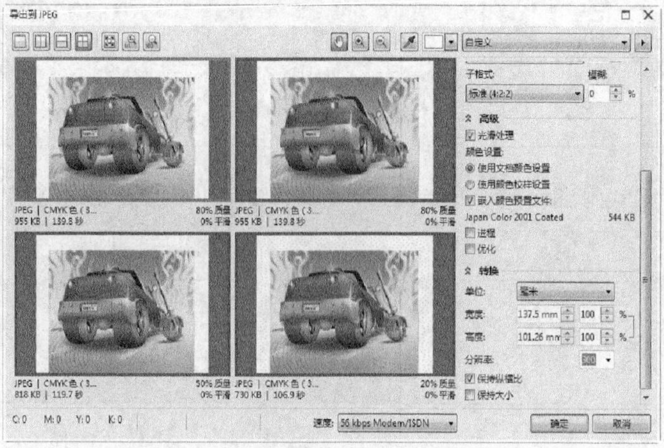

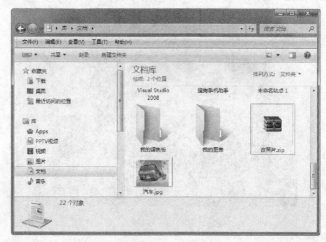

图1-25 【导出到JPEG】对话框

图1-26 导出的位图

实例 007 保存、关闭文件

实例目的

学习在CorelDRAW X7中保存文件和关闭文件的操作方法。

实例要点

☆ 打开【保存绘图】对话框

☆ 选择磁盘和文件夹

☆ 输入文件名

☆ 保存文件

☆ 关闭文件

操作步骤

1. 保存文件

01 新建文档绘制图形。

02 执行菜单中的【文件】/【保存】命令，或单击标准工具栏中的 🖫 （保存）按钮，将弹出【保存绘图】对话框，如图1-27所示。

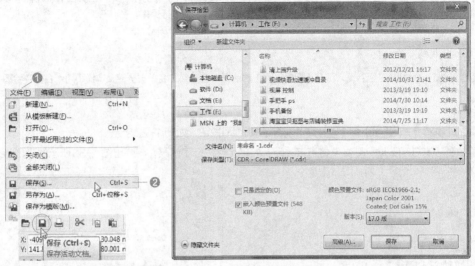

图1-27　打开【保存绘图】对话框

技巧

按键盘上的 Crtl+S 组合键，也可以弹出【保存绘图】对话框，快速保存文件。

03 在【保存绘图】对话框中的【保存在】右侧的下拉列表中选择保存文件的磁盘和文件夹，在【文件名】右侧的文本框中输入文件名，如图1-28所示。

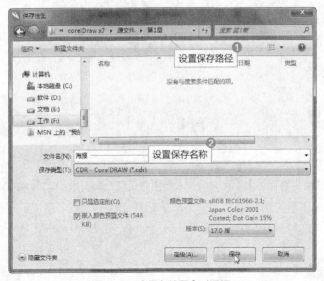

图1-28　【保存绘图】对话框

技巧

在【保存类型】中，"CDR-CorelDRAW"格式为 CorelDRAW 的标准格式，方便在下次打开时对所绘制的图形进行修改。

04 单击【保存】按钮，即可保存文件。

已经保存的文件再进行修改，可选择【文件】/【保存】命令，或单击标准工具栏中的 ▣（保存）按钮直接保存文件。此时，不再弹出【保存绘图】对话框。也可将文件换名保存，即单击【文件】/【另存为】命令，在弹出的【保存绘图】对话框中，重复前面的操作，在【文件名】右侧的文件框中重新更换一个文件名，再进行保存。

通过按键盘上的 Ctrl+Shift+S 组合键，可在【保存绘图】对话框中的【文件名】右侧的文本框中用新名保存绘图。

2. 关闭文件

01 执行菜单中的【文件】/【关闭】命令，或单击标签右侧的 ⊠ 按钮，如图1-29所示。

02 此时，如果文件没有任何改动，则文件将直接关闭。如果文件进行了修改，将弹出图1-30所示的【CorelDRAW X7】对话框。

图1-29　关闭文件

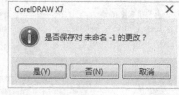

图1-30　【CorelDRAW X7】对话框

03 单击 是(Y) 按钮，保存文件的修改，并关闭文件；单击 否(N) 按钮，将关闭文件，不保存文件的修改；单击 取消 按钮，取消文件的关闭操作。

在对 CorelDRAW 进行操作时，有时会打开多个文件，如果要一次将所有文件都关闭，就要使用【全部关闭】命令。执行菜单中的【关闭】/【全部关闭】命令，就可将所有打开的文件全部关闭，为用户节省了时间。

实例 008 页面设置

┤ 实例目的 ├

在绘图之前，需要先设置好页面的大小和方向。本例主要讲解CorelDRAW页面的基本设置方法。

┤ 实例要点 ├

☆ 设置横向页面
☆ 设置"A5"纸张页面
☆ 自定义页面
☆ 设置页面背景颜色

┤ 操作步骤 ├

01 新建文件。

02 在属性栏中，显示当前页面的信息，如图1-31所示。

页面宽度与高度　　　纵向

页面大小　　　　　　　　横向

图1-31　属性栏

1. 设置横向页面

单击属性栏中的 ▣（横向）按钮，【纸张宽度和高度】数值框中的值对调，页面设置为横向，如图1-32所示。

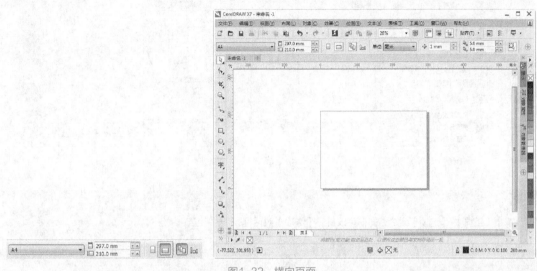

图1-32　横向页面

2. 设置"A5"纸张页面

在属性栏中的【纸张类型/大小】下拉列表中，选择"A5"选项后，页面将自动改为纵向的A5纸，如图1-33所示。

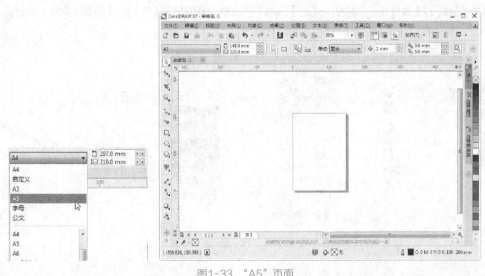

图1-33　"A5"页面

3. 自定义页面

01 执行菜单中的【布局】/【页面设置】命令，弹出【选项】对话框，在宽度后面的单位下拉框中选择【毫米】选项。

02 在【宽度】右侧的数值框中输入180，在高度右侧的数值框中输入80，敲击键盘上的Tab键，可通过预览框预览设置后的页面的大小和方向，如图1-34所示。

图1-34 【选项】对话框

执行菜单中【工具】/【选项】命令，同样可以打开【选项】对话框。

在对话框中，按键盘上的 Tab 键，可以在对话框中的选项和数值框中进行循环切换，快速方便地进行各项设置。

03 设置完毕单击【确定】按钮，完成页面的设置。

4. 设置页面背景颜色

01 执行菜单中【版面】/【页面背景】命令，弹出【选项】对话框，选择左侧【文档】/【背景】命令，选择右侧的单选项，在其后的颜色下拉列表框中选择【黄色】色块，如图1-35所示。

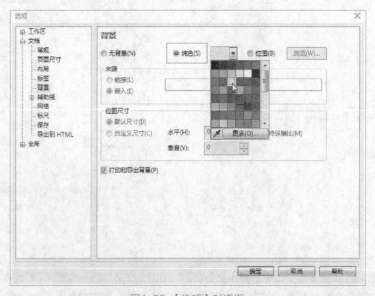

图1-35 【选项】对话框

02 设置完毕单击【确定】按钮，页面的背景色设置为【黄色】，效果如图1-36所示。

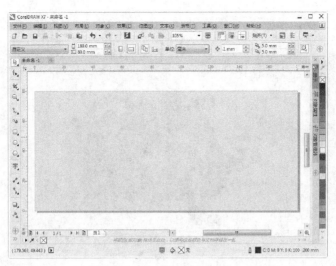

图1-36 黄色背景页面

实例 009 查看视图

| 实例目的 |

在绘制图形时，为了方便调整图形的整体和局部效果，可以按需要缩放和调整视图的显示模式。

| 实例要点 |

- ☆ 使用标准工具栏中的【缩放级别】放大视图
- ☆ 在标准工具栏中的【缩放级别】中输入数值，缩小视图
- ☆ 使用标准工具栏中的【缩放级别】/【到页面】显示
- ☆ 使用标准工具栏中的【缩放级别】/【到页宽】显示
- ☆ 使用标准工具栏中的【缩放级别】/【到页高】显示
- ☆ 运用【缩放工具】单击放大
- ☆ 运用【缩放工具】局部放大
- ☆ 缩放到全部对象
- ☆ 缩放到页面大小

| 操作步骤 |

1. 使用标准工具栏

01 启动软件。

02 执行菜单中的【文件】/【打开】命令，在弹出的【打开绘图】对话框中，选择本书"素材/第1章/财神"，如图1-37所示。

03 在标准工具栏中，单击【缩放级别】右侧的 ∨ 按钮，在弹出的下拉列表中选择"100%"选项，敲击键盘上的Enter键，图形在页面中将以100%显示，如图1-38所示。

图1-37　打开的"财神.cdr"文件

图1-38　放大100%显示状态

04 在标准属性栏中的【缩放级别】列表中分别选择【到页面】、【到页宽】、【到页高】选项，分别以最适合页面、页宽、页高显示，如图1-39所示。

【到页面】显示状态

【到页宽】显示状态

【到页高】显示状态

图1-39　各种显示状态

技巧

在标准属性栏【缩放级别】列表中选择【到页面】选项执行的操作，可以通过按键盘上的 Shift+F4 组合键快速执行。

05 在【缩放级别】下拉列表框中直接输入缩放的数值，如果要把图片缩小至10%显示，则在【缩放级别】下拉列表框中输入10%，并敲击键盘上的Enter键即可，如图1-40所示。

图1-40　缩小10%后的显示状态

2．使用缩放工具

01 移动鼠标指针至工具箱中的 🔍（缩放工具）按钮上，单击鼠标左键，使【缩放工具】处于选择状态，此时鼠标指针变为 🔍 状态，移动鼠标指针至财神图形上，单击鼠标左键，图形将以鼠标单击的位置为中心放大至80%，如图1-41所示。

图1-41　不同的显示状态

02 移动鼠标至财神内侧合适的位置按住鼠标左键拖曳出一个矩形框，松开鼠标左键，框选的区域将放大显示，可以看到财神内侧的纹理，如图1-42所示。

图1-42　局部放大后的效果

如果想恢复至上一步的显示状态，单击鼠标右键即可。

按键盘上的 Alt+Backspace（空格键）组合键，在使用工具箱的任何工具时，暂时切换为手形工具，调整图形在窗口中的显示位置后，再次显示当前使用的工具。

03 在属性栏中，单击 （缩放到全部对象）按钮，显示状态如图 1-43 所示。

04 单击属性栏中的 （缩放选择对象）按钮，将以整个选取图像的缩放级别显示，如图 1-44 所示。

图1-43　显示状态

图1-44　显示状态

在工作区或绘图区按住键盘上的 Shift 键，鼠标指针由 状态变为 形态后，单击鼠标，可以整体缩小视图显示。

缩放视图主要有两种方法，即在标准工具栏中的【缩放级别】下拉列表框中选择合适的选项和缩放工具。

实例 010　撤消与重做的操作

实例目的

在绘图的过程，撤消和重做操作可以快速地纠正错误。本例将学习撤消与重做的操作方法。

实例要点

☆ 使用【编辑】/【撤消删除】命令

☆ 使用【编辑】/【重做删除】命令

☆ 使用【编辑】/【撤消移动】命令

☆ 标准工具栏【撤消】工具的使用

操作步骤

打开"素材/第1章/财神2"，如图1-45所示。

1．直接删除图形

01 选择躺着的财神图形，将其删除，效果如图 1-46 所示。

图1-45　"财神"图形

图1-46　删除躺着的财神图形后的效果

02 执行菜单中的【编辑】/【撤消删除】命令，取消前一步操作，删除的躺着的财神图形恢复到视图中，如图 1-47 所示。

图1-47　【撤消删除】操作效果

03 如果再执行【编辑】/【重做删除】命令，月亮图形将重新被删除，如图 1-48 所示。

图1-48　【重做删除】操作效果

2．移动删除图形

01 选择躺着的财神图形，将其调整到其他位置，然后再将其删除，效果如图 1-49 所示。

02 单击标准工具栏 ↶（撤消）右侧的 ▪ 按钮，在弹出的面板中，移动鼠标至"移动"上，单击鼠标左键，如图 1-50 所示。

图1-49 删除后的效果

单击

选择

图1-50 【撤消操作】效果

> **技巧**
>
> 执行的操作不同，在【编辑】菜单和标准工具栏中的【撤消】或重做面板中显示的【撤消】命令也不同。读者在使用该命令时应灵活掌握。

> **技巧**
>
> 撤消操作可将一步或已执行的多步操作撤消，返回到操作前的状态；而重做操作则是在撤消操作后的恢复操作。

实例 011 设置快捷键

实例目的

很多时候，CorelDRAW自带的快捷键不能满足我们的需要，并且有些常用的快捷键的设置使用起来并不方便，而有些不常用的快捷键则便于操作，我们可以通过快捷键的设置功能把它们进行调换，对一些没有快捷键的操作进行设置。

实例要点

☆ 打开【选项】对话框

☆ 选择【工具箱】选项

☆ 选择工具

☆【快捷键】选项卡

☆ 指定快捷键

操作步骤

01 新建文件。

02 执行菜单中的【工具】/【选项】命令，弹出【选项】对话框。

03 在【工作区】选项下选择【自定义】项目下的【命令】选项，单击【文件】右侧的 ⌄ 按钮，在弹出的下拉列表中选择【工具箱】选项，如图1-51所示。

图1-51　【选项】对话框

04 在【工具箱】列表框中选择【智能填充工具】工具，单击右侧的【快捷键】选项卡，移动鼠标至【新建快捷键】设置框中，单击鼠标左键，按键盘上的Ctrl+3组合键，如图1-52所示。

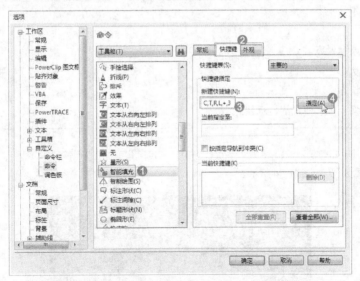

图1-52　设置快捷键选项

05 单击【指定】按钮，将快捷键指定到【当前快捷键】下的设置框中，如图1-53所示。
06 单击【确定】按钮，完成快捷键的设置。

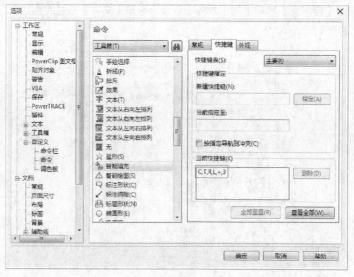

图1-53　指定快捷键

实例 012　不同视图的显示方式

实例目的

　　CorelDRAW支持多种显示模式，如简单线框、线框、草稿、正常和增强模式。学会运用CorelDRAW支持的显示模式，释放计算机资源，提高CorelDRAW的运行速度的方法。

实例要点

☆　熟悉简单线框显示状态

☆　熟悉线框显示状态

☆　熟悉草稿显示状态

☆　熟悉普通、增强、像素模式的显示状态

操作步骤

01 打开"素材/第1章/雪人"，如图1-54所示。

图1-54　雪人图形

02 执行菜单中的【查看】/【简单线框】命令，只显示对象的轮廓，其渐变、立体、均匀填充和渐变填充等效果都被隐藏，可更方便和快捷地选择和编辑对象，效果如图1-55所示。

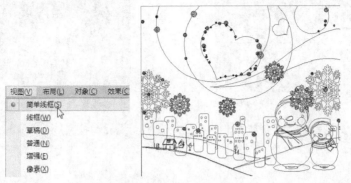

图1-55　简单线框显示效果

> **技巧**
>
> 按键盘上的 Alt+X 组合键，直接切换为【简单线框】显示状态，显示绘图的基本线框（切换），即只显示调和、立体化和轮廓图的控件对象。

03 执行菜单中的【查看】/【线框】命令，显示效果与简单框类似，但只显示使用交互式调和工具绘制的轮廓，效果如图1-56所示。

04 同样的，执行菜单中的【查看】/【草稿】命令，可显示标准填充，效果如图1-57所示。

图1-56　线框显示效果

> **技巧**
>
> 草稿模式可显示标准填充，将位图的分辨率降低后显示。对于 CorelDRAW 中绘制的图形对象来说，该显示模式可将透视和渐变填充显示为【纯色】。渐变填充则用起始颜色和终止颜色的调和来显示，若用户需要快速刷新复杂图像，就需要掌握画面基本色调时可使用此模式。草稿模式显示状态下，对象显示有颗粒感，边缘不光滑。

05 执行菜单中的【查看】/【普通】命令，以常规显示模式显示对象，效果如图1-58所示。

图1-57　草稿显示效果

图1-58　普通显示状态

06 执行菜单中的【查看】/【增强】命令，系统将采用两倍超精度取样的方法来达到最佳的显示效果，即系统默认的显示状态，如图1-59所示。

07 执行菜单中的【查看】/【像素】命令，系统会将矢量图以输出后的位图形式进行预览，如图1-60所示。

图1-59　增强显示状态　　　　　　　　　　　　　　图1-60　像素显示状态

技巧

运用"填充"展开工具栏中的【PostScript 填充】对话框填充的对象，将不显示其填充效果。在此显示状态下，对象的边缘不光滑。

技巧

增强模式最耗电脑资源，因此在图形对象较多时，可使用其他的显示模式，以释放电脑资源，提高 CorelDRAW 的运行速度。

实例 013　图像模式

实例目的

图形图像设计所涉及的图像主要有两种，即位图与矢量图。

实例要点

☆ 什么是位图
☆ 什么是矢量图

操作步骤

1. 位图

位图图像也叫作点阵图，是由许多不同色彩的像素组成的。与矢量图形相比，位图图像可以更逼真地表现自然界的景物。此外，位图图像与分辨率有关，当放大位图图像时，位图中的像素增加，图像的线条将会显得参差不齐，这是像素被重新分配到网格中的缘故。此时可以看到构成位图图像的无数个单色块，因此放大位图或在比图像本身的分辨率低的输出设备上显示位图时，将丢失其中的细节，并会呈现出锯齿，如图1-61所示。

图1-61　位图放大后的效果

2. 矢量图

矢量图像是使用数学方式描述的曲线，以及由曲线围成的色块组成的面向对象的绘图图像。矢量图像中的图形元素叫作对象，每个对象都是独立的，具有各自的属性，如颜色、形状、轮廓、大小和位置等。由于矢量图像与分辨率无关，因此无论如何改变图形的大小，都不会影响图像的清晰度和平滑度，如图1-62所示。

3:1

24:1

图1-62　矢量图放大后的效果

技巧

矢量图进行任意缩放都不会影响分辨率，矢量图形的缺点是不能表现色彩丰富的自然景观与色调丰富的图像。

第 **02** 章

线性工具的使用

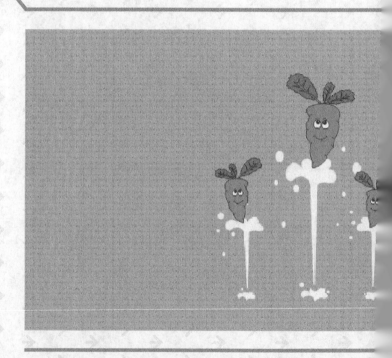

　　要运用CorelDRAW软件制作出好的作品，首先要了解CorelDRAW中有哪些工具可供使用，并且要了解这些工具如何使用。

实例 014 两点线工具——教学三角尺

实例目的

本实例的目的是让大家了解在CorelDRAW X7中两点线工具的使用方法，结合填充颜色制作三角尺，最终效果如图2-1所示。

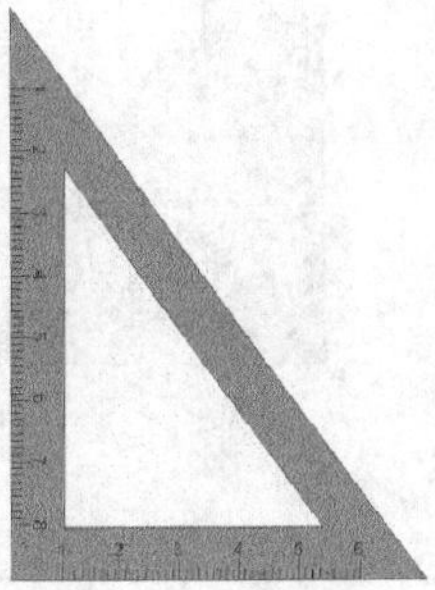

图2-1　最终效果

实例要点

☆ 了解两点线工具的使用方法

☆ 了解简单填充的方法

操作步骤

01 执行菜单中【文件】/【新建】命令，新建一个默认大小的空白文档，使用（两点线工具）在页面中选择起点后按住Shift键垂直绘制直线，再水平绘制直线，最后按住鼠标左键将终点与起点相连接，得到一个封闭的三角形，如图2-2所示。

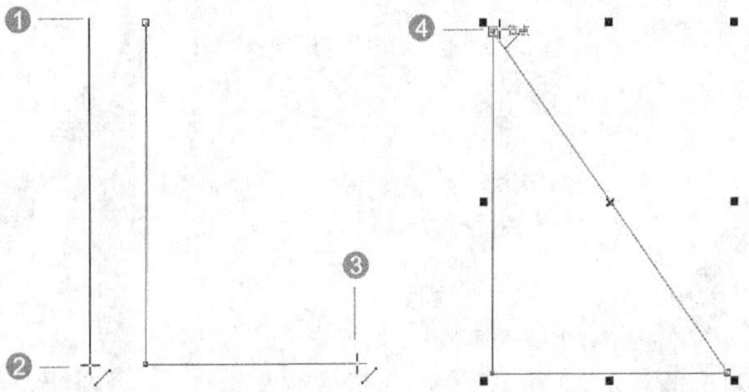

图2-2　绘制封闭三角形

> **技巧**
>
> 在CorelDRAW X7中绘制两点线的方法是，选择工具后，在文档中选择起点按住鼠标向外拖动，松开鼠标后即可得到一条直线。

02 使用（选择工具）选择绘制的封闭三角形，在调色板中单击【橘色】色标，为三角形填充【橘色】，如图2-3所示。

> **技巧**
>
> 在CorelDRAW X7中单击色标会为选取的图形填充颜色，用鼠标右键单击色标会为图形填充轮廓色。

03 按Ctrl+C组合键，再按Ctrl+V组合键复制一个副本，拖动控制点将副本缩小，效果如图2-4所示。

> **技巧**
>
> 在CorelDRAW X7中按住鼠标左键拖动图形，再单击鼠标右键，会快速复制一个图形副本。

04 在【调色板】中单击白色，将缩小的三角形填充【白色】，如图2-5所示。

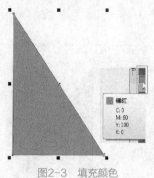

图2-3 填充颜色

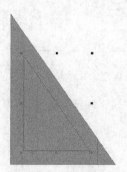

图2-4 复制并缩小

图2-5 填充白色效果

05 再使用 ⟋（两点线工具）在三角形的边缘绘制直线并将其作为刻度线，复制副本后移动到相应位置，如图2-6所示。

06 使用 ⟍（选择工具）框选所有刻度线，执行菜单中【对象】/【对齐与分布】/【对齐与分布】命令，打开【对齐与分布】泊坞窗，在其中单击【左对齐】和【顶部分散排列】，效果如图2-7所示。

07 再使用 ⟋（两点线工具）在两个刻度之间绘制更加精细的刻度，方法与大刻度一致，然后绘制三角尺下面的刻度，效果如图2-8所示。

图2-6 绘制直线

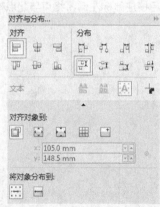

图2-7 【对齐与分布】泊坞窗

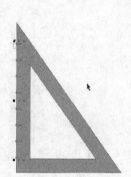

08 使用字（文本工具）在刻度上键入文字，至此本例制作完毕，最终效果如图2-9所示。

图2-8 绘制刻度

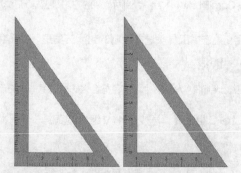

图2-9 最终效果

<table>
<tr><td>实 例
015</td><td>手绘工具——木工锯</td></tr>
</table>

实例目的

　　本实例的目的是让大家了解在CorelDRAW X7中使用手绘工具以及粗糙工具相结合绘制木工锯的方法。最终效果如图2-10所示。

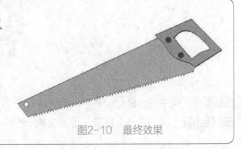

图2-10　最终效果

实例要点

　　☆ 手绘工具
　　☆ 椭圆工具
　　☆ 粗糙工具

操作步骤

01 执行菜单中【文件】/【新建】命令，新建一个默认大小的空白文档，使用 （手绘工具）在文档中绘制锯子基本图形，如图2-11所示。

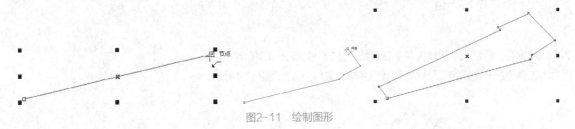

图2-11　绘制图形

02 再使用 （手绘工具）绘制手锯的其他位置，如图2-12所示。

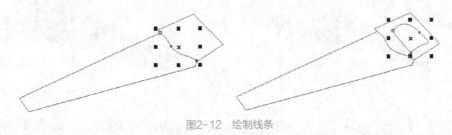

图2-12　绘制线条

03 选择大轮廓，将鼠标指针移到颜色列表中单击【灰色】，为图形填充灰色，如图2-13所示。

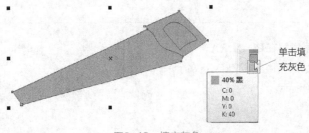

图2-13　填充灰色

04 使用 ⬚（智能填充工具）在【属性栏】中设置【填充】为【橘色】，如图2-14所示。

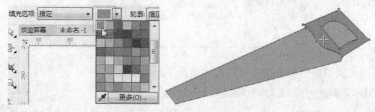

图2-14　绘制直线并调整为曲线

05 选择手柄中的小图形，将其填充为【白色】，效果如图2-15所示。

06 使用 ◯（椭圆工具）在锯子前面绘制一个白色椭圆，如图2-16所示。

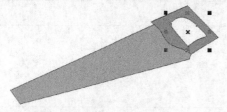

图2-15　填充白色

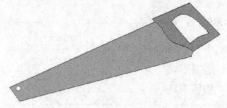

图2-16　绘制圆形填充白色

07 选择 ⬚（粗糙工具）设置【属性】，如图2-17所示。

图2-17　设置属性

08 选择大轮廓后，使用 ⬚（粗糙工具）在直线上涂抹，如图2-18所示。

09 再为木工锯添加一些修饰，至此本例制作完毕，最终效果如图2-19所示。

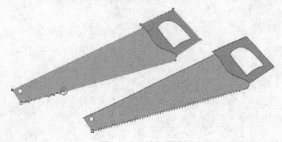

图2-18　绘制锯齿

图2-19　最终效果

实例 016　贝塞尔工具——自定义箭头

┃ 实例目的 ┃

　　本实例的目的是让大家了解在CorelDRAW X7中使用贝塞尔工具以及与形状工具相结合绘制自定义箭头的方法。最终效果如图2-20所示。

图2-20　最终效果

实例要点

☆ 了解贝塞尔工具的使用方法

☆ 了解形状工具的使用方法

操作步骤

01 执行菜单中【文件】/【新建】命令，新建一个【宽度】为180mm，【高度】为120mm的空白文档，使用 （贝塞尔工具）在文档中绘制箭头轮廓，如图2-21所示。

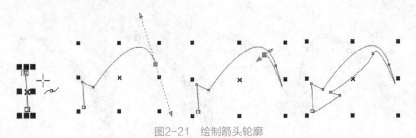

图2-21 绘制箭头轮廓

02 封闭轮廓绘制完毕后，使用 （形状工具）拖动节点调整形状，如图2-22所示。

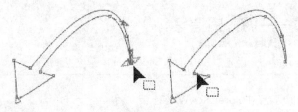

图2-22 转换曲线并调整

03 选择调整完毕的图形，在工具箱中选择 （交互式填充工具），在【属性】中选择【均匀填充】、【颜色】设置为【橘色】，如图2-23所示。

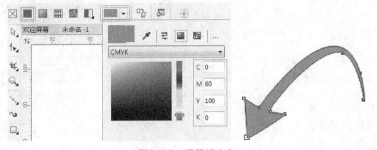

图2-23 设置填充色

04 向右拖动箭头单击鼠标右键，复制3个副本，如图2-24所示。

图2-24 复制

05 分别选择每个箭头，在【颜色表】中单击不同颜色，得到不同颜色的箭头，效果如图2-25所示。

图2-25 填充颜色

06 框选4个箭头，单击鼠标右键，选择【颜色表】中【无填充】图标⊠，去掉箭头的轮廓，至此本例制作完毕，最终效果如图2-26所示。

图2-26 最终效果

实例 017 钢笔工具——Wi-Fi信号

▍实例目的 ▍

本实例的目的是让大家了解在CorelDRAW X7中使用椭圆工具、形状工具以及渐变填充相结合绘制Wi-Fi信号的方法，最终效果如图2-27所示。

图2-27 最终效果

▍实例要点 ▍

☆ 了解椭圆工具的使用方法

☆ 了解钢笔工具的使用方法

☆ 轮廓笔命令的使用方法

☆ 了解【镜像】按钮的使用方法

▍操作步骤 ▍

01 执行菜单中【文件】/【新建】命令，新建一个【宽度】为150mm、【高度】为100mm的空白文档，使用◯（椭圆工具）在文档中绘制圆形，在【颜色表】中单击【青色】，如图2-28所示。

02 使用字（文本工具）在圆形上键入白色文字，如图2-29所示。

03 使用◯（椭圆工具）在文字的上面绘制两个白色圆形，如图2-30所示。

04 使用◯（钢笔工具）在左侧绘制一条曲线，如图2-31所示。

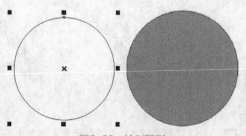

图2-28 绘制圆形

图2-29 键入文字

图2-30 绘制圆形

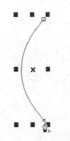

图2-31 绘制曲线

05 在软件的【状态栏】中单击轮廓笔图标，打开【轮廓笔】对话框，其参数值设置如图2-32所示。

06 设置完毕后单击【确定】按钮，效果如图2-33所示。

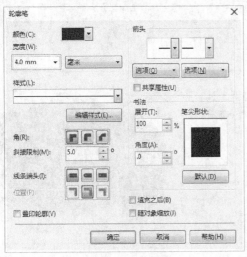
图2-32 【轮廓笔】对话框

图2-33 调整轮廓

07 拖动时单击鼠标右键复制轮廓拖动控制点，将副本缩小并移动位置，效果如图2-34所示。

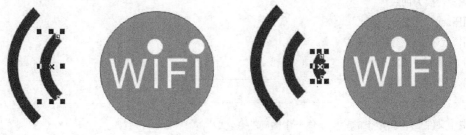
图2-34 复制并变换

08 框选3个轮廓，复制轮廓将其移动到右侧，如图2-35所示。

图2-35 复制轮廓

09 在【属性栏】中单击【水平镜像】按钮，如图2-36所示。

10 至此本例制作完毕，最终效果如图2-37所示。

图2-36　镜像翻转

图2-37　最终效果

实例 018　三点曲线工具——表情头像

┃ 实例目的 ┃

　　本实例的目的是让大家了解在CorelDRAW X7中使用椭圆工具、形状工具以及三点曲线工具绘制表情的方法，最终效果如图2-38所示。

图2-38　最终效果

┃ 实例要点 ┃

　☆ 椭圆工具
　☆ 将轮廓转换为曲线
　☆ 使用形状工具编辑形状
　☆ 使用三点曲线工具绘制曲线
　☆ 水平镜像翻转图像

┃ 操作步骤 ┃

01 执行菜单中【文件】/【新建】命令，新建一个横向的A4大小的空白文档，使用 ◎（椭圆工具）在文档中绘制圆形，并将其填充为【橘色】，如图2-39所示。

02 圆形绘制好后，执行菜单栏【对象】/【转换为曲线】命令或按Ctrl+Q组合键，将圆形转为曲线，使用 ▷（形状工具）在左下角和右下角处双击添加节点，拖动控制点调整曲线形状，如图2-40所示。

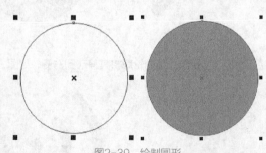

图2-39　绘制圆形

03 使用 ◢（三点曲线工具）在图形上绘制弯弯的眼眉，如图2-41所示。

04 在【属性栏】中设置【轮廓宽度】为1mm，如图2-42所示。

05 使用 ◎（椭圆工具）在眼眉下绘制一个黑色圆形作为眼睛，如图2-43所示。

06 框选眼眉和眼睛，向右拖动单击鼠标右键复制一个副本，在【属性栏】中单击【水平镜像】按钮 ◨，如图2-44所示。

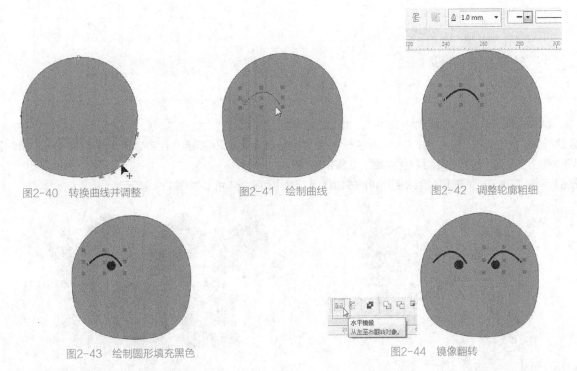

图2-40 转换曲线并调整　　　　图2-41 绘制曲线　　　　图2-42 调整轮廓粗细

图2-43 绘制圆形填充黑色

图2-44 镜像翻转

07 再使用 （三点曲线工具）绘制嘴巴，将【轮廓宽度】设置为1mm，使用 （椭圆工具）绘制黑色鼻孔，如图2-45 所示。

08 复制表情，将头像填充为其他颜色，在底部绘制灰色椭圆作为阴影，至此本例制作完毕，最终效果如图2-46所示。

图2-45 绘制嘴巴和鼻孔　　　　　　　图2-46 最终效果

<table>
<tr><td>实例
019</td><td>钢笔工具——卡通胡萝卜</td></tr>
</table>

▌实例目的 ▐

　　本实例的目的是让大家了解在CorelDRAW X7中使用钢笔工具、手绘工具以及椭圆工具绘制卡通胡萝卜的方法，最终效果如图2-47所示。

图2-47 最终效果

实例要点

☆ 了解椭圆工具的使用方法

☆ 了解钢笔工具的使用方法

☆ 了解手绘工具的使用方法

操作步骤

01 执行菜单中【文件】/【新建】命令，新建一个空白文档，使用 📁（钢笔工具）绘制胡萝卜的轮廓后填充【橘色】，然后在边缘上使用 📁（钢笔工具）绘制小曲线，如图2-48所示。

02 使用 📁（钢笔工具）在上边绘制胡萝卜叶子并填充【绿色】和【浅绿色】，如图2-49所示。

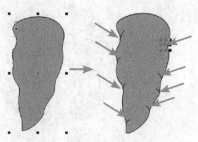

图2-48 绘制曲线（1）

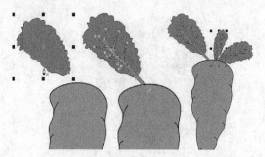

图2-49 绘制曲线（2）

03 使用 🔘（椭圆工具）在胡萝卜上面绘制眼睛，如图2-50所示。

按Ctrl+Q组合键转换为曲线后，使用形状工具进行编辑

图2-50 绘制眼睛

04 眼睛绘制完毕后，使用 📁（钢笔工具）绘制嘴巴和眼眉，如图2-51所示。

05 执行菜单中【文件】/【导入】命令，导入"素材/第2章/水花"，如图2-52所示。

06 使用 🔖（选择工具）将绘制的胡萝卜移动到素材上面，完成本例的制作，最终效果如图2-53所示。

图2-51 绘制嘴巴和眼眉

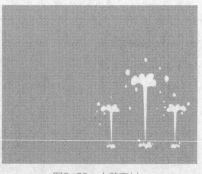

图2-52 水花素材

图2-53 最终效果

艺术笔——字母

实例目的

　　本实例的目的是让大家了解在CorelDRAW X7中使用艺术笔工具、B样条工具以及笔刷绘制字母的方法，最终效果如图2-54所示。

图2-54　最终效果

实例要点

☆ 了解艺术画笔工具中笔刷的使用方法
☆ 使用B样条工具绘制字母轮廓
☆ 转换为曲线
☆ 使用艺术画笔工具中笔刷描绘曲线的使用方法

操作步骤

01 执行菜单中【文件】/【新建】命令，新建一个默认大小的空白文档，使用 （B样条工具）绘制文字路径后，选择 （艺术笔工具）中的笔触单击为路径描边画笔，如图2-55所示。

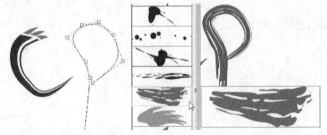

图2-55　绘制矩形调整形状

02 为其他文字路径选择另外的画笔，至此本例制作完毕，最终效果如图2-56所示。

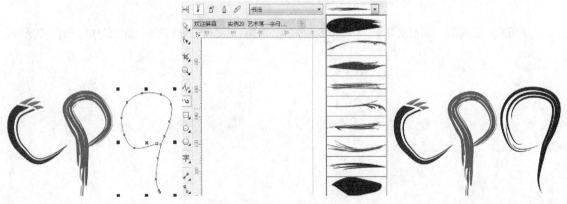

图2-56　最终效果

实例 021 B样条——蝴蝶

实例目的

本实例的目的是让大家了解在CorelDRAW X7中使用B样条工具、椭圆工具，以及三点曲线工具绘制蝴蝶的方法，最终效果如图2-57所示。

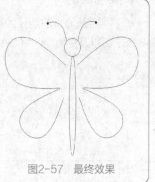

图2-57　最终效果

实例要点

☆　使用B线条工具绘制蝴蝶右侧翅膀轮廓

☆　复制翅膀进行水平翻转

☆　使用椭圆工具绘制圆形头部以及椭圆身体

☆　使用三点曲线绘制蝴蝶的触须，在触须前面绘制小圆形

操作步骤

01 执行菜单中【文件】/【新建】命令，新建一个默认大小的空白文档，使用 （B样条工具）绘制蝴蝶翅膀，效果如图2-58所示。

02 复制并进行水平翻转，效果如图2-59所示。

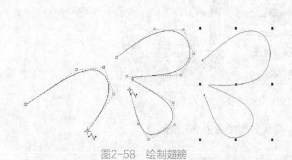

图2-58　绘制翅膀

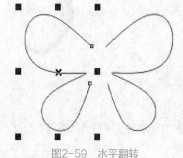

图2-59　水平翻转

03 使用 （椭圆工具）和 （贝塞尔工具）绘制头部、身体和触须，至此本例制作完毕，最终效果如图2-60所示。

图2-60　最终效果

<table><tr><td>实 例
022</td><td>**钢笔工具——雨伞**</td></tr></table>

实例目的

本实例的目的是让大家了解在CorelDRAW X7中使用钢笔工具绘制雨伞的方法，最终效果如图2-61所示。

图2-61 最终效果

实例要点

☆ 使用钢笔工具
☆ 复制翅膀进行水平翻转
☆ 使用椭圆工具绘制圆形头部以及椭圆身体
☆ 使用三点曲线绘制蝴蝶的触须，在触须前面绘制小圆形

操作步骤

01 执行菜单中【文件】/【新建】命令，新建一个默认大小的空白文档，使用（钢笔工具）绘制雨伞主体，效果如图2-62所示。

02 使用（贝塞尔工具）绘制伞顶，如图2-63所示。

03 使用（钢笔工具）绘制伞的手柄，设置轮廓宽度，至此本例制作完毕，最终效果如图2-64所示。

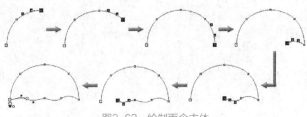

图2-62 绘制雨伞主体

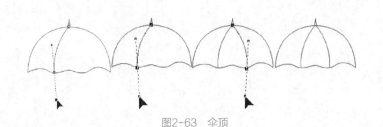

图2-63 伞顶

图2-64 最终效果

<table><tr><td>实 例
023</td><td>**智能绘图工具——三角形**</td></tr></table>

实例目的

本实例的目的是让大家了解在CorelDRAW X7中使用智能绘图工具绘制三角形的方法，最终效果如图2-65所示。

图2-65 最终效果

┨ 实例要点 ┠

☆ 使用智能绘图工具绘制三角形形状，系统会自动将其变为正规三角形

☆ 使用智能填充工具填充局部颜色

┨ 操作步骤 ┠

01 执行菜单中【文件】/【新建】命令，新建一个默认大小的空白文档，使用 △（智能绘图工具）绘制三角形，效果如图 2-66 所示。

02 绘制完毕，使用 ◻（智能填充工具）填充颜色，至此本例制作完毕，最终效果如图 2-67 所示。

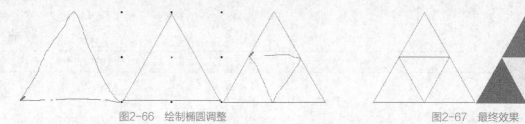

图2-66　绘制椭圆调整　　　　　　　　　　图2-67　最终效果

几何图形工具的使用

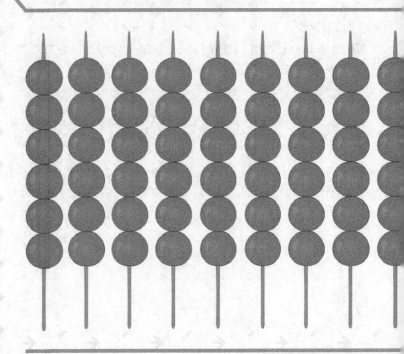

在我们的日常生活当中会接触到很多图形，但是无论表面看起来多么复杂或简单的图形，其实都是由方形、圆形、多边形等演变而来的。在本章中，通过实例向大家介绍在CorelDRAW软件中绘制这些基本几何图形的方法。

本章主要涉及矩形、椭圆、多边形、网络图纸、螺旋及预设形状、参数设置和填充颜色等内容。

实例 024　椭圆工具——小Q人

实例目的

本实例的目的是让大家了解在CorelDRAW X7中椭圆工具的使用，结合填充颜色绘制小Q人，最终效果如图3-1所示。

图3-1　最终效果

实例要点

☆　使用椭圆工具绘制椭圆
☆　转换为曲线
☆　使用形状工具调整形状

操作步骤

01 执行菜单中【文件】/【新建】命令，新建一个默认大小的空白文档，使用◯（椭圆工具）在页面中绘制一个椭圆，在【调色板】中单击【白色】，为椭圆填充【白色】，如图3-2所示。

> **技巧**
>
> 在 CorelDRAW X7 中使用◯（椭圆工具）绘制椭圆时，按住 Shift 键可以以起始点为中心绘制椭圆；按住 Ctrl 键可以绘制圆形；按 Shift+Ctrl 组合键可以绘制以起始点为中心的圆形。

02 执行菜单中【对象】/【转换为曲线】命令或按Ctrl+Q组合键，将绘制的椭圆转换为曲线，使用◣（形状工具）选择下面的节点，向上拖动后，再拖动两边的控制杆，改变形状过程，如图3-3所示。

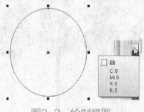

图3-2　绘制椭圆

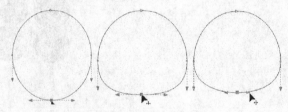

图3-3　转换为曲线后调整形状

> **技巧**
>
> 在 CorelDRAW X7 中使用◣（形状工具）与拖动控制杆时，按住 Shift 键可以进行对称式的调整。

03 按Ctrl+C组合键，再按Ctrl+V组合键复制一个副本，使用◣（选择工具）拖动控制点将副本缩小，单击即可转换为旋转变换框，将缩小后的对象进行旋转，再单击【调色板】中的【灰色】，效果如图3-4所示。

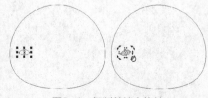

图3-4　复制并缩小旋转

04 绘制一个小圆形，将其填充为【黑色】，选择眼睛向右移动到相应位置后单击鼠标右键，复制对象，单击【属性栏】中的（水平镜像）按钮，效果如图3-5所示。

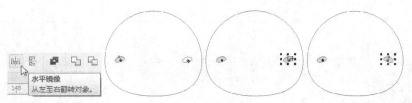

图3-5 复制并翻转

05 使用 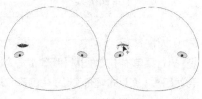（椭圆工具）绘制一个椭圆将其填充为【黑色】，按Ctrl+Q组合键将椭圆转换为曲线，再使用（形状工具）选择下面的节点，向上拖动后改变形状，将其作为眉毛，效果如图3-6所示。

06 复制眉毛到右边，在眼睛的下面绘制两个黑色圆形作为鼻孔，此时头部绘制完成，效果如图3-7所示。

图3-6 绘制直线

07 下面绘制身体部分，绘制一个椭圆填充为【白色】，按Ctrl+Q组合键转换为曲线后调整节改变形状，效果如图3-8所示。

图3-7 绘制圆形

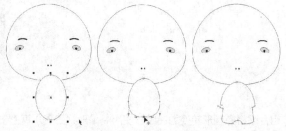

图3-8 调整形状

08 执行菜单中【对象】/【顺序】/【到页面后面】命令，效果如图3-9所示。

09 绘制4个椭圆填充【黑色】，效果如图3-10所示。

10 使用（贝塞尔工具）在手臂处绘制两条曲线，至此本例制作完毕，效果如图3-11所示。

图3-9 调整顺序　　图3-10 绘制椭圆　　图3-11 绘制椭圆

实 例
025 **椭圆工具与多边形工具——气球**

▍**实例目的**▍

　　本实例的目的是让大家了解在CorelDRAW X7中使用椭圆工具与多边形工具绘制气球的方法，最终效果如图3-12所示。

图3-12 最终效果

┨ 实例要点 ┠

☆ 椭圆工具

☆ 转换为曲线

☆ 使用形状工具调整

☆ 多边形工具

☆ 智能绘图工具

┨ 操作步骤 ┠

01 执行菜单中【文件】/【新建】命令，新建一个默认大小的空白文档，使用 ◯（椭圆工具）在文档中绘制一个椭圆形，再使用 ▦（交互式填充工具）中的 ▦（均匀填充）设置填充颜色，效果如图3-13所示。

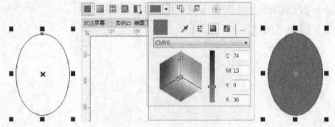

图3-13 绘制图形

02 按Ctrl+Q组合键将椭圆形转换为曲线，使用 ◖（形状工具）调整节点，改变形状，如图3-14所示。

03 使用 ◯（多边形工具）在调整的椭圆下面绘制一个三角形，将其填充与椭圆一样的颜色，如图3-15所示。

04 执行菜单中【对象】/【顺序】/【向后一层】命令，效果如图3-16所示。

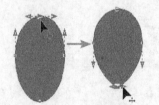

图3-14 转换为曲线后调整形状

图3-15 填充绿色

图3-16 调整顺序

05 使用 ◿（智能绘图工具）在三角形下面绘制曲线，设置【轮廓宽度】为0.75mm，效果如图3-17所示。

06 使用 ◯（椭圆工具）和 ✎（贝塞尔工具）在气球上绘制高光形状，在【颜色表】无填充图标☒上单击鼠标右键，去掉轮廓，为绘制的图形填充【灰色】，效果如图3-18所示。

07 使用 ▹（选择工具）框选绘制的整个气球，执行菜单中【编辑】/【克隆】命令，得到一个副本，如图3-19所示。

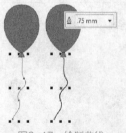

图3-17 绘制曲线

图3-18 绘制圆形填充灰色

图3-19 克隆气球

08 将克隆的副本向右移动后，为气球填充【粉色】，效果如图3-20所示。

09 框选气球，拖动控制点将气球调大，效果如图3-21所示。

10 使用同样的方法再克隆两个气球，填充不同的颜色，至此本例制作完毕，最终效果如图3-22所示。

图3-20 填充颜色　　　　　　　　图3-21 调整大小　　　　　　　　图3-22 最终效果

实例 026　椭圆与矩形工具——铜钱形图标

实例目的

　　本实例的目的是让大家了解在CorelDRAW X7中使用椭圆工具与矩形工具绘制铜钱图标的方法，最终效果如图3-23所示。

图3-23 最终效果

实例要点

☆ 了解椭圆与矩形工具的使用

☆ 了解形状工具的使用

操作步骤

01 执行菜单中【文件】/【新建】命令，新建一个默认大小的空白文档，使用◯（椭圆工具）在文档中按住Ctrl键绘制一个圆形，在【颜色板】泊坞窗中单击【黑色】、用鼠标右键单击【橘色】，如图3-24所示。

02 在【属性栏】中设置【轮廓宽度】为4mm，效果如图3-25所示。

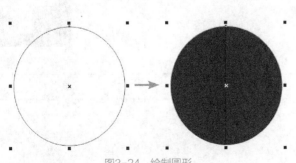

图3-24 绘制圆形　　　　　　　　　　　　　　图3-25 调整轮廓宽度

03 使用▢（矩形工具）在圆形上绘制一个正方形，设置【轮廓宽度】为4mm，【轮廓色】设置为【橘色】，效果如图3-26所示。

04 按Ctrl+Q组合键将矩形转换为曲线，使用◣（形状工具）调整形状，如图3-27所示。

图3-26　绘制矩形

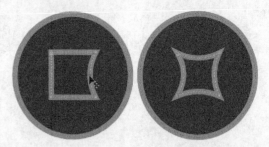

图3-27　调整形状

技巧

使用 ⯗（形状工具）将线段调整为曲线时，必须要在【属性栏】中单击 ⊙（转换为曲线）图标。

05 在调整后的矩形上绘制两个矩形填充为【黑色】，将调整的边缘遮住，效果如图3-28所示。

06 在圆形上键入文字"天佑"。至此本例制作完毕，最终效果如图3-29所示。

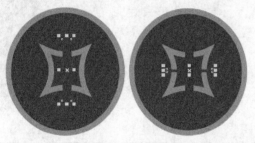

图3-28　绘制矩形

图3-29　最终效果

实例 027　矩形工具——图标

实例目的

　　本实例的目的是让大家了解在CorelDRAW X7中使用矩形工具及渐变填充绘制图标的方法，最终效果如图3-30所示。

图3-30　最终效果

实例要点

☆ 了解矩形工具的使用
☆ 调整矩形的圆角
☆ 了解渐变填充的使用

操作步骤

01 执行菜单中【文件】/【新建】命令，新建一个默认大小的空白文档，使用 ▢（矩形工具）在文档中绘制一个正方形，在【属性栏】中设置4个【圆角值】都为10mm，如图3-31所示。

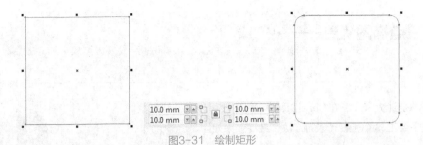

图3-31　绘制矩形

02 使用 ⬛（交互式填充工具）中的 ▦（渐变填充）设置【渐变类型】为 ▣（径向渐变），单击右面的 ▨（编辑填充）按钮，在打开的【编辑填充】对话框中设置参数值，如图3-32所示。

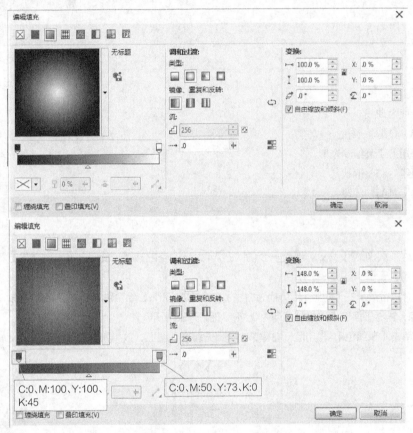

图3-32　【编辑填充】对话框

03 设置完毕，单击【确定】按钮，效果如图3-33所示。

04 在【颜色表】⊠（无填充）图标上单击鼠标右键，去掉轮廓，效果如图3-34所示。

05 使用 ⬛（矩形工具）在圆角矩形上绘制两个没有轮廓的白色矩形，至此本例制作完毕，最终效果如图3-35所示。

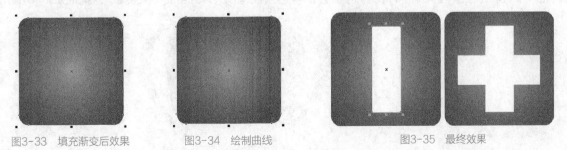

图3-33　填充渐变后效果　　　　图3-34　绘制曲线　　　　图3-35　最终效果

实 例
028　三点椭圆工具——热气球

┨ 实例目的 ┠

　　本实例的目的是让大家了解在CorelDRAW X7中使用三点椭圆工具、三点矩形工具以及手绘工具绘制热气球的方法，最终效果如图3-36所示。

图3-36　最终效果

┨ 实例要点 ┠

　　☆ 三点椭圆工具
　　☆ 将轮廓转换为曲线
　　☆ 使用形状工具编辑形状
　　☆ 使用三点矩形工具绘制矩形
　　☆ 转换为曲线后调整形状
　　☆ 使用手绘工具绘制线段

┨ 操作步骤 ┠

01 执行菜单中【文件】/【新建】命令，新建一个横向的A4大小的空白文档，使用 （三点椭圆工具）在文档中绘制椭圆形，如图3-37所示。

02 椭圆形绘制好后，执行菜单栏【对象】/【转换为曲线】命令或按Ctrl+Q组合键，将椭圆转为曲线，使用 （形状工具）向下拖动上面的节点，再将下面节点的控制点向内收缩，如图3-38所示。

03 在【颜色表】中单击【草绿色】，再用鼠标右键单击 （无填充）图标，效果如图3-39所示。

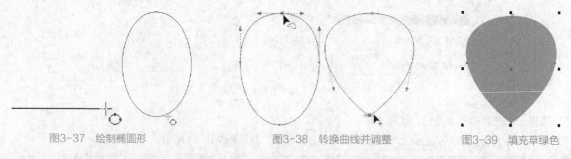

图3-37　绘制椭圆形　　　　　　图3-38　转换曲线并调整　　　　　　图3-39　填充草绿色

04 复制图形，拖动控制点将副本缩小，填充为【白色】，再复制缩小填充【草绿色】，以此类推，效果如图3-40所示。

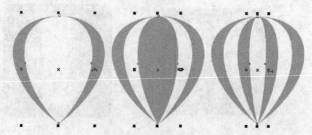

图3-40　复制缩小并填充

05 使用◻◻（三点矩形工具）在图形下部绘制一个矩形填充为【草绿色】，用鼠标右键单击◻◻（无填充）图标，效果如图3-41所示。

06 按Ctrl+Q组合键转换为曲线，使用◻◻（形状工具）调整形状，如图3-42所示。

图3-41　绘制矩形并填充

图3-42　镜像翻转

07 再使用◻◻（手绘工具）绘制4条线段，用鼠标右键单击【草绿色】，效果如图3-43所示。

08 再使用同样的方法绘制其他的热气球，至此本例制作完毕，最终效果如图3-44所示。

图3-43　绘制线段

图3-44　最终效果

技巧

绘制其他的热气球时，可以复制原图形得到副本后，再改变填充颜色。

实例 029　矩形与椭圆工具——小熊猫

实例目的

　　本实例的目的是让大家了解在CorelDRAW X7中使用矩形工具、椭圆工具以及形状工具绘制小熊猫的方法，最终效果如图3-45所示。

图3-45　最终效果

实例要点

☆　了解椭圆工具的使用方法

☆　了解矩形工具的使用方法

☆　转换为曲线

☆　了解形状工具的使用方法

操作步骤

01 执行菜单中【文件】/【新建】命令，新建一个空白文档，使用▢（矩形工具）绘制矩形轮廓后填充【白色】，在【属性栏】中设置4个角的圆角值，此时会将熊猫的头部绘制出来，如图3-46所示。

图3-46　绘制矩形调整圆角

02 使用○（椭圆工具）在上面绘制椭圆轮廓，填充【黑色】，执行菜单中【对象】/【转换为曲线】命令或按Ctrl+Q组合键，将绘制的椭圆轮廓转换为曲线，再使用▷（形状工具）拖动曲线将形状进行改变，如图3-47所示。

技巧

使用▷（形状工具）编辑曲线时，在曲线上面双击即可在单击的位置处添加一个控制锚点。

03 使用○（椭圆工具）绘制白色圆形和黑色圆形，如图3-48所示。

转换为曲线后，使用形状工具进行编辑

图3-47　绘制椭圆，转换为曲线后调整形状　　　　　　　　　图3-48　绘制圆形

04 眼睛绘制完毕后，将眼睛框选按Ctrl+C组合键进行复制，再按Ctrl+V组合键粘贴，将副本向右移动，再单击【属性栏】中的▥（水平镜像）按钮，如图3-49所示。

水平镜像
从左至右翻转对象。

图3-49　绘制眼睛

05 使用○（椭圆工具）和↖（手绘工具）绘制鼻子和嘴巴，如图3-50所示。

06 使用○（椭圆工具）绘制椭圆，按Ctrl+Q组合键转换为曲线后调整形状，再复制两个副本，如图3-51所示。

图3-50　绘制鼻子和嘴巴　　　　　　　　　　　　　图3-51　绘制头发

07 使用○（椭圆工具）绘制椭圆将其作为耳朵，按Ctrl+Q组合键转换为曲线后调整形状，然后再执行菜单中【对象】/【顺序】/【到图层后面】命令，改变图层顺序后，会发现耳朵已经自动放置到了头像的后面，使用同样的方法制作另一只

耳朵，此时整个头像部分绘制完成，如图3-52所示。

图3-52 绘制耳朵调整顺序

08 下面开始绘制身体部分，此部分的绘制主要使用了 ⊙（椭圆工具）和转换为曲线后使用 ⬚（形状工具）调整形状，如图3-53所示。

09 调整每个对象到最佳位置，至此本例制作完毕，最终效果如图3-54所示。

图3-53 绘制身体的顺序

图3-54 最终效果

实例 030 **图纸工具——五子棋**

| 实例目的 |

本实例的目的是让大家了解在CorelDRAW X7中使用图纸工具、矩形工具、椭圆工具以及交互式填充的方法绘制五子棋，最终效果如图3-55所示。

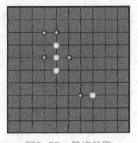

图3-55 最终效果

| 实例要点 |

☆ 图纸工具的使用方法

☆ 矩形工具的使用方法

☆ 椭圆工具的使用方法

☆ 渐变填充工具的使用方法

| 操作步骤 |

01 执行菜单中【文件】/【新建】命令，新建一个空白文档，使用 ⬚（矩形工具）绘制矩形轮廓后填充【灰色】，在【属性栏】中设置【轮廓宽度】为1.5mm，如图3-56所示。

02 使用 （图纸工具），在【属性栏】中设置【列数和行数】都为
10、【轮廓宽度】为1.0mm，在矩形上绘制一个与矩形大小一致的
图纸表格，如图3-57所示。

03 使用 （椭圆工具）按住Ctrl键绘制一个圆形，再单击软件下方
【状态栏】中的 （填充）图标，此时系统会打开【编辑填充】对话
框，其参数值设置如图3-58所示。

04 设置完毕，单击【确定】按钮，然后在【调色板】中右键单击
（无填充）图标去掉轮廓，如图3-59所示。

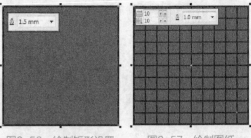

图3-56 绘制矩形设置 图3-57 绘制图纸
轮廓宽度并填充灰色

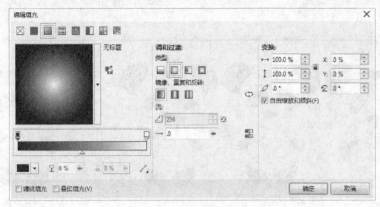

图3-58 【编辑填充】对话框

图3-59 渐变填充后去掉轮廓

05 拖动渐变图形右键单击鼠标，系统会复制一个副本，然后在【状态栏】中的 （填充）图标上单击，打开【编辑填充】
对话框，其参数值设置如图3-60所示。

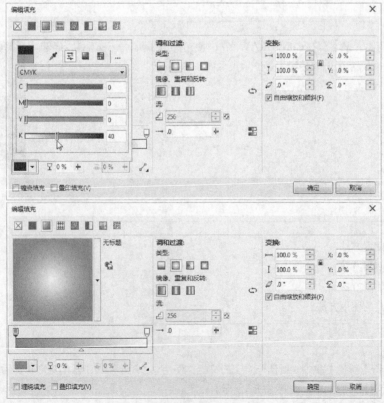

图3-60 【编辑填充】对话框

06 设置完毕，单击【确定】按钮，此时黑色与白色的棋子制作完毕，拖动黑白棋子到棋盘中单击鼠标右键，即可得到一个副本，按照五子棋的规矩进行棋子复制，至此本例制作完毕，最终效果如图3-61所示。

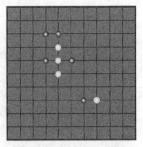

图3-61 最终效果

<table>
<tr><td>实例</td></tr>
<tr><td>031</td></tr>
</table>

螺纹工具——螺旋弹簧

┤ **实例目的** ├

　　本实例的目的是让大家了解在CorelDRAW X7中使用螺纹工具、形状工具，以及翻转绘制螺旋弹簧的方法，最终效果如图3-62所示。

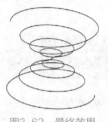

图3-62 最终效果

┤ **实例要点** ├

☆ 使用螺纹工具绘制螺纹
☆ 使用形状工具全选节点
☆ 使用选择弹性模式
☆ 拖动节点改变形状
☆ 复制图形应用垂直和水平翻转

┤ **操作步骤** ├

01 执行菜单中【文件】/【新建】命令，新建一个空白文档，选择◎（螺纹工具）后，在【属性栏】中设置【螺纹回数】为4、选择◎（对称式螺旋）工具，在文档中绘制螺纹，如图3-63所示。

02 螺纹绘制完毕后，选择◣（形状工具）在【属性栏】中单击◢（弹性模式）和▨（选择所有节点），如图3-64所示。

03 使用◣（形状工具）向上拖动最中心的节点，如图3-65所示。

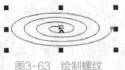
图3-63 绘制螺纹

图3-64 选择所有节点

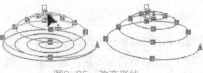
图3-65 改变形状

04 在空白处单击，再选择最中心的节点，向上拖动改变形状，如图3-66所示。

05 执行菜单中【编辑】/【克隆】命令，复制一个副本，如图3-67所示。

06 选择◣（选择工具）后，在【属性栏】中分别单击◭（水平镜像）按钮和◧（垂直镜像）按钮，如图3-68所示。

图3-66 改变形状

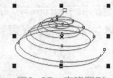

图3-67 克隆图形

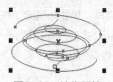

图3-68 镜像翻转

07 向上拖动副本图形，使其与下面的图形对齐，如图3-69所示。

08 调整完毕后设置【轮廓宽度】为1.0mm，至此本例制作完毕，最终效果如图3-70所示。

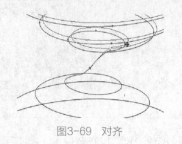

图3-69 对齐

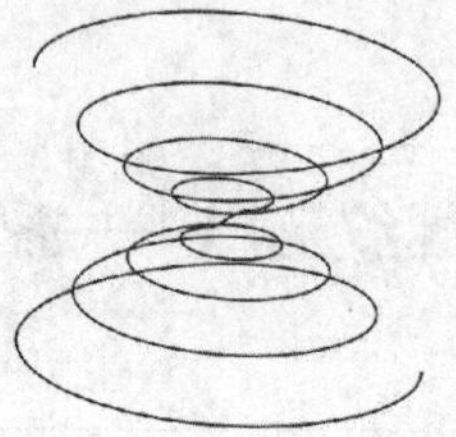

图3-70 最终效果

实例 032 标注工具——小羊

实例目的

　　本实例的目的是让大家了解在CorelDRAW X7中使用标注工具、螺纹工具、椭圆工具及形状工具绘制小羊的方法，最终效果如图3-71所示。

图3-71 最终效果

实例要点

☆ 使用标注工具

☆ 转换为曲线进行拆分

☆ 使用椭圆工具转换为曲线后调整形状

☆ 使用螺纹工具

☆ 使用多边形工具

操作步骤

01 执行菜单中【文件】/【新建】命令，新建一个空白文档，选择▢（标注形状）工具，在【属性栏】中单击▢（完美形状）按钮，在其中选择一个形状后绘制，如图3-72所示。

02 按Ctrl+Q组合键将图形转换为曲线，再按Ctrl+K组合键将曲线拆分，选取上面的椭圆后删除，再将剩余的部分填充【白色】，如图3-73所示。

03 绘制一个椭圆填充【白色】，再按Ctrl+Q组合键将椭圆转换为曲线，使用▢（形状工具）调整椭圆形状，如图3-74所示。

04 执行菜单中【对象】/【顺序】/【向后一层】命令或按Ctrl+PgDn组合键，改变顺序，如图3-75所示。

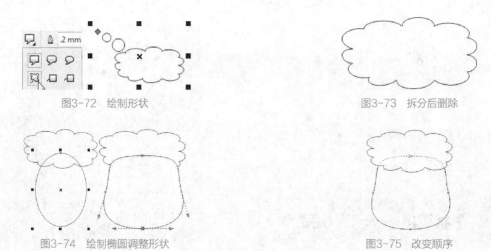

图3-72 绘制形状　　　　　　　　　　　　　图3-73 拆分后删除

图3-74 绘制椭圆调整形状　　　　　　　　　图3-75 改变顺序

05 选择 (螺纹工具)后，在【属性栏】中设置【螺纹回数】为2、选择 (对数螺旋)，在文档中绘制螺纹，调整顺序后，复制一个副本再单击 (水平镜像)按钮，完成犄角的绘制，如图3-76所示。

图3-76 绘制螺纹

06 使用 (椭圆工具)和 (贝塞尔工具)绘制眼睛和嘴，如图3-77所示。

07 使用 (椭圆工具)绘制一个椭圆身体，按Ctrl+Q组合键将椭圆转换为曲线，使用 (形状工具)调整形状，如图3-78所示。

图3-77 绘制椭圆和曲线

图3-78 绘制身体

08 使用 (椭圆工具)和 (多边形工具)绘制小羊的手臂和手，如图3-79所示。

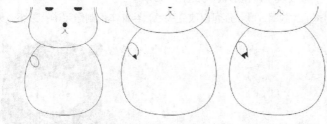

图3-79 绘制手臂和手(1)

09 使用同样的方法绘制另外的几只手和脚，如图3-80所示。

10 框选整个小羊，按Ctrl+G组合键进行组合，复制两个副本将其缩小，至此本例制作完毕，最终效果如图3-81所示。

图3-80　绘制手臂和手（2）

图3-81　最终效果

实例 033　形状工具——卡通小猪

实例目的

　　本实例的目的是让大家了解在CorelDRAW X7中使用矩形工具、椭圆工具、形状工具绘制卡通小猪的方法，最终效果如图3-82所示。

图3-82　最终效果

实例要点

- ☆ 使用矩形工具绘制矩形
- ☆ 将矩形转换为曲线
- ☆ 使用形状工具添加节点
- ☆ 使用形状工具将直线调整为曲线
- ☆ 为调整后的图形填充颜色
- ☆ 绘制椭圆形和圆形
- ☆ 将嘴部的椭圆转换为曲线调整形状

操作步骤

01 执行菜单中【文件】/【新建】命令，新建一个默认大小的空白文档，使用□（矩形工具）绘制矩形后，按Ctrl+Q组合键将其转换为曲线，使用□（形状工具）调整形状，如图3-83所示。

02 使用□（椭圆工具）绘制鼻子、眼睛、嘴，还可以改变颜色，至此本例制作完毕，最终效果如图3-84所示。

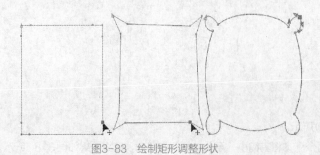

图3-83　绘制矩形调整形状

图3-84　最终效果

实例 034　吸管工具——大嘴猴

┤ 实例目的 ┝

　　本实例的目的是让大家了解在CorelDRAW X7中使用椭圆工具绘制椭圆并结合形状工具调整形状后填充颜色，再通过吸管工具统一颜色的方法，最终效果如图3-85所示。

图3-85　最终效果

┤ 实例要点 ┝

☆　绘制椭圆

☆　将椭圆转换为曲线

☆　使用形状工具调整椭圆形状

☆　复制图形填充面部颜色

☆　绘制嘴部椭圆

☆　使用吸管工具吸取面部颜色填充嘴部颜色

☆　绘制嘴唇填充颜色

☆　绘制椭圆和圆形充当眼睛和鼻孔

☆　绘制耳朵

☆　调整顺序

┤ 操作步骤 ┝

01 执行菜单中【文件】/【新建】命令，新建一个默认大小的空白文档，使用◯（椭圆工具）绘制椭圆，按Ctrl+Q组合键转换为曲线，使用▷（形状工具）调整形状，复制并缩小，改变颜色，效果如图3-86所示。

02 使用◯（椭圆工具）绘制嘴、眼睛、鼻孔，效果如图3-87所示。

03 复制头部，调整图像位置，合并图像改变顺序，将此作为耳朵，至此本例制作完毕，最终效果如图3-88所示。

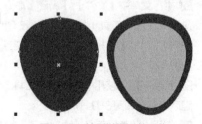

图3-86　绘制椭圆调整形状

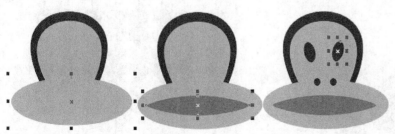

图3-87　绘制嘴、眼睛、鼻孔

图3-88　最终效果

实例 035 交互式填充——糖葫芦

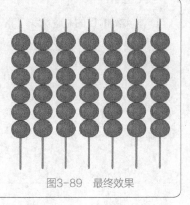

实例目的

　　本实例的目的是让大家了解在CorelDRAW X7中使用椭圆工具绘制椭圆并结合形状工具调整形状后填充渐变色的方法。通过交互式透明制作高光，从而得到糖葫芦图形。最终效果如图3-89所示。

图3-89　最终效果

实例要点

　☆　绘制椭圆
　☆　将椭圆转换为曲线
　☆　使用形状工具调整椭圆形状
　☆　使用交互式填充工具填充渐变
　☆　绘制椭圆转换为曲线
　☆　通过交互式透明工具调整高光不透明度
　☆　复制对象
　☆　绘制糖葫芦签子
　☆　调整顺序

操作步骤

01 执行菜单中【文件】/【新建】命令，新建一个默认大小的空白文档，使用 ◯（椭圆工具）绘制椭圆，按Ctrl+Q组合键转换为曲线，使用 ⬚（形状工具）调整形状，使用 ⬧（交互式填充工具）填充渐变色，效果如图3-90所示。

02 绘制图形，使用 ⬧（透明度工具）调整透明后，将其作为高光，群组后复制，如图3-91所示。

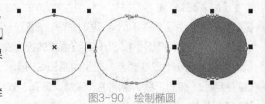

图3-90　绘制椭圆

03 使用 ◯（椭圆工具）绘制竹签形状并填充颜色，改变顺序，至此本例制作完毕，最终效果如图3-92所示。

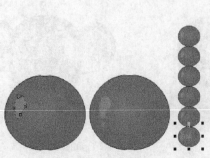

图3-91　高光效果

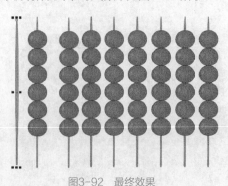

图3-92　最终效果

多边形工具——卡通猫头鹰

实例目的

　　本实例的目的是让大家了解在CorelDRAW X7中使用椭圆工具绘制椭圆、多边形工具绘制三角形并结合形状工具调整形状、填充颜色，从而得到卡通猫头鹰图形，最终效果如图3-93所示。

图3-93　最终效果

实例要点

☆ 绘制椭圆
☆ 将椭圆转换为曲线
☆ 使用形状工具调整椭圆形状
☆ 复制图形填充颜色
☆ 绘制多边形转换为曲线调整形状
☆ 绘制嘴巴、眼睛、翅膀和爪子

操作步骤

01 执行菜单中【文件】/【新建】命令，新建一个默认大小的空白文档，使用◯（椭圆工具）绘制一个椭圆，按Ctrl+Q组合键将其转换为曲线，使用▶（形状工具）调整形状，为其填充合适颜色，效果如图3-94所示。

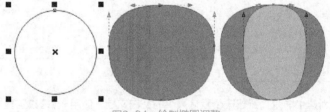

图3-94　绘制椭圆调整

02 使用◯（多边形工具）绘制一个三角形，按Ctrl+Q组合键将其转换为曲线，使用▶（形状工具）调整形状，为其填充合适颜色，效果如图3-95所示。

图3-95　绘制三角形调整

03 使用◯（椭圆工具）绘制眼睛，再将绘制的椭圆转换为曲线后调整形状，作为翅膀和脚，至此本例制作完毕，最终效果如图3-96所示。

图3-96 最终效果

实例 037 螺纹工具——蚊香

| 实例目的 |

　　本实例的目的是让大家了解在CorelDRAW X7中使用螺纹工具绘制蚊香的方法，最终效果如图3-97所示。

图3-97 最终效果

| 实例要点 |

☆ 使用螺纹工具绘制回圈为4的螺纹
☆ 设置轮廓笔
☆ 复制图形
☆ 移动图形位置

| 操作步骤 |

01 执行菜单中【文件】/【新建】命令，新建一个默认大小的空白文档，使用 (螺纹工具)绘制螺纹，效果如图3-98所示。

02 在【属性栏】中设置【轮廓宽度】，效果如图3-99所示。

03 复制得到一个副本，将副本填充为【灰色】并移动位置，至此本例制作完毕，最终效果如图3-100所示。

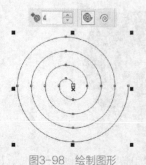

图3-98 绘制图形

图3-99 设置轮廓宽度

图3-100 最终效果

第 04 章

图形对象编辑

　　本章是在巩固前两章的基础上结合图像的编辑功能，用扩展选取功能、对象的变形操作、对象的旋转及倾斜、自由变换、裁切图像（刻刀、虚拟段删除）和修饰图像等功能编辑对象。

实 例 038 虚拟线删除工具——装饰画1

实例目的

　　本实例的目的是让大家了解在CorelDRAW X7中虚拟线删除工具的使用方法，结合智能填充制作装饰画效果，最终效果如图4-1所示。

图4-1　最终效果

实例要点

　　☆ 使用椭圆工具绘制椭圆和使用手绘工具绘制直线
　　☆ 使用虚拟线删除工具删除部分线段
　　☆ 通过智能填充工具填充颜色
　　☆ 使用交互式填充工具填充渐变色
　　☆ 使用喷涂绘制植物
　　☆ 拆分并取消组合
　　☆ 绘制云彩

操作步骤

01 执行菜单中【文件】/【新建】命令，新建一个默认大小的空白文档，使用 （椭圆工具）在页面中绘制一个圆形，再使用 （手绘工具）在圆形下半部分绘制一条直线，如图4-2所示。

> **技巧**
>
> 在 CorelDRAW X7 中使用 （手绘工具）绘制线条时，按住鼠标左键并拖动可以按照鼠标经过的区域绘制曲线，通过单击的方式可以绘制直线。

02 使用 （虚拟线删除工具）在下半圆上单击，即可将轮廓删除，如图4-3所示。

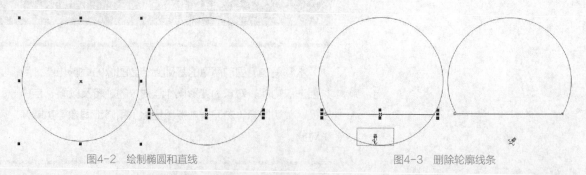

图4-2　绘制椭圆和直线　　　　　　　　　　图4-3　删除轮廓线条

03 选择 （智能填充工具），在【属性栏】中设置【填充色】为【蓝色】，【轮廓】设置为【绿色】，如图4-4所示。

04 在剩余的图形部分单击，即可填充颜色，效果如图4-5所示。

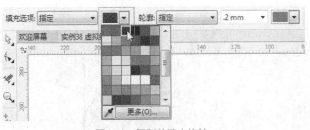

图4-4 复制并缩小旋转

图4-5 复制并翻转

05 再使用 ◯（椭圆工具）绘制一个椭圆，选择 ◈（交互式填充工具）单击 ▨（编辑填充）按钮，打开【编辑填充】对话框，其参数值设置如图4-6所示。

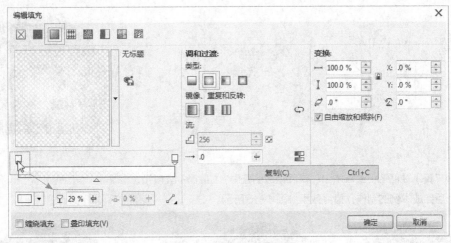

图4-6 【编辑填充】对话框

06 设置完毕，单击【确定】按钮，效果如图4-7所示。

07 执行菜单中【文件】/【导入】命令，导入"素材/第4章/相拥"，如图4-8所示。

08 将导入的"相拥"素材移到相应位置上，如图4-9所示。

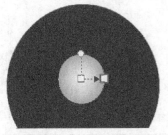

图4-7 填充渐变

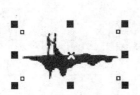

图4-8 导入素材

图4-9 移动素材

09 使用 ◁（艺术笔工具）在【属性栏】中选择 ◰（喷涂），在【类别】中选择【植物】，如图4-10所示。

10 使用 ◢（喷涂）在文档中拖动绘制植物，效果如图4-11所示。

11 执行菜单中【对象】/【拆分艺术笔组】命令或按Ctrl+K组合键，此时会将路径分离出来，选取路径后删除，如图4-12所示。

12 执行菜单中【对象】/【组合】/【取消组合对象】命令或按Ctrl+U组合键，将组合在一起的对象分离，选取不需要的植物后删除，再将剩余的一个植物移到绘制的图形上面，如图4-13所示。

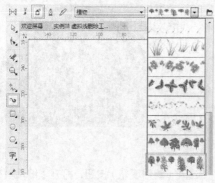

图4-10 选择喷涂

图4-11 绘制植物画笔

图4-12 删除路径

图4-13 取消组合对象

13 使用 （椭圆工具）在图形上绘制由白色椭圆组成的云彩，如图4-14所示。

14 绘制多个云彩后完成本例的制作，最终效果如图4-15所示。

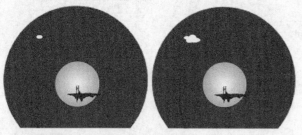

图4-14 绘制云彩

图4-15 最终效果

实例 039 喷涂——装饰画2

实例目的

　　本实例的目的是让大家了解在CorelDRAW X7中使用艺术笔工具中喷涂工具结合拆分命令绘制装饰画的方法，最终效果如图4-16所示。

图4-16 最终效果

┨ **实例要点** ┠

- ☆ 矩形工具
- ☆ 绘制喷涂
- ☆ 拆分艺术笔
- ☆ 垂直翻转
- ☆ 键入文字后将文字与图形一同复制

┨ **操作步骤** ┠

01 执行菜单中【文件】/【新建】命令，新建一个【宽度】为180mm、【高度】为13.5mm的空白文档，使用 □ (矩形工具) 在文档中绘制一个矩形，将矩形填充为【红色】，【轮廓】为无填充 ⊠，效果如图4-17所示。

02 使用 ▧ (艺术笔工具) 在【属性栏】中选择 ▧ (喷涂)，在【类别】中选择【脚印】，如图4-18所示。

图4-17 绘制矩形填充红色

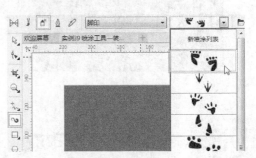

图4-18 选择喷涂

03 使用 ▧ (喷涂) 在矩形上绘制黑色脚印，如图4-19所示。

04 执行菜单中【对象】/【拆分艺术笔组】命令或按Ctrl+K组合键，此时会将路径分离出来，将路径选取后删除，拖动控制点将脚印缩小，效果如图4-20所示。

图4-19 绘制喷涂

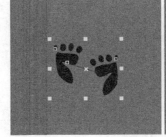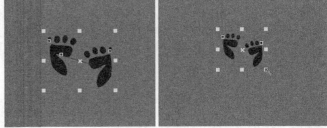

图4-20 拆分后缩小

05 按Ctrl+U组合键取消组合，选择右侧的脚印，单击【属性栏】中的 ▧ (垂直镜像) 按钮，效果如图4-21所示。

06 使用 ▧ (选择工具) 调整垂直镜像后的脚印位置，如图4-22所示。

07 使用 ▧ (文本工具) 在脚印下方键入文字"千里之行始于足下"，如图4-23所示。

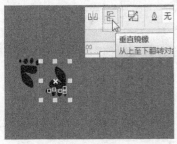

图4-21 垂直镜像

图4-22 调整位置

图4-23 键入文字

08 将脚印和文字一同选取，执行菜单中【编辑】/【再制】命令或按Ctrl+D组合键，复制一个副本，将其填充为【橘色】，效果如图4-24所示。

技巧

在 CorelDRAW X7中，【克隆】和【再制】命令都可以复制原图形，【克隆】只能对原图形进行复制，副本不能通过【克隆】命令进行复制，【再制】命令可以对任意的选取图形进行复制，其中也包含被复制的副本图形。

09 使用 📄（选择工具）调整位置后，完成本例的制作，最终效果如图4-25所示。

图4-24 复制图形   图4-25 最终效果

实例 040 旋转变换——太阳花

实例目的

本实例的目的是让大家了解CorelDRAW X7中通过"变换"面板中的"旋转"对已绘制对象进行旋转复制的方法，最终效果如图4-26所示。

图4-26 最终效果

实例要点

☆ 椭圆工具绘制椭圆转换曲线后调整形状

☆ 通过交互式透明工具设置不透明度

☆ 通过变换面板中的旋转进行旋转复制

☆ 设置对象属性的渐变填充

操作步骤

01 执行菜单中【文件】/【新建】命令，新建一个空白文档，使用 ◯（椭圆工具）在文档中绘制椭圆，按Ctrl+Q组合键将椭圆转换为曲线，使用 ⬚（形状工具）拖动节点改变椭圆形状，如图4-27所示。

技巧

在 CorelDRAW中绘制的矩形、椭圆形、多边形及基本形状不能直接使用 ⬚（形状工具）对其进行编辑，必须要将其转换为曲线后才能对其进行编辑。

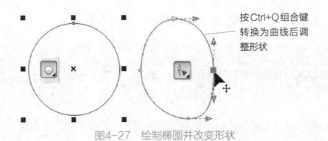

按Ctrl+Q组合键
转换为曲线后调
整形状

图4-27　绘制椭圆并改变形状

02 在【对象属性】面板中选择◇（填充），再选择▨（渐变填充）中的▤（线性渐变），然后设置参数值，效果如图4-28所示。

03 使用◉（椭圆工具）在花瓣上绘制椭圆高光，按Ctrl+Q组合键转换为曲线后，使用◣（形状工具）调整形状，在【颜色】泊坞窗中单击【浅粉色】，为高光填充【浅粉色】，效果如图4-29所示。

04 框选花瓣，用鼠标右键单击⊠（无填充）去掉轮廓，再按Ctrl+G组合键将花瓣与高光进行组合，如图4-30所示。

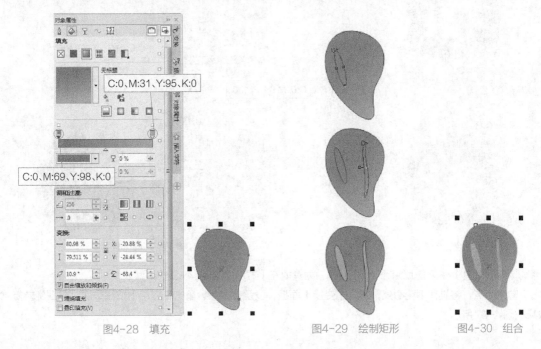

C:0、M:31、Y:95、K:0

C:0、M:69、Y:98、K:0

图4-28　填充　　　　　　　　　图4-29　绘制矩形　　　　　图4-30　组合

05 使用◧（选择工具）单击组合后的对象，在选择框变为旋转与斜切框后，将旋转中心点移到对象的下面，效果如图4-31所示。

06 执行菜单中【对象】/【变换】/【旋转】命令，打开【变换】面板，其参数值设置如图4-32所示。

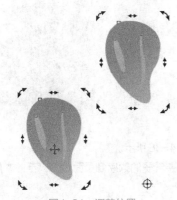

图4-31　调整位置　　　　　　　　　　　　图4-32　变换面板

07 单击【应用】按钮数次，直到旋转复制一周为止，效果如图4-33所示。

在使用多个对象进行旋转复制时，必须要将对象进行群组，否则将不能按照中心点进行复制，图4-33所示的效果为没进行群组对象进行旋转复制的效果。

08 框选所有花瓣，按Ctrl+U组合键取消组合，再将花瓣上的高光进行全部选取，使用 (交互式透明)从左上角向右下角拖动，创建渐变透明，效果如图4-34所示。

09 使用 (椭圆工具)在花瓣上绘制一个圆形，为其填充 (径向渐变)，效果如图4-35所示。

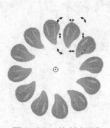

图4-33　旋转复制

图4-34　创建渐变透明

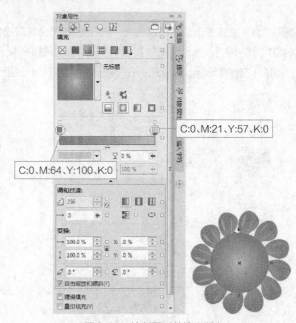

C:0、M:21、Y:57、K:0

C:0、M:64、Y:100、K:0

图4-35　绘制圆形并填充渐变

10 使用 (椭圆工具)在花瓣上绘制一个小椭圆，为其填充【黄色】，如图4-36所示。

11 调出旋转中心点，将其移到花心处，打开【变换】面板，设置参数后，单击【应用】按钮数次，直到旋转复制一周为止，效果如图4-37所示。

图4-36　绘制小椭圆

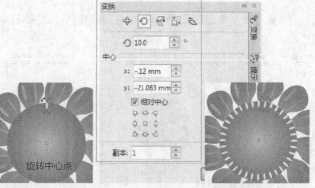

图4-37　变换旋转图形

12 执行菜单中【文件】/【导入】命令，导入"素材/第4章/叶子"，如图4-38所示。

13 使用 (选择工具)选择叶子移到相应的位置，按Ctrl+End组合键调整叶子的顺序到页面后面，至此本例制作完毕，最终效果如图4-39所示。

图4-38　素材

图4-39　最终效果

实例 041　矩形工具——石英表

实例目的

本实例的目的是让大家了解在CorelDRAW中使用位置、旋转变换及刻刀工具制作石英表的方法，最终效果如图4-40所示。

图4-40　最终效果

实例要点

☆　了解矩形工具的使用方法
☆　通过刻刀工具裁切矩形
☆　将轮廓转换为对象
☆　为线条添加箭头
☆　通过旋转变换复制对象
☆　通过位置变换复制对象

操作步骤

01 执行菜单中【文件】/【新建】命令，新建一个默认大小的空白文档，使用 ▢（矩形工具）在文档中绘制一个长方形，设置填充为【青色】、轮廓为【黑色】，如图4-41所示。

02 使用 ✐（刻刀工具）在长方形的中间位置进行垂直切割，如图4-42所示。

图4-41　绘制矩形

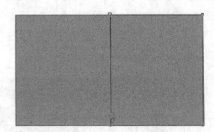

图4-42　刻刀切割矩形

03 切割后矩形会变成两个部分，选择右侧的矩形将其填充为【红色】，如图4-43所示。

04 框选两个矩形，在【颜色表】☒（无填充）图标上单击鼠标右键，去掉轮廓，效果如图4-44所示。

05 使用 ◯（椭圆工具）在左侧矩形上绘制一个圆形，设置填充为【白色】、轮廓为【黑色】，在【属性栏】中设置【轮廓宽度】为2.5mm，效果如图4-45所示。

图4-43　选择切割后的局部进行填充

图4-44　去掉轮廓

06 执行菜单中【对象】/【将轮廓转换为对象】命令，选择转换为对象的黑色圆环，在【颜色表】中右键单击【灰色】，在【属性栏】中设置【轮廓宽度】为0.5mm，效果如图4-46所示。

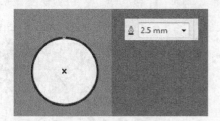

图4-45　绘制椭圆

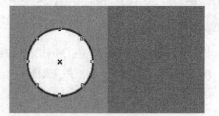

图4-46　转换轮廓为对象并为其填充轮廓

07 在白色圆形上绘制一个黑色圆形，单击鼠标调出旋转中心点并调整位置，执行菜单中【对象】/【变换】/【旋转】命令，打开【变换】面板，其参数值设置效果如图4-47所示。

08 单击【应用】按钮数次，直到旋转复制一周为止，效果如图4-48所示。

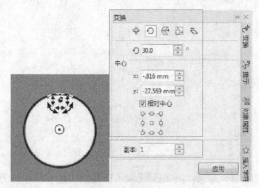

图4-47　【变换】面板

图4-48　旋转复制

09 在白色圆形中心位置绘制一个黑色圆形，再绘制两个椭圆，调整旋转后移动到相应位置作为分针和时针，效果如图4-49所示。

10 使用 ╰（手绘工具）绘制一条直线作为秒针，在【属性栏】中为其设置一个箭头，效果如图4-50所示。

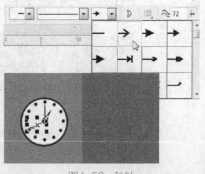

图4-50　秒针

图4-49　分针、时针

11 在中间绘制一个青色圆形，选择最上面的小圆点，将其填充为【青色】，效果如图4-51所示。

12 将表部分全部框选，执行菜单中【对象】/【变换】/【位置】命令，在打开的【变换】面板中设置参数值，如图4-52所示。

图4-51 填充青色

图4-52 【变换】面板

13 单击【应用】按钮，此时会将选择的石英表复制出一个副本并按照设置产生间距，如图4-53所示。

14 将副本中的青色圆点填充【红色】，至此本例制作完毕，最终效果如图4-54所示。

图4-53 复制

图4-54 最终效果

实例 042 顺序——愤怒的小鸟

▌实例目的 ▌

本实例的目的是让大家了解在CorelDRAW X7中使用 （B-spline工具）、形状工具以及调整顺序绘制小鸟的方法，最终效果如图4-55所示。

图4-55 最终效果

▌实例要点 ▌

☆ 了解B-Spline工具的使用方法

☆ 使用形状工具编辑形状

☆ 交互式透明工具

☆ 改变顺序

┨ 操作步骤 ┠

01 执行菜单中【文件】/【新建】命令，新建一个空白文档，使用 ⚡（B-spline工具）在文档中绘制圆角三角形，绘制过程如图4-56所示。

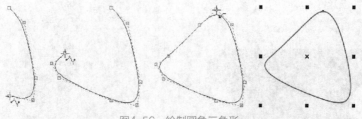

图4-56 绘制圆角三角形

> **技巧**
>
> 在CorelDRAW中 ⚡（B-spline工具）是X5版本中新增的工具。使用 ⚡（B-spline工具）可以在不分割线段的情况下对曲线进行编辑。使用该工具绘制的圆角非常平滑。

02 圆角三角形轮廓绘制好后，使用 ▦（形状工具）在控制点上拖动调整圆角三角形的形状，如图4-57所示。

03 形状调整完毕后，填充深黄色，隐藏轮廓，效果如图4-58所示。

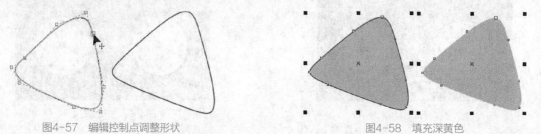

图4-57 编辑控制点调整形状　　　　　　　　图4-58 填充深黄色

04 使用 ⚡（B-spline工具）在鸟身上绘制头顶的羽毛，绘制过程如图4-59所示。

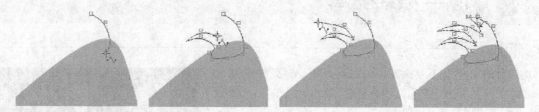

图4-59 绘制羽毛

05 填充黑色隐藏轮廓，如图4-60所示。

06 执行菜单中【排列】/【顺序】/【置于此对象后】命令，或在选择的羽毛上单击鼠标右键，在弹出的菜单中选择【顺序】/【置于此对象后】命令，如图4-61所示，此时在文档中会出现一个黑色箭头，如图4-62所示。

07 使用鼠标在鸟身上单击，此时会发现羽毛已经放置到鸟身的后面了，如图4-63所示。

图4-60 填充黑色

图4-61 选择顺序

08 使用同样的方法制作鸟尾巴羽毛,效果如图4-64所示。

图4-62 箭头

图4-63 改变顺序

图4-64 绘制鸟尾巴

09 使用⊙(椭圆工具)在鸟身上绘制圆形的鸟眼睛,黑色眼珠、白色眼白,如图4-65所示。

10 使用⚡(B-spline工具)在眼睛下面绘制鸟嘴,分别填充深黄色和橘色,如图4-66所示。

11 使用⊙(椭圆工具)在鸟身上绘制白色高光,单击对椭圆进行旋转,如图4-67所示。

图4-65 绘制鸟眼睛

图4-66 绘制鸟嘴

图4-67 白色高光

图4-68 调整不透明度

12 在工具箱中选择🖌(透明度工具),在【属性栏】中设置【透明类型】为🔲(均匀透明度),调整【不透明度】为50,如图4-68所示。

13 使用⚡(B-spline工具)绘制鸟窝,效果如图4-69所示。

图4-69 绘制鸟窝

14 框选整个鸟窝,执行菜单中【排列】/【群组】命令或按Ctrl+G组合键建立群组,再执行菜单中【排列】/【顺序】/【置于此对象后】命令,效果如图4-70所示。

使用箭头在
鸟身上单击

图4-70 群组后调整顺序

15 单击后顺序调整完成,全选整个小鸟按Ctrl+G组合键建立群组,导入"素材/第4章/小鸟背景",将绘制的小鸟移到背景上完成本例的制作,最终效果如图4-71所示。

图4-71 最终效果

实例
043
镜像变换——开始按钮

实例目的

本实例的目的是让大家了解在CorelDRAW中使用矩形工具结合渐变填充、镜像变换绘制开始按钮的方法，最终效果如图4-72所示。

图4-72 最终效果

实例要点

☆ 使用矩形工具绘制矩形设置圆角矩形
☆ 通过透明度工具设置渐变透明
☆ 通过镜像变换复制图形
☆ 绘制曲线设置样式
☆ 键入文字设置合并模式

操作步骤

01 执行菜单中【文件】/【新建】命令，新建一个空白文档，使用 🔲（矩形工具）绘制两个矩形，在【属性栏】中设置4个角的圆角值，如图4-73所示。

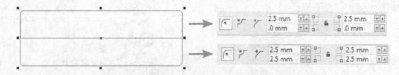

图4-73 绘制矩形调整圆角

技巧

设置矩形的圆角值时，只要不锁定同时编辑4个角按钮🔒，就可以对每个角进行单独的圆角设置。

02 选择下面的大矩形，在【属性对象】面板中为其填充渐变色，如图4-74所示。
03 选择上面的小圆角矩形为其填充【白色】，再将两个圆角矩形的轮廓取消，如图4-75所示。
04 使用 🔲（透明度工具）从上向下拖动鼠标为图形添加线性渐变透明，设置透明度，如图4-76所示。

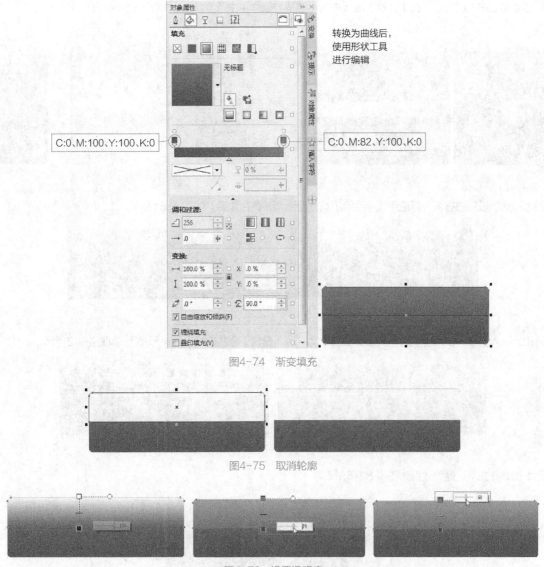

转换为曲线后，
使用形状工具
进行编辑

C:0、M:100、Y:100、K:0　　　　　　　　　C:0、M:82、Y:100、K:0

图4-74　渐变填充

图4-75　取消轮廓

图4-76　设置透明度

05 使用 □（矩形工具）绘制矩形轮廓，将轮廓设置为【黄色】，如图4-77所示。

06 框选黄色矩形，执行菜单中【对象】/【变换】/【缩放与镜像】命令，在打开的【变换】面板中设置参数，如图4-78所示。

图4-77　绘制矩形轮廓

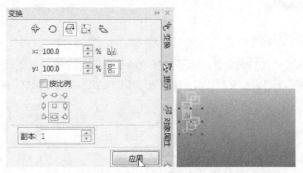

图4-78　【变换】面板

07 将复制的副本移动到左下角，使用 ↘（贝塞尔工具）绘制曲线，在【属性栏】设置【轮廓样式】，如图4-79所示。

08 将矩形框和曲线一同选中，在【变换】面板中的【缩放与镜像】中设置参数，如图4-80所示。

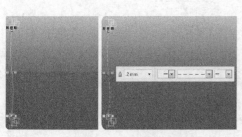

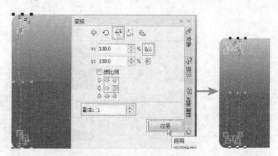

图4-79　绘制曲线　　　　　　　　　　　　　　　　　图4-80　设置镜像

09 将副本移动到按钮的右侧，再使用 （手绘工具）绘制两条黄色线条，如图4-81所示。

图4-81　移动并绘制黄色线条

10 在按钮上键入文字，使用 （透明度工具）选中文字后，设置【合并模式】为【添加】，如图4-82所示。

图4-82　设置文字与背景合并模式

11 至此本例制作完毕，最终效果如图4-83所示。

图4-83　最终效果

实例 044　大小变换——对称图形

┃实例目的┃

　　本实例的目的是让大家了解在CorelDRAW X7中使用图纸工具、矩形工具、椭圆工具以及交互式填充绘制五子棋的方法，最终效果如图4-84所示。

图4-84　最终效果

┨ **实例要点** ┠

　　☆ 椭圆工具绘制圆形
　　☆ 设置饼形
　　☆ 通过大小变换缩放副本
　　☆ 镜像复制

┨ **操作步骤** ┠

01 执行菜单中【文件】/【新建】命令，新建一个空白文档，使用 ◯ （椭圆工具）绘制圆形，在【属性栏】中选择 ⚲ （饼形），设置【起始角度】与【结束角度】为330°和210°，如图4-85所示。

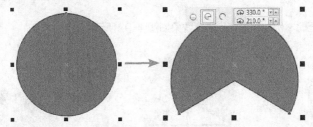

图4-85　绘制椭圆设置饼形

02 在【变换】面板中选择 ⊡ （大小）选项按钮，设置参数再单击【应用】按钮，效果如图4-86所示。

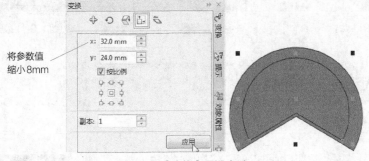

图4-86　【变换】面板（1）

03 将缩小后的饼形填充为【橘色】，然后在【变换】面板中将参数缩小，效果如图4-87所示。

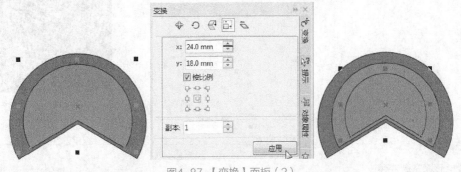

图4-87　【变换】面板（2）

04 将缩小后的饼形填充为【淡粉色】，效果如图4-88所示。

05 在【变换】面板中选择 ◲ （缩放与镜像）选项按钮，设置参数再单击【应用】按钮，效果如图4-89所示。

06 使用 ⤢ （手绘工具）绘制一个十字线，将【轮廓宽度】设置为1.0mm，效果如图4-90所示。

07 使用 ▧ （选择工具）将十字线选取，执行菜单中【对象】/【顺序】/【到页面背面】命令或按Ctrl+End组合键，效果如图4-91所示。

图4-88　填充浅粉色

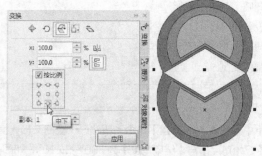

图4-89　编辑变换

08 选取对象将其旋转90°，至此本例制作完毕，最终效果如图4-92所示。

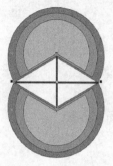

图4-90　绘制十字线

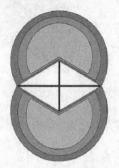

图4-91　调整顺序

图4-92　最终效果

实例 045　形状工具——夜色

实例目的

　　本实例的目的是让大家了解在CorelDRAW X7中使用交互式填充工具、形状工具，以及喷涂绘制夜色的方法，最终效果如图4-93所示。

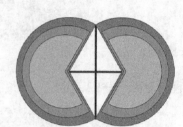

图4-93　最终效果

实例要点

☆ 绘制矩形填充渐变色

☆ 绘制椭圆转换为曲线调整形状

☆ 设置不透明度

☆ 绘制喷涂画笔

☆ 裁剪图形

操作步骤

01 执行菜单中【文件】/【新建】命令，新建一个空白文档，使用▢（矩形工具）在文档中绘制一个矩形，如图4-94所示。

02 选择▨（交互式填充工具），在【属性栏】中单击▨（编辑填充）按钮，在打开的【编辑填充】对话框中，其参数值设置如图4-95所示。

图4-94　绘制矩形

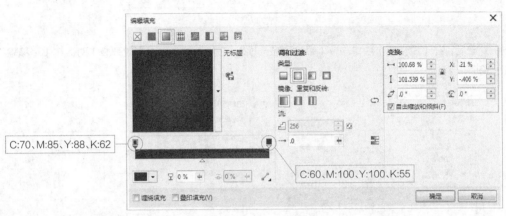

图4-95　【编辑填充】对话框

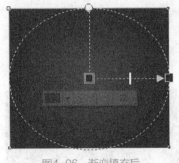

图4-96　渐变填充后

03 设置完毕，单击【确定】按钮，效果如图4-96所示。

04 使用▢（椭圆工具）在矩形上绘制一个椭圆，将其填充为【幼蓝色】，按Ctrl+Q组合键将椭圆转换为曲线，再使用▨（形状工具）调整形状，如图4-97所示。

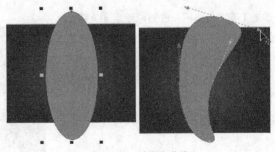

图4-97　转换为曲线

05 使用▨（透明度工具），在【属性栏】中设置【合并模式】为【颜色】，如图4-98所示。

06 框选所有图形，在【颜色表】中用鼠标右键单击⊠（无填充），取消对象轮廓，如图4-99所示。

图4-98　使用透明度工具

图4-99　取消轮廓

07 使用 （艺术笔工具）在【属性栏】中选择 （喷涂），在【类别】中选择【对象】，如图4-100所示。

图4-100 喷涂设置

08 选择飞机对象后，在【属性栏】中单击 （喷涂列表选项），在打开的【创建播放列表】对话框中，移除不需要的对象，如图4-101所示。

图4-101 【创建播放列表】对话框

09 设置完毕，单击【确定】按钮，此时再使用 （喷涂）在文档中轻轻绘制，就会在页面中出现【创建播放列表】中保留的图形，如图4-102所示。

10 使用同样的方法用 （喷涂）在文档中绘制月亮并为月亮填充【橘色】，如图4-103所示。

11 使用同样的方法用 （喷涂）在文档中绘制树，如图4-104所示。

12 使用 （裁剪工具）在图形上创建一个裁剪框，如图4-105所示。

13 按Enter键完成裁切，至此本例制作完毕，最终效果如图4-106所示。

图4-102 绘制喷涂（1） 图4-103 绘制喷涂（2）

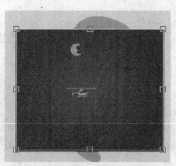

图4-104 绘制喷涂（3） 图4-105 绘制裁剪框 图4-106 最终效果

裁剪工具——插画

实例目的

　　本实例的目的是让大家了解在CorelDRAW X7中使用矩形工具、变换面板、椭圆工具以及形状工具绘制插画的方法，最终效果如图4-107所示。

图4-107　最终效果

实例要点

- ☆ 使用矩形工具
- ☆ 转换为曲线进行进行调整
- ☆ 旋转变换
- ☆ 绘制椭圆
- ☆ 导入素材
- ☆ 裁剪对象

操作步骤

01 执行菜单中【文件】/【新建】命令，新建一个空白文档，使用 ▢（矩形工具）在页面中绘制一个矩形，将其填充为【秋橘红】，如图4-108所示。

02 在矩形上面再绘制一个矩形填充为【浅橘红】，如图4-109所示。

03 按Ctrl+Q组合键将矩形转换为曲线，使用 ▨（形状工具）调整矩形形状，使用 ▨（选择工具）单击梯形，调出旋转中心点，如图4-110所示。

04 在【变换】面板中选择 ◎（旋转），在面板中设置参数，如图4-111所示。

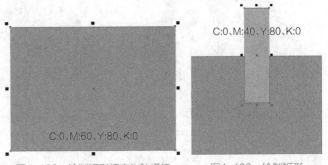

C:0、M:40、Y:80、K:0

C:0、M:60、Y:80、K:0

图4-108　绘制矩形填充为秋橘红　　　　图4-109　绘制矩形填充为浅橘红

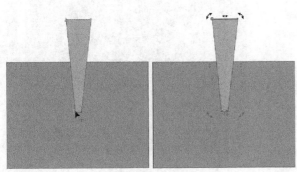

图4-110　调整形状调出中心点

图4-111　设置【变换】参数

05 设置完毕，单击【应用】按钮，直到旋转复制一周为止，效果如图4-112所示。

06 框选所有对象，右键单击【颜色表】中的⊠（无填充）去掉对象的轮廓，如图4-113所示。

07 使用◯（椭圆工具）绘制一个圆形，将其填充为【秋橘色】，如图4-114所示。

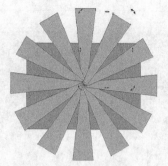

图4-112　旋转变换

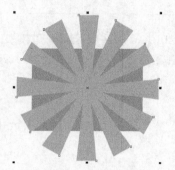

图4-113　取消轮廓

图4-114　绘制圆形

08 使用◯（椭圆工具）绘制椭圆填充【深红色】去掉轮廓，如图4-115所示。

09 执行菜单中【文件】/【导入】命令，导入"素材/第4章/猫头鹰"，如图4-116所示。

10 将猫头鹰拖动到图形中间，调整大小。再使用字（文本工具）键入文字，将键入的文字填充【黑色】，效果如图4-117所示。

11 复制文字得到一个副本，将副本填充为【渐粉色】，效果如图4-118所示。

图4-115　绘制椭圆去掉轮廓

图4-116　导入素材

图4-117　移入素材

图4-118　复制文本填充颜色

12 使用✄（裁剪工具）在绘制的对象上创建一个裁剪框，如图4-119所示。

13 按Enter键完成裁切，至此本例制作完毕，最终效果如图4-120所示。

图4-119　创建裁剪框

图4-120　最终效果

实
例
047 刻刀与裁剪工具——分离图像

实例目的

　　本实例的目的是让大家了解在CorelDRAW X7中使用刻刀工具和裁剪工具分离图像的方法，最终效果如图4-121所示。

图4-121　最终效果

实例要点

　☆ 导入图像

　☆ 使用刻刀工具分割图像

　☆ 使用绘制矩形填充渐变色

　☆ 调整顺序

　☆ 裁剪工具裁切图像

　☆ 将轮廓转换为对象

　☆ 添加轮廓

操作步骤

01 执行菜单中【文件】/【新建】命令，新建一个默认大小的空白文档，导入"素材/第4章/卡通"，再使用 🔪（刻刀工具）斜着在图片上选择起点和终点进行切割，如图4-122所示。

图4-122　导入素材进行分割

02 使用 ▭（矩形工具）绘制一个矩形，使用 ▨（交互式填充工具）填充渐变色，效果如图4-123所示。

03 调整顺序，使用 ✄（裁剪工具）裁剪图像，效果如图4-124所示。

04 绘制一个矩形框，设置轮廓宽度后，按Ctrl+Shift+Q组合键转换为对象，再为其添加一个黑色细线轮廓，至此本例制作完毕，最终效果如图4-125所示。

图4-123 填充渐变色

图4-124 裁剪图像

图4-125 最终效果

实例 048 艺术笔工具——树

实例目的

　　本实例的目的是让大家了解在CorelDRAW中使用矩形工具、渐变填充和艺术笔制作本例的方法，最终效果如图4-126所示。

图4-126 最终效果

实例要点

☆ 绘制矩形填充渐变色

☆ 复制矩形缩小矩形再次调整矩形渐变位置

☆ 绘制白色矩形设置透明度的合并模式为柔光

☆ 使用艺术笔工具中的喷涂工具绘制树

☆ 通过透明度工具调整渐变透明

操作步骤

01 执行菜单中【文件】/【新建】命令，新建一个默认大小的空白文档，使用 ▢（矩形工具）绘制矩形，再使用 ▨（交互式填充工具）填充渐变色，效果如图4-127所示。

图4-127 填充渐变色

02 绘制一个白色矩形使用 ▣（阴影工具）添加阴影，效果如图4-128所示。

03 使用 ▣（艺术笔工具）绘制一棵树的笔触，使用 ▣（阴影工具）为树添加阴影，至此本例制作完毕，最终效果如图4-129所示。

图4-128 添加阴影　　　　　　　　　　　　图4-129 最终效果

实例 049 旋转复制——花环

实例目的

　　本实例的目的是让大家了解在CorelDRAW X7中使用绘制喷涂画笔，再使用变换调整对象制作花环的方法，最终效果如图4-130所示。

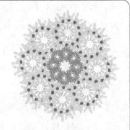

图4-130 最终效果

实例要点

☆ 使用艺术笔工具中的喷涂绘制花

☆ 拆分画笔删除路径

☆ 通过旋转变换复制花瓣

☆ 组合对象再次应用变换复制花环

操作步骤

01 执行菜单中【文件】/【新建】命令，新建一个默认大小的空白文档，使用 ▣（艺术笔工具）绘制一个花朵，效果如图4-131所示。

02 调出旋转中心点，执行菜单中【对象】/【变换】/【旋转】命令，对花进行旋转复制，如图4-132所示。

03 组合对象，再次进行旋转复制，复制一个副本缩小后改变颜色，至此本例制作完毕，最终效果如图4-133所示。

  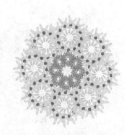

图4-131 绘制花　　　　　　图4-132 旋转复制　　　　　　图4-133 最终效果

实例 050　形状工具——调色板

实例目的

　　本实例的目的是让大家了解在CorelDRAW X7中使用椭圆工具绘制椭圆，并使用形状工具调整形状后填充颜色和渐变色，再通过喷涂绘制笔刷和颜色点完成调色板的方法，最终效果如图4-134所示。

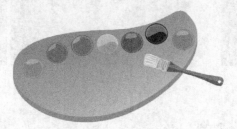

图4-134　最终效果

实例要点

　　☆　绘制椭圆
　　☆　将椭圆转换为曲线
　　☆　使用形状工具调整椭圆形状
　　☆　填充橘色
　　☆　复制图形再为副本填充渐变色
　　☆　使用艺术笔工具中的喷涂绘制色点和画笔

操作步骤

01 执行菜单中【文件】/【新建】命令，新建一个默认大小的空白文档，使用◯（椭圆工具）绘制一个椭圆，按Ctrl+Q组合键将其转换为曲线，使用◟（形状工具）调整形状，为其填充【橘色】，效果如图4-135所示。

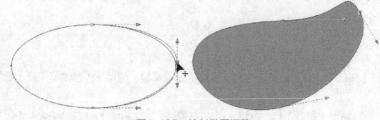

图4-135　绘制椭圆调整

02 复制一个副本，使用◪（交互式填充工具）填充渐变色，效果如图4-136所示。

03 使用◖（艺术笔工具）绘制笔触图案，至此本例制作完毕，最终效果如图4-137所示。

图4-136　复制填充渐变色

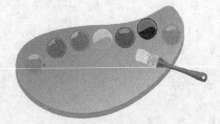

图4-137　最终效果

实例 051 贝塞尔工具——酒杯

实例目的

本实例的目的是让大家了解在CorelDRAW X7中使用贝塞尔工具绘制酒杯外形，使用手绘工具绘制杯内图形的方法，最终效果如图4-138所示。

图4-138 最终效果

实例要点

☆ 使用贝塞尔工具绘制酒杯外形，填充轮廓颜色设置轮廓宽度
☆ 使用手绘工具绘制杯内形状填充黄色在边缘绘制两条绿色线条
☆ 绘制两个白色矩形作为线条
☆ 使用贝塞尔工具绘制吸管
☆ 绘制两个圆形分别填充白色和黄色
☆ 绘制白色轮廓线条
☆ 使用变换面板中的旋转进行45°角复制

操作步骤

01 执行菜单中【文件】/【新建】命令，新建一个默认大小的空白文档，使用 （贝塞尔工具）绘制杯子外形，设置轮廓宽度和颜色，效果如图4-139所示。

02 使用 （贝塞尔工具）绘制内部黄色三角形，并在上面绘制两个白色矩形，再绘制吸管，效果如图4-140所示。

图4-139 绘制图形

图4-140 绘制内部图形及吸管

03 使用 （椭圆工具）绘制圆形，填充轮廓色和内部颜色，使用 （手绘工具）绘制白色线条，进行旋转复制，效果如图4-141所示。

04 组合对象，调整顺序，至此本例制作完毕，最终效果如图4-142所示。

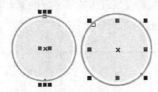

图4-141 绘制图形并填充颜色

图4-142 最终效果

第**05**章

填充与编辑对象

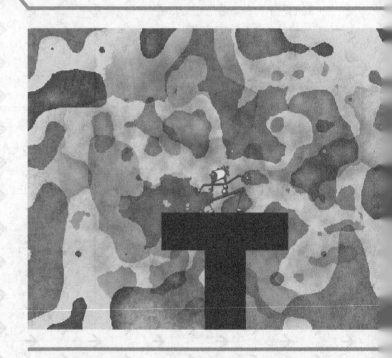

　　本章主要在对图形填充方面进行详细的讲解，主要包含渐变填充、矢量图样填充、位图图样填充、底纹填充、双色调填充、PostScript填充、图框精确剪裁和插入字符等内容，目的是使读者能够更好地掌握填充在CorelDRAW X7中的运用方法。

实例 052 渐变填充——蜡烛

实例目的

　　本实例的目的是让大家了解在CorelDRAW X7中使用交互式填充工具填充渐变颜色效果的方法，最终效果如图5-1所示。

图5-1　最终效果

实例要点

　　☆ 使用矩形工具绘制矩形后转换为曲线
　　☆ 使用形状工具调整曲线形状
　　☆ 填充渐变色
　　☆ 使用吸引工具调整轮廓形状

操作步骤

01 执行菜单中【文件】/【新建】命令，新建一个默认大小的空白文档，使用 ▢（矩形工具），再按Ctrl+Q组合键将矩形转换为曲线，如图5-2所示。

02 使用 ▨（形状工具）选择底部，在【属性栏】中选择 ▨（转换为曲线），如图5-3所示。

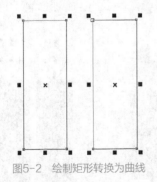

图5-2　绘制矩形转换为曲线

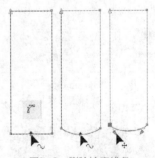

图5-3　删除轮廓线条

技巧

在 CorelDRAW X7 中，使用 ▨（形状工具）将直线调整为弧线，就必须选择 ▨（转换为曲线），如果想把曲线调整为直线就必须选择 ▨（转换为直线）。

03 选择 ▨（交互式填充工具）后，在【属性栏】中单击 ▨（渐变填充）按钮，再单击 ▨（编辑填充）按钮，打开【编辑填充】对话框，其参数值设置如图5-4所示。

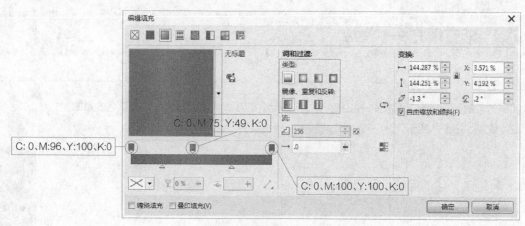

图5-4 【编辑填充】对话框

04 设置完毕，单击【确定】按钮，去掉轮廓效果如图5-5所示。

在 CorelDRAW X7 中，如果想填充渐变色可以直接使用 （交互式填充工具），在绘制的图形内拖动即可填充渐变色，如果想改变渐变颜色只要在颜色色块内单击就可在弹出的色板中选择颜色，在颜色过渡的线条上双击鼠标即可添加色块，从而达到多种颜色渐变的效果。

05 使用 （贝塞尔工具）在上方绘制一个封闭的曲线，如图5-6所示。

06 在曲线内使用 （交互式填充工具）拖动，然后在【属性栏】中选择 （椭圆形渐变填充），效果如图5-7所示。

07 去掉图形的轮廓，在使用 （手绘工具）在上面绘制一个蜡捻，将【轮廓宽度】设置为2.0mm，如图5-8所示。

08 使用 （椭圆工具）绘制一个椭圆，按Ctrl+Q组合键将椭圆转换为曲线，再使用 （形状工具）将椭圆调整成火苗形状，如图5-9所示。

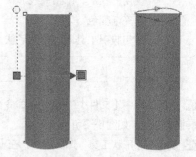

图5-5 去掉轮廓效果　图5-6 绘制曲线

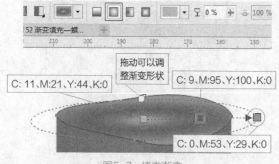

图5-7 填充渐变

图5-8 绘制蜡捻

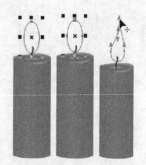

图5-9 绘制火苗

09 选择 （交互式填充工具）后，在【属性栏】中单击 （渐变填充）按钮，再单击 （编辑填充）按钮，打开【编辑填充】对话框，其参数值设置如图5-10所示。

10 设置完毕，单击【确定】按钮，去掉火苗的轮廓，效果如图5-11所示。

11 使用 （贝塞尔工具）绘制一个封闭曲线，如图5-12所示。

12 使用 （吸引工具）在曲线边缘上涂抹，如图5-13所示。

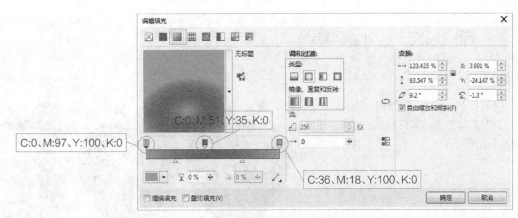

图5-10 【编辑填充】对话框

图5-11 去掉火苗轮廓

图5-12 绘制曲线

图5-13 调整边缘

13 选择 （交互式填充工具）后，在【属性栏】中单击 （渐变填充）按钮，再单击 （编辑填充）按钮，打开【编辑填充】对话框，其参数值设置如图5-14所示。

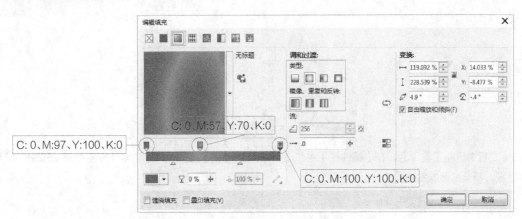

图5-14 【编辑填充】对话框

14 设置完毕，单击【确定】按钮，去掉轮廓，再复制一个副本并将其缩小，至此本例制作完毕，最终效果如图5-15所示。

图5-15 最终效果

实例 053 渐变填充——水晶苹果

实例目的

本实例的目的是让大家了解在CorelDRAW X7中通过交互式填充工具填充渐变的方法，最终效果如图5-16所示。

图5-16 最终效果

实例要点

☆ 椭圆工具绘制椭圆转换为曲线

☆ 使用形状工具调整形状

☆ 交互式填充工具填充渐变色

☆ 透明度工具设置不透明度

操作步骤

01 执行菜单中【文件】/【新建】命令，新建一个默认大小的空白文档，使用 ◯（椭圆工具）在文档中绘制一个椭圆形，按Ctrl+Q组合键转换椭圆为曲线，使用 ⬚（形状工具）调整椭圆形状，如图5-17所示。

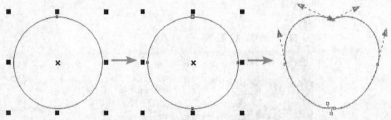

图5-17 绘制椭圆转换曲线并调整形状

02 选择 ⬙（交互式填充工具）后，在【属性栏】中单击 ▦（渐变填充）按钮，再单击 ⬚（编辑填充）按钮，打开【编辑填充】对话框，其参数值设置如图5-18所示。

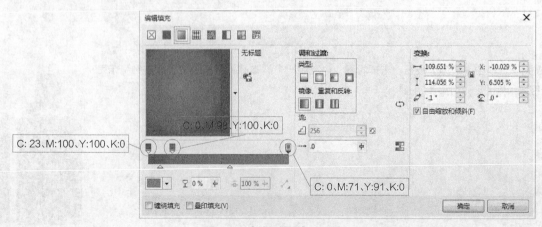

图5-18 【编辑填充】对话框

03 设置完毕，单击【确定】按钮，效果如图5-19所示。

04 使用 ◯（椭圆工具）在文档中绘制一个椭圆形，按Ctrl+Q组合键转换椭圆为曲线，使用 ⟍（形状工具）调整椭圆形状，效果如图5-20所示。

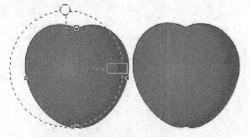

图5-19 填充渐变色

图5-20 调整椭圆形状

05 使用 ⟍（透明度工具）单击调整后的形状，设置不透明度，效果如图5-21所示。

06 使用 ⟍（贝塞尔工具）在苹果上面绘制一个封闭曲线，如图5-22所示。

图5-21 垂直镜像

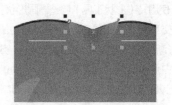

图5-22 绘制曲线

07 使用 ⟍（透明度工具）选择对象后，在【属性栏】中单击 ▦（渐变透明）按钮，再单击 ▧（编辑透明度）按钮，打开【编辑透明度】对话框，如图5-23所示。

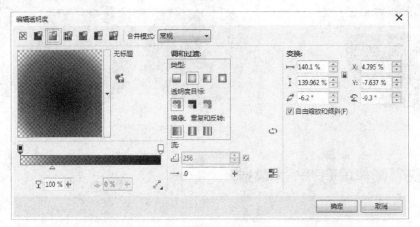

图5-23 【编辑透明度】对话框

08 设置完毕，单击【确定】按钮，效果如图5-24所示。

09 使用 ⟍（贝塞尔工具）在上面绘制封闭曲线，如图5-25所示。

10 选择 ◈（交互式填充工具）后，在【属性栏】中单击 ▦（渐变填充）按钮，再单击 ▧（编辑填充）按钮，打开【编辑填充】对话框，其参数值设置如图5-26所示。

图5-24 设置透明度后效果 图5-25 绘制曲线

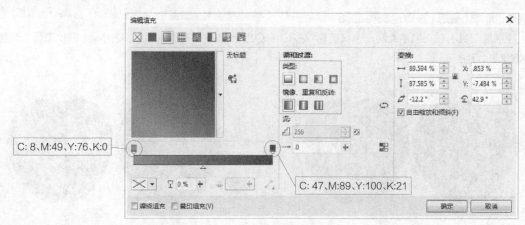

C: 8、M:49、Y:76、K:0

C: 47、M:89、Y:100、K:21

图5-26 【编辑填充】对话框

11 设置完毕，单击【确定】按钮，效果如图5-27所示。

12 使用 ◯（椭圆工具）在文档中绘制一个椭圆形，按Ctrl+Q组合键转换椭圆为曲线，使用 ⬟（形状工具）调整椭圆形状，效果如图5-28所示。

13 使用 ◈（交互式填充工具）在叶子上拖动鼠标，在【属性栏】中单击 ▢（椭圆形渐变填充）按钮，设置渐变色，效果如图5-29所示。

14 绘制一个白色小圆形，调整不透明度，为叶子添加高光，使用同样的方法制作另外两种颜色的苹果。至此本例制作完毕，最终效果如图5-30所示。

图5-27 填充渐变　　图5-28 绘制并调整图形

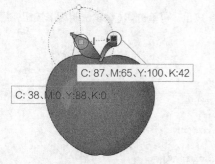

C: 87、M:65、Y:100、K:42

C: 38、M:0、Y:88、K:0

图5-29 为叶子填充渐变

图5-30 最终效果

<table>
<tr><td>实例
054</td><td>**矢量图样填充——大嘴猴**</td></tr>
</table>

▍实例目的▍

　　本实例的目的是让大家了解在CorelDRAW X7中通过对象属性进行矢量图样填充的方法，最终效果如图5-31所示。

图5-31 最终效果

实例要点

☆ 绘制矩形填充颜色
☆ 通过对象属性面板填充矢量图样
☆ 设置不透明度
☆ 设置对象属性的渐变填充
☆ 通过阴影工具填充投影

操作步骤

01 执行菜单中【文件】/【新建】命令,新建一个空白文档,使用 □(矩形工具)在文档中绘制矩形,如图5-32所示。

02 导入"素材/第5章/大嘴猴",如图5-33所示。

图5-32 绘制椭圆并改变形状

图5-33 素材

03 复制一个背景移到边上,在【对象属性】面板中,选择 ◇(填充)后,再选择 ▦(矢量图样填充),在面板中单击 ▦(来自工作区的新源)按钮,在大嘴猴上创建选取框,如图5-34所示。

04 松开鼠标,单击裁剪框下面的【接受】按钮,如图5-35所示。

图5-34 绘制矩形

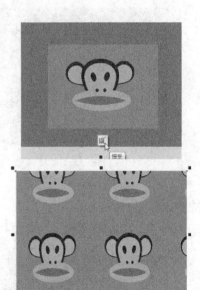

图5-35 组合图形

05 在【对象属性】面板中设置参数,效果如图5-36所示。

06 将填充矢量图的矩形拖动到蓝色矩形上,使用 ▨(透明度工具)在矩形上单击并在下面设置不透明度,如图5-37所示。

07 按住Alt键选取后面的矩形,为矩形设置渐变填充,效果如图5-38所示。

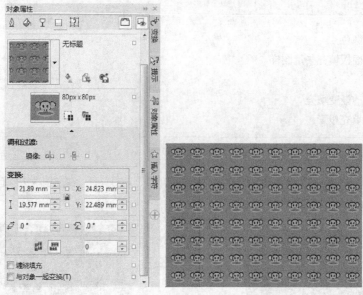

图5-36 设置参数

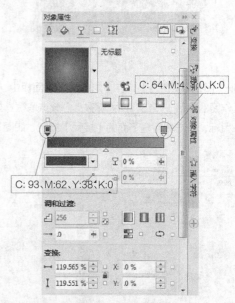

C: 64、M:4、Y:0、K:0

C: 93、M:62、Y:38、K:0

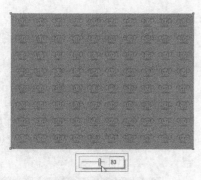

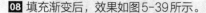
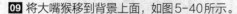

图5-37 调整透明

图5-38 设置渐变

08 填充渐变后，效果如图5-39所示。

09 将大嘴猴移到背景上面，如图5-40所示。

图5-39 渐变填充

图5-40 移动素材

10 使用🔳（阴影工具）在大嘴猴上从上向下拖动添加投影，如图5-41所示。

11 使用🔳（文本工具）选择合适的文字字体，在大嘴猴的右下角键入文字，至此本例制作完毕，最终效果如图5-42所示。

图5-41　绘制椭圆

图5-42　最终效果

实例 055　位图图样填充——背景墙

实例目的

　　本实例的目的是让大家了解在CorelDRAW X7中通过对象属性进行位图图样填充的方法，最终效果如图5-43所示。

图5-43　最终效果

实例要点

☆ 了解矩形工具的使用

☆ 使用线条连接矩形

☆ 为矩形填充位图图样

☆ 添加阴影

☆ 键入文字

操作步骤

01 执行菜单中【文件】/【新建】命令，新建一个默认大小的空白文档，使用🔳（矩形工具）在文档中绘制两个长方形，如图5-44所示。

02 使用🔳（手绘工具）在两个矩形之间创建连接线，如图5-45所示。

03 选择中间的小矩形，在【对象属性】面板中，选择🔳（填充）后，再选择🔳（位图图样填充），在面板中单击🔳（来自文件的新源）按钮，如图5-46所示。

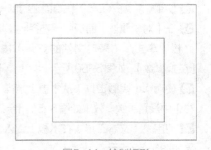

图5-44　绘制矩形

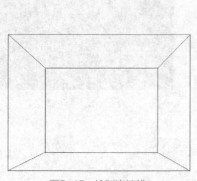

图5-45 绘制连接线

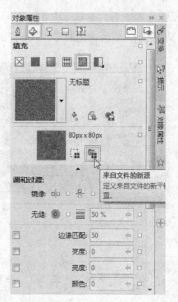

图5-46 选择填充

04 单击后系统会弹出【导入】对话框，导入"素材/第5章/墙面"，如图5-47所示。

05 单击【导入】按钮后，在【对象属性】面板中设置图像参数，效果如图5-48所示。

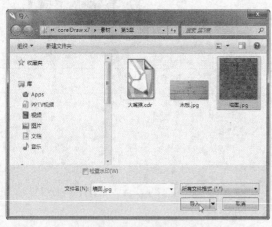

图5-47 导入素材

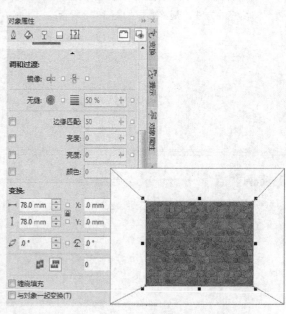

图5-48 编辑素材

06 使用 □.（矩形工具）在墙面上绘制一个矩形，如图5-49所示。

07 在【对象属性】面板中，选择 ◇（填充）后，再选择 ▦（位图图样填充），在面板中单击 ▦（来自文件的新源）按钮，导入"素材/第5章/木板"，再设置【变换参数】，如图5-50所示。

08 使用 □.（阴影工具）从木板上端向下拖动鼠标，为木板添加投影，在【属性栏】中设置参数，效果如图5-51所示。

09 使用 字（文本工具）在木板上键入合适的文字，至此本例制作完毕，最终效果如图5-52所示。

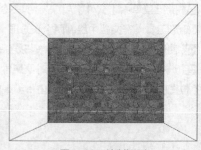

图5-49 绘制矩形

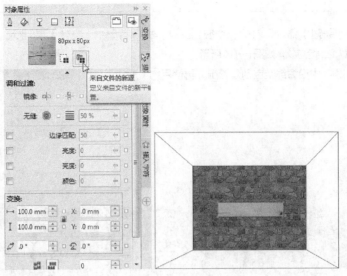

图5-50 变换面板

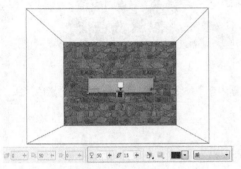

图5-51 添加投影

图5-52 最终效果

实例 056 图框精确剪裁——描边

实例目的

本实例的目的是让大家了解在CorelDRAW X7中图框精确剪裁的使用方法，最终效果如图5-53所示。

图5-53 最终效果

实例要点

☆ 导入素材创建曲线

☆ 应用【图框精确剪裁】命令裁剪图像

☆ 设置轮廓

☆ 添加阴影

┥ 操作步骤 ┝

01 执行菜单中【文件】/【新建】命令，新建一个空白文档，执行菜单中【文件】/【导入】命令，导入"素材/第5章/海绵宝宝"，如图5-54所示。

02 使用 ✎（手绘工具）在素材中沿海绵宝宝创建轮廓，再使用 ◣（形状工具）将轮廓调整得更加适合，如图5-55所示。

图5-54 绘制圆角三角形

图5-55 绘制曲线轮廓

03 选择图片，执行菜单中【对象】/【图片精确剪裁】/【置于图文框内部】命令，此时系统会出现一个黑色箭头，使用箭头在绘制曲线内单击，如图5-56所示。

04 单击后会将图片置于封闭曲线内，如图5-57所示。

05 使用 ◣（形状工具）对外围的轮廓线进行精确的调整，如图5-58所示。

图5-56 箭头　　　　　　　图5-57 将图片置于曲线内　　　　　　　图5-58 填充黑色

06 在【对象属性】面板中设置【轮廓宽度】为1.5mm，【轮廓颜色】为【淡粉色】，如图5-59所示。

07 使用 ▢（阴影工具）在海绵宝宝的底部向右上角拖动，为对象添加投影，如图5-60所示。

图5-59 设置轮廓　　　　　　　　　　　　　图5-60 添加投影

08 使用同样的方法制作鸟尾巴羽毛，效果如图5-61所示。

09 至此，本例制作完毕，效果如图5-62所示。

图5-61 设置阴影　　　　　　　　　　　　　　　　图5-62 最终效果

实 例 057 　智能填充——五角星

┤ 实例目的 ├

　　本实例的目的是让大家了解在CorelDRAW X7中通过智能填充工具为对象填充颜色的方法，最终效果如图5-63所示。

图5-63 最终效果

┤ 实例要点 ├

☆ 使用星形工具绘制星形

☆ 在星形上使用手绘工具绘制线条

☆ 通过智能填充工具填充颜色

┤ 操作步骤 ├

01 执行菜单中【文件】/【新建】命令，新建一个空白文档，使用 ☆（星形工具）绘制一个5角形，如图5-64所示。

02 使用 ✎（手绘工具）在星形上绘制线条，如图5-65所示。

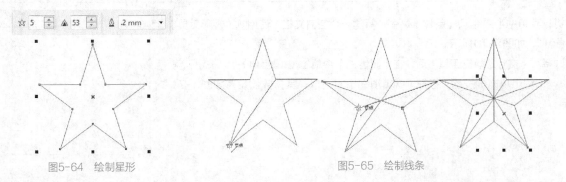

图5-64 绘制星形　　　　　　　　　　　　图5-65 绘制线条

03 线条绘制完毕，选择 ◈（智能填充工具）在【属性栏】中设置【填充色】为【蓝色】、【轮廓色】为【绿色】，如图5-66所示。

图5-66　设置填充

04 使用（智能填充工具）在星形上单击填充颜色，如图5-67所示。

05 按照顺序将颜色填充完毕，至此本例制作完毕，效果如图5-68所示。

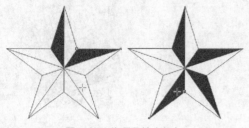

图5-67　为星星填充颜色

图5-68　最终效果

实例 058　底纹填充——创意画1

实例目的

　　本实例的目的是让大家了解在CorelDRAW X7中进行底纹填充的使用方法，最终效果如图5-69所示。

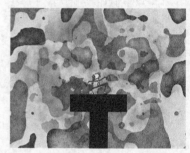

图5-69　最终效果

实例要点

☆ 矩形工具绘制矩形

☆ 为矩形填充底纹

☆ 设置渐变透明度

☆ 绘制喷涂图案拆分并取消组合

操作步骤

01 执行菜单中【文件】/【新建】命令，新建一个空白文档，使用（矩形工具）绘制矩形，如图5-70所示。

02 选择（交互式填充工具）后，在【属性栏】中单击（底纹填充）按钮，再单击（编辑填充）按钮，打开【编辑填充】对话框，其参数值设置如图5-71所示。

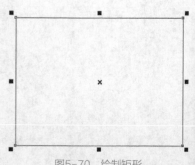

图5-70　绘制矩形

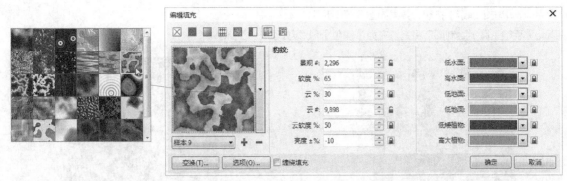

图5-71 【编辑填充】对话框

03 将缩小后的饼形填充为【橘色】，然后在【变换】面板中将参数缩小，效果如图5-72所示。

04 按Ctrl+C组合键拷贝，再按Ctrl+V组合键粘贴，得到一个副本，再次单击【属性栏】中的 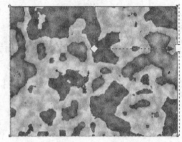（编辑填充）按钮，打开【编辑填充】对话框，其参数值设置如图5-73所示。

图5-72 填充底纹

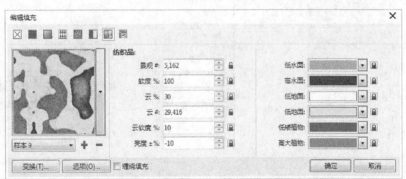

图5-73 【编辑填充】对话框

05 设置完毕，单击【确定】按钮，去掉轮廓效果如图5-74所示。

06 使用 （透明度工具）在对象上单击，在【属性栏】中单击 （渐变透明度）按钮，再单击 （编辑透明度）按钮，打开【编辑透明度】对话框，其参数值设置如图5-75所示。

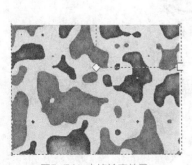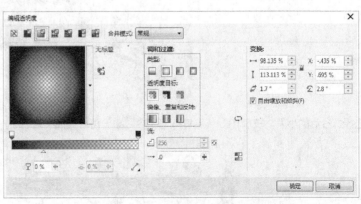

图5-74 去掉轮廓效果　　　　　　图5-75 【编辑透明度】对话框

07 设置完毕，单击【确定】按钮，效果如图5-76所示。

08 使用 ▨（手绘工具）绘制图形将其填充为【黑色】，效果如图5-77所示。

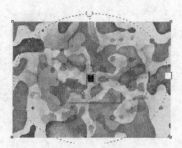

图5-76　渐变透明

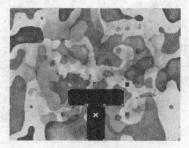

图5-77　绘制图形

09 选择 ◿（艺术笔工具）后，在【属性栏】中单击 ▨（喷涂）按钮，设置【类别】为【其他】，在下拉列表中选择【小人】，如图5-78所示。

10 使用 ▨（喷涂）在页面中绘制，如图5-79所示。

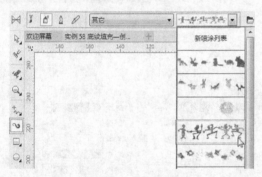

图5-78　选择图案

图5-79　绘制喷涂

11 按Ctrl+K组合键将艺术笔拆分，使用 ▨（选择工具）选取轮廓并按Delete键将其删除，如图5-80所示。

图5-80　艺术笔拆分

12 选择拆分后的小人，按Ctrl+U组合键取消组合对象，再将其他小人删除，只保留一个，如图5-81所示。

图5-81　取消组合后删除

13 将剩下的小人拖动到背景上并调整大小，至此本例制作完毕，最终效果如图5-82所示。

图5-82 最终效果

实例 059 PostScript填充——创意画2

实例目的

本实例的目的是让大家了解在CorelDRAW X7中PostScript填充的使用方法，最终效果如图5-83所示。

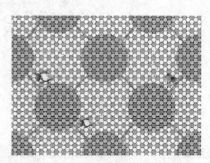

图5-83 最终效果

实例要点

- ☆ 绘制矩形填充渐变色
- ☆ 绘制椭圆转换为曲线调整形状
- ☆ 设置不透明度
- ☆ 绘制喷涂画笔
- ☆ 裁剪图形

操作步骤

图5-84 绘制矩形

01 执行菜单中【文件】/【新建】命令，新建一个空白文档，使用 （矩形工具）在文档中绘制一个矩形，如图5-84所示。

02 选择 （交互式填充工具），在【属性栏】中单击 （双色填充）按钮，再单击 （编辑填充）按钮，在打开的【编辑填充】对话框，其参数值设置如图5-85所示。

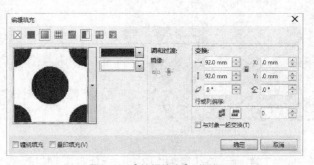

图5-85 【编辑填充】对话框

03 设置完毕，单击【确定】按钮，效果如图5-86所示。

04 按Ctrl+D组合键复制一个副本，对齐对象后，选择 (交互式填充工具)，在【属性栏】中单击 (PostScript填充)按钮，再单击 (编辑填充)按钮，在打开的【编辑填充】对话框，其参数值设置如图5-87所示。

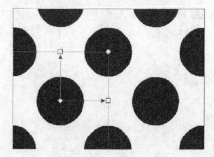

图5-86 填充后效果

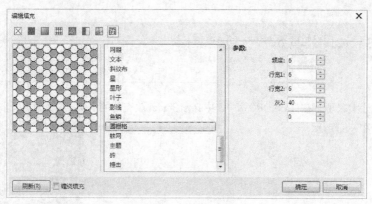

图5-87 【编辑填充】对话框

05 设置完毕，单击【确定】按钮，效果如图5-88所示。

06 使用 (透明度工具)，在【属性栏】中设置【合并模式】为【亮度】，如图5-89所示。

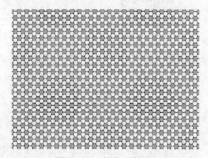

图5-88 填充后效果

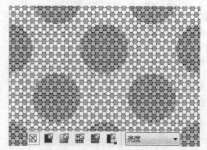

图5-89 不透明度设置

07 使用 (手绘工具)绘制两个球之间的连接线，如图5-90所示。

08 使用 (透明度工具)，在【属性栏】中设置【合并模式】为【饱和度】，如图5-91所示。

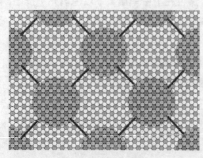

图5-90 绘制连接线

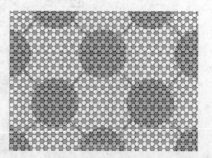

图5-91 合并模式

09 选择 (艺术笔工具)后，在【属性栏】中单击 (喷涂)按钮，设置【类别】为【其它】，在下拉列表中选择【金鱼】，如图5-92所示。

10 使用 ▣（喷涂工具）在页面中进行绘制，如图5-93所示。

图5-92 选择图案

图5-93 绘制喷涂

11 按Ctrl+K组合键将艺术笔拆分，使用 ▷（选择工具）将轮廓选取并按Delete键将其删除，如图5-94所示。

12 选择拆分后的金鱼，按Ctrl+U组合键取消组合对象，如图5-95所示。

图5-94 艺术笔拆分

13 将金鱼和气泡拖动到背景上并调整大小，至此本例制作完毕，最终效果如图5-96所示。

图5-95 取消组合对象

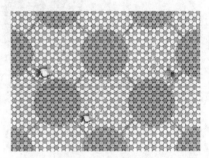

图5-96 最终效果

实例
060 图框剪裁与变换——背景插图

┨ **实例目的** ┠

　　本实例的目的是让大家了解在CorelDRAW X7中使用图框精确剪裁和旋转变换复制的方法，最终效果如图5-97所示。

图5-97 最终效果

实例要点

☆ 使用矩形工具绘制矩形设置4个角的圆角值
☆ 转换为曲线进行进行调整
☆ 旋转变换
☆ 图框精确剪裁
☆ 绘制图形
☆ 插入字符
☆ 添加阴影

操作步骤

01 执行菜单中【文件】/【新建】命令，新建一个空白文档，使用 □（矩形工具）在页面中绘制一个矩形，在【属性栏】中设置圆角值，如图5-98所示。

02 选择 ◢（交互式填充工具）后，在【属性栏】中单击 ■（渐变填充）按钮，再单击 ◲（编辑填充）按钮，打开【编辑填充】对话框，其参数值设置如图5-99所示。

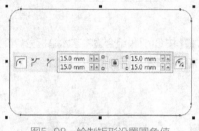

图5-98　绘制矩形设置圆角值

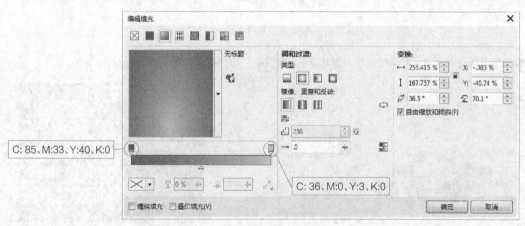

图5-99　【编辑填充】对话框

03 设置完毕，单击【确定】按钮，效果如图5-100所示。

图5-100　渐变填充

04 使用 □（矩形工具）绘制一个矩形，按Ctrl+Q组合键将其转换为曲线后，使用 ◣（形状工具）将矩形调整为梯形，如图5-101所示。

05 选取梯形后将其填充为【白色】，使用 ◤（选择工具）调出旋转中心点，将中心点移到底部，效果如图5-102所示。

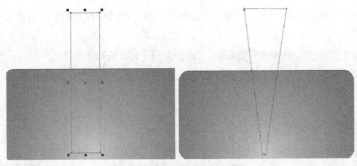

图5-101 调整形状

06 执行菜单中【对象】/【变换】/【旋转】命令，打开【变换】面板，其参数值设置效果如图5-103所示。

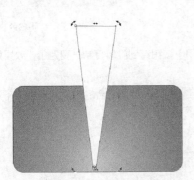

图5-102 调出旋转中心点

图5-103 【变换】面板

07 单击【应用】按钮数次，直到旋转复制一周为止，如图5-104所示。

08 将复制的所有图形一同选取，右键单击【颜色表】中的⊠（无填充），将轮廓隐藏，如图5-105所示。

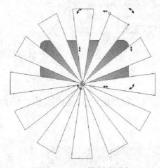

图5-104 旋转复制

C: 0、M:20、Y:40、K:40

图5-105 取消轮廓

09 按Ctrl+G组合键将选择的图形进行组合，执行菜单中【对象】/【图片精确剪裁】/【置于图文框内部】命令，此时系统会出现一个黑色箭头，使用箭头在圆角矩形内单击，如图5-106所示。

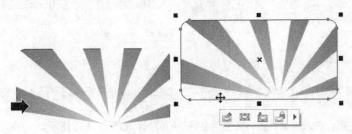

图5-106 将图片置于图文框内部

10 按住Ctrl键单击圆角矩形，进入编辑状态，使用 🔲（透明度工具）点选组合的对象，设置【不透明度】为73，效果如图5-107所示。

11 按住Ctrl键在空白处单击，完成图框精确剪裁编辑，效果如图5-108所示。

12 使用 🔲（手绘工具）在圆角矩形上绘制白色轮廓线，设置【轮廓宽度】为0.75mm，如图5-109所示。

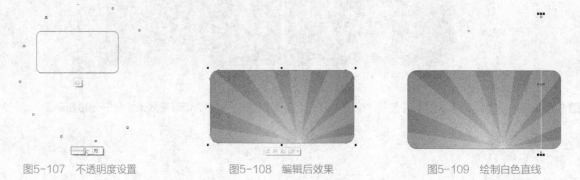

图5-107　不透明度设置　　　　　图5-108　编辑后效果　　　　　图5-109　绘制白色直线

13 调出旋转中心点，在【变换】面板中设置【角度】为4°，单击【应用】按钮直到旋转复制一周为止，效果如图5-110所示。

14 将复制的线条一同选取，按Ctrl+G组合键组合对象，使用 🔲（透明度工具）点选组合的对象，设置【不透明度】为77，效果如图5-111所示。

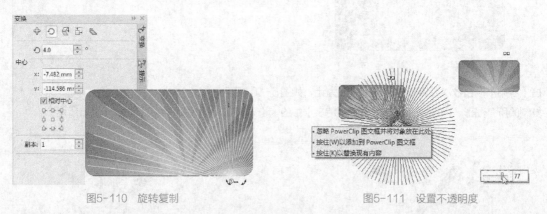

图5-110　旋转复制　　　　　　　　　　　　图5-111　设置不透明度

15 执行菜单中【对象】/【图片精确剪裁】/【置于图文框内部】命令，此时系统会出现一个黑色箭头，使用箭头在圆角矩形内单击，如图5-112所示。

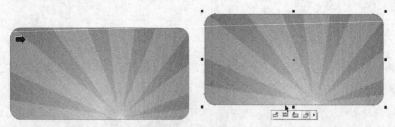

图5-112　置于图文框内部效果

> **技巧**
>
> 在CorelDraw X7中使用鼠标右键拖动对象到另一个对象上，当出现瞄准星符号时，松开鼠标即可完成图框剪裁。

16 按住Ctrl键单击圆角矩形，进入编辑状态，调整组合线条的位置，如图5-113所示。

17 按住Ctrl键在空白处单击，完成图框精确剪裁，去掉轮廓，效果如图5-114所示。

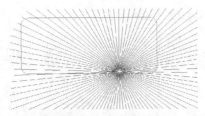

图5-113 编辑图框剪裁

图5-114 去掉轮廓后效果

18 在图框上面绘制白色圆角矩形、矩形和圆形,再绘制圆形、圆角矩形和线条,效果如图5-115所示。

图5-115 绘制几何图形

19 执行菜单中【文字】/【插入字符】命令,打开【插入字符】面板,选择字体为Webdings,在下面的列表中选择【眼睛】,将其拖动到文档中,效果如图5-116所示。

图5-116 插入字符

20 使用 (手绘工具)绘制白色曲线,在【属性栏】中设置【轮廓样式】,效果如图5-117所示。

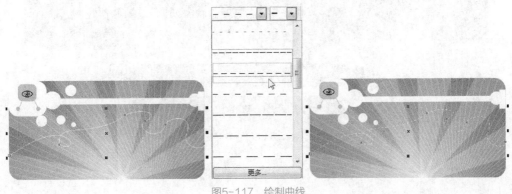

图5-117 绘制曲线

21 在【插入字符】面板中，选择【飞机】将其拖动到页面当中，将飞机填充为【白色】，如图5-118所示。

图5-118 插入字符

22 绘制几个不同大小的同心彩色圆形，再绘制几个彩色线条，如图5-119所示。

23 将同心圆形一同选取后，按Ctrl+G组合键进行组合，使用 □ （阴影工具）从上向下拖动鼠标添加阴影，如图5-120所示。

图5-119 绘制彩色线条

图5-120 添加阴影

24 再绘制一些白色修饰图形，至此本例制作完毕，最终效果如图5-121所示。

图5-121 最终效果

实例 061 艺术笔描边——心形图像

| 实例目的 |

本实例的目的是让大家了解在CorelDRAW X7中使用图框精确剪裁以及画笔描边路径的方法，最终效果如图5-122所示。

图5-122 最终效果

| 实例要点 |

- ☆ 导入图像
- ☆ 通过图框精确剪裁将图片放置到心形内
- ☆ 将描边后的笔刷填充【橘色】
- ☆ 使用基本形状工具绘制心形
- ☆ 选择心形使用艺术笔工具中的笔刷描边路径

| 操作步骤 |

01 执行菜单中【文件】/【新建】命令，新建一个默认大小的空白文档，导入"素材/第5章/卡通鼠"，再使用 (基本形状工具) 绘制一个心形，如图5-123所示。

02 选择"卡通鼠"素材，执行菜单中【对象】/【图框精确剪裁】/【置于图文框内部】命令，此时使用鼠标在心形上单击，将"卡通鼠"素材置于心形内部，效果如图5-124所示。

图5-123 导入素材并绘制心形

图5-124 【图框精确剪裁】效果

03 选择 (艺术笔工具) 中的 (笔刷)，选择合适的笔触后单击，系统会自动将笔刷描边到路径上，效果如图5-125所示。

04 再将笔刷填充为【橘色】，至此本例制作完毕，最终效果如图5-126所示。

图5-125 艺术笔描边

图5-126 最终效果

实例 062 双色调与智能填充——礼物

实例目的

本实例的目的是让大家了解在CorelDRAW X7中使用双色调填充与智能填充工具制作本例效果的方法，最终效果如图5-127所示。

图5-127　最终效果

实例要点

☆ 绘制9角星形

☆ 通过智能填充工具为角填充颜色

☆ 为中心位置填充双色调图样

☆ 设置不透明度

☆ 绘制艺术笔工具中的喷涂里的礼物

☆ 拆分艺术笔，取消群组

操作步骤

01 执行菜单中【文件】/【新建】命令，新建一个默认大小的空白文档，使用 🔲（复杂星形工具）绘制一个9角星形，再使用 🔲（智能填充工具）为角填充颜色，效果如图5-128所示。

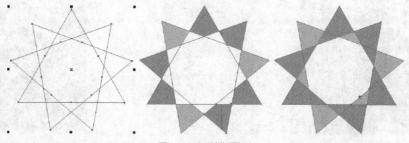

图5-128　绘制图形

02 使用 🔲（交互式填充工具）为中心位置填充双色调图案，效果如图5-129所示。

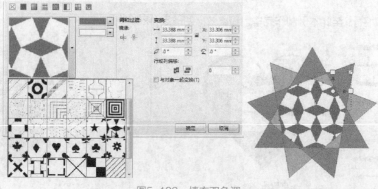

图5-129　填充双色调

03 使用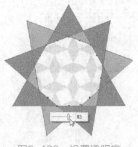（透明度工具）设置透明效果，效果如图5-130所示。

04 使用（艺术笔工具）中的（喷涂）绘制图案，按Ctrl+K组合键拆分艺术笔，再取消群组，选择一个礼物盒，至此本例制作完毕，最终效果如图5-131所示。

图5-130 设置透明度

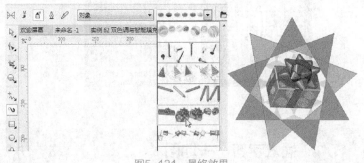

图5-131 最终效果

实 例 063 PostScript填充——晶格

实例目的

本实例的目的是让大家了解在CorelDRAW X7中PostScript填充的使用方法，最终效果如图5-132所示。

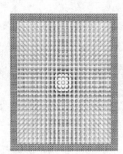

图5-132 最终效果

实例要点

☆ 绘制矩形设置轮廓宽度为10mm
☆ 将轮廓转换为对象
☆ 为对象进行PostScript填充
☆ 设置不透明度

操作步骤

01 执行菜单中【文件】/【新建】命令，新建一个默认大小的空白文档，使用（矩形工具）绘制一个矩形，按Ctrl+Shift+Q组合键将轮廓转换为对象，效果如图5-133所示。

02 使用（交互式填充工具）为对象进行PostScript填充，如图5-134所示。

03 复制边框，将其填充为【橘色】，设置不透明度，至此本例制作完毕，最终效果如图5-135所示。

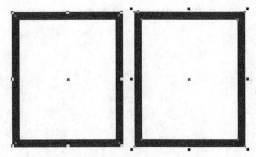

图5-133 绘制矩形转换为对象

图5-134 为对象进行填充效果

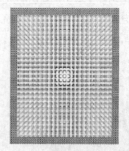

图5-135 最终效果

实例 064 插入字符——地图

实例目的

本实例的目的是让大家了解在CorelDRAW X7中填充渐变色与插入字符的使用方法，最终效果如图5-136所示。

图5-136 最终效果

实例要点

☆ 绘制矩形填充（C:11、M:0、Y:40、K:0）、（C:41、M:0、Y:18、K:0）、（C:36、M:0、Y:38、K:0）的椭圆形渐变填充

☆ 插入字符中的地图

☆ 设置不透明度

☆ 绘制矩形转换为曲线调整形状

操作步骤

01 执行菜单中【文件】/【新建】命令，新建一个默认大小的空白文档，使用□（矩形工具）绘制一个矩形，使用□（交互式填充工具）填充（C:11、M:0、Y:40、K:0）、（C:41、M:0、Y:18、K:0）、（C:36、M:0、Y:38、K:0）的椭圆形渐变色，效果如图5-137所示。

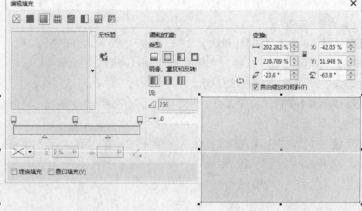

图5-137 绘制矩形填充渐变色

02 执行菜单中【文本】/【插入字符】命令，在【插入字符】面板中选择地图字符将其插入，调整不透明度，效果如图5-138所示。

03 绘制白色矩形，按Ctrl+Q组合键转换为曲线后，使用 （形状工具）调整形状，然后再使用 （透明度工具）调整透明度，至此本例制作完毕，最终效果如图5-139所示。

图5-138 插入字符

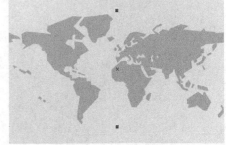

图5-139 最终效果

实例 065 交互式填充——3D几何图

| 实例目的 |

　　本实例的目的是让大家了解在CorelDRAW X7中使用交互式填充工具填充渐变色的方法，最终效果如图5-140所示。

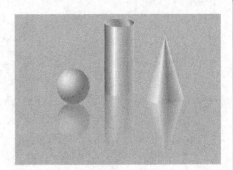

图5-140 最终效果

| 实例要点 |

☆ 绘制图形使用形状工具调整形状

☆ 线性渐变填充

☆ 椭圆形渐变填充

☆ 圆锥形渐变填充

┤ 操作步骤 ├

01 执行菜单中【文件】/【新建】命令，新建一个默认大小的空白文档，使用▢（矩形工具）和◯（椭圆工具）绘制矩形和椭圆形，使用▨（交互式填充工具）填充渐变色，效果如图5-141所示。

02 使用◯（椭圆工具）绘制一个圆形，使用▨（交互式填充工具）填充渐变色，效果如图5-142所示。

03 使用▢（多边形工具）绘制三角形，按Ctrl+Q组合键转换为曲线，使用↖（形状工具）调整形状，再使用▨（交互式填充工具）填充渐变色，效果如图5-143所示。

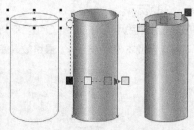

图5-141　绘制图形

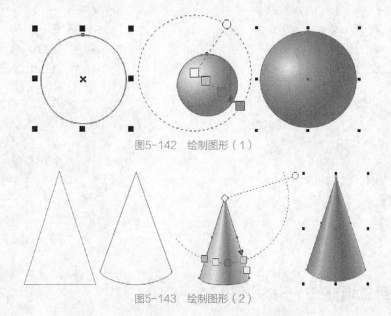

图5-142　绘制图形（1）

图5-143　绘制图形（2）

04 绘制一个矩形填充【灰色】，将之前制作的对象复制后垂直翻转，使用▨（透明度工具）制作一个倒影，最终效果如图5-144所示。

图5-144　最终效果

第 06 章

对象之间的编修

Paul Frank

　　本章主要对图形对象之间的编修方面进行详细的讲解，结合前面的实例，使读者熟悉对象的对齐、分布、排列、群组、透镜，以及结合对象、拆分对象、相交、修剪和简化等操作技法。

实例 066 对齐——太极图

实例目的

本实例的目的是让大家了解在CorelDRAW X7中对齐与分布命令的使用方法，最终效果如图6-1所示。

图6-1 最终效果

实例要点

☆ 绘制圆形
☆ 将两个圆形进行对齐
☆ 删除虚拟线段
☆ 填充颜色
☆ 绘制圆形填充渐变色
☆ 设置不透明度
☆ 添加太极图阴影

操作步骤

01 执行菜单中【文件】/【新建】命令，新建一个默认大小的空白文档，使用 （椭圆工具）在文档中绘制两个圆形，直径分别是100mm和50mm，如图6-2所示。

02 框选两个圆形，执行菜单中【对象】/【对齐和分布】/【对齐和分布】命令，打开【对齐和分布】面板，在面板中单击【水平居中对齐】和【顶端对齐】按钮，如图6-3所示。

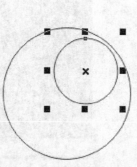

图6-2 绘制两个圆形

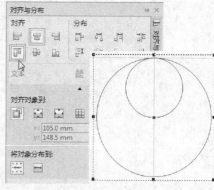

图6-3 对齐对象

> **技巧**
>
> 在 CorelDRAW X7 中，对齐可以应用在两个以上包括两个的对象，分布可以应用到三个以上包括三个的对象。

03 再绘制一个直径为50mm的圆形，将其与后面的大圆一同选取，在【对齐和分布】面板中单击【水平居中对齐】和【底端对齐】按钮，如图6-4所示。

04 使用 （虚拟线删除工具）删除小圆的一半轮廓，效果如图6-5所示。

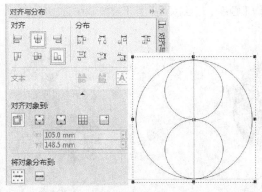

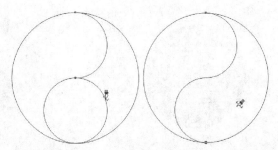

图6-4 对齐圆形

图6-5 删除虚拟线

05 使用 🖌（智能填充工具）在【属性栏】中将【填充】和【轮廓】都设置为【黑色】，在右半部分单击，如图6-6所示。

06 将【填充】设置为【白色】，在左半部分单击填充，效果如图6-7所示。

07 使用 ◯（椭圆工具）绘制两个直径为15mm的圆形，分别填充白色和黑色，如图6-8所示。

08 使用 ◯（椭圆工具）绘制一个直径为100的圆形，将其与后面的大圆对齐，使用 🖌（交互式填充工具）在圆形上拖动填充渐变色，如图6-9所示。

图6-6 智能填充（1）

图6-7 智能填充（2）　　　　图6-8 绘制圆形填充黑色和白色　　　　图6-9 绘制圆形填充渐变色

09 单击 🖼（编辑填充）按钮，打开【编辑填充】对话框，其参数值设置如图6-10所示。

图6-10 【编辑填充】对话框

10 设置完毕，单击【确定】按钮，效果如图6-11所示。

11 使用 🖌（透明度工具）单击渐变色设置【不透明度】，如图6-12所示。

12 使用▢（矩形工具）绘制一个灰色矩形，执行菜单中【对象】/【顺序】/【到页面后面】或按Ctrl+End组合键，效果如图6-13所示。

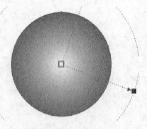

图6-11 填充渐变色

图6-12 绘制曲线

图6-13 调整顺序

13 将除背景以外的所有图形一同选取，按Ctrl+G组合键将其组合，再使用▢（阴影工具）在太极图的底部向下拖动鼠标，效果如图6-14所示。

14 按Ctrl+K组合键拆分阴影，单独选取阴影后将其移动位置，至此本例制作完毕，最终效果如图6-15所示。

图6-14 添加阴影

图6-15 最终效果

实例 067 焊接合并——小白兔

┃ 实例目的 ┃

　　本实例的目的是让大家了解在CorelDRAW X7中通过造型中的合并命令将多个图形合并到一起的方法，最终效果如图6-16所示。

图6-16 最终效果

┃ 实例要点 ┃

☆ 椭圆工具绘制椭圆转换为曲线
☆ 使用形状工具调整形状
☆ 框选对象应用合并造型命令
☆ 绘制轮廓调整形状

┤ 操作步骤 ├

01 执行菜单中【文件】/【新建】命令，新建一个默认大小的空白文档，使用 ◎（椭圆工具）在文档中绘制多个椭圆形，如图6-17所示。

02 再绘制一个椭圆形，按Ctrl+Q组合键转换椭圆为曲线，使用 ◎（形状工具）调整椭圆形状，如图6-18所示。

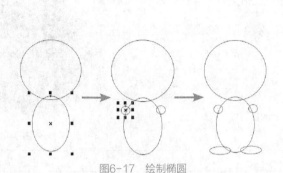

图6-17　绘制椭圆

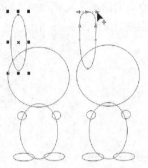

图6-18　编辑曲线

03 调整作为耳朵的形状位置，按Ctrl+D组合键复制一个副本，单击【属性栏】中 ◎（水平镜像）按钮，再调整位置，效果如图6-19所示。

04 框选所有对象，执行菜单中【对象】/【造型】/【合并】命令，效果如图6-20所示。

05 使用 ◎（椭圆工具）和 ◎（贝塞尔工具）绘制椭圆和曲线，调整形状后填充颜色，效果如图6-21所示。

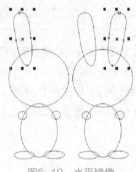

图6-19　水平镜像

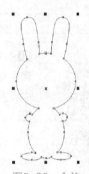

图6-20　合并

图6-21　绘制图形

06 再使用 ◎（椭圆工具）绘制红色轮廓调整合适的【轮廓宽度】，如图6-22所示。

07 再绘制一个圆形，选择【属性栏】中 ◎（弧）按钮，使用 ◎（形状工具）调整椭弧形状，移动弧形到两个圆形之间，如图6-23所示。

08 使用 ◎（手绘工具）在两个圆形边上绘制直线，至此本例制作完毕，最终效果如图6-24所示。

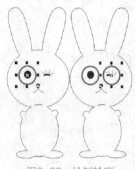

图6-22　绘制轮廓

图6-23　编辑弧形

图6-24　最终效果

实例 068 相交——卡通头像

实例目的

本实例的目的是让大家了解在CorelDRAW X7中通过相交命令得到相交后的区域的方法，最终效果如图6-25所示。

图6-25 最终效果

实例要点

☆ 绘制矩形填充颜色
☆ 通过对象属性面板填充矢量图样
☆ 设置不透明度
☆ 设置对象属性的渐变填充
☆ 通过阴影工具填充投影

操作步骤

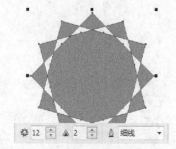

图6-26 绘制星形

图6-27 绘制圆形

01 执行菜单中【文件】/【新建】命令，新建一个空白文档，使用 （复杂星形工具）在文档中绘制星形，在【属性栏】中设置【边】为12、【锐度】为2，如图6-26所示。

02 在使用 （椭圆工具）绘制一个圆形，如图6-27所示。

03 在【对象属性】面板中，设置渐变填充，如图6-28所示。

04 使用 （手绘工具）绘制线条，设置合适的轮廓宽度，如图6-29所示。

05 使用 （椭圆工具）绘制圆形，按Ctrl+Q组合键将圆形转换为曲线，使用 （形状工具）调整形状，效果如图6-30所示。

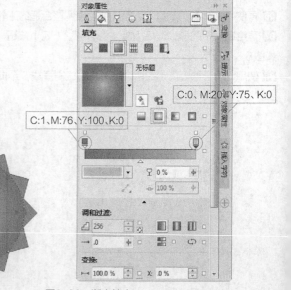

C:0、M:20、Y:75、K:0

C:1、M:76、Y:100、K:0

图6-28 渐变填充

图6-29　绘制线条

图6-30　绘制圆形转换为曲线调整形状

06 再绘制一个椭圆形，按Ctrl+Q组合键将圆形转换为曲线，使用 ◢.（形状工具）调整形状，在调整后的形状内使用 ◢.（手绘工具）绘制线条，此时嘴部绘制完成，如图6-31所示。

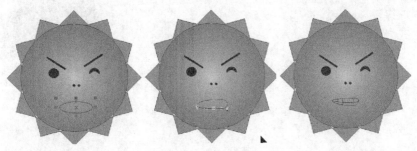
图6-31　绘制嘴部

07 使用 ◢.（贝塞尔工具）绘制曲线，效果如图6-32所示。

08 使用 ◢.（选择工具）将曲线和后面的圆形一同选取，如图6-33所示。

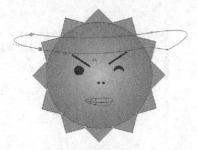
图6-32　绘制曲线

图6-33　选取多个图形

> **技巧**
>
> 使用 ◢.（选择工具）在对象上单击即可将其选取，按住shift键的同时单击不同对象，可以将单击的对象全部选中。

09 执行菜单中【对象】/【造型】/【相交】命令，即可得到一个与两个对象相交后的区域，将该区域填充为【黑色】，再将 ◢.（贝塞尔工具）绘制曲线删除，如图6-34所示。

图6-34　执行【相交】命令

10 使用▢（矩形工具）绘制黑色矩形，按Ctrl+Q组合键将圆形转换为曲线，使用▷（形状工具）调整形状，将嘴部填充白色，如图6-35所示。

11 执行菜单中【对象】/【变换】/【缩放与镜像】命令，在打开的面板中设置参数值，如图6-36所示。

12 设置完毕，单击【应用】按钮，至此本例制作完毕，最终效果如图6-37所示。

图6-35 绘制椭圆

图6-36 设置变换

图6-37 最终效果

实例 069 分布——卡片

┃ 实例目的 ┃

本实例的目的是让大家了解在CorelDRAW X7中通过对齐与分布命令对复制的对象进行分布的方法，最终效果如图6-38所示。

图6-38 最终效果

┃ 实例要点 ┃

☆ 绘制矩形设置轮廓

☆ 绘制喷涂

☆ 拆分后调整大小

☆ 对齐与分布对象

☆ 键入文字

┃ 操作步骤 ┃

01 执行菜单中【文件】/【新建】命令，新建一个默认大小的空白文档，使用▢（矩形工具）在文档中绘制一个长方形，在【属性栏】中设置【轮廓宽度】为5.0mm，右键单击【颜色表】中的【青色】，如图6-39所示。

02 选择⍁（艺术笔工具）在【属性栏】中单击🗇（喷涂）按钮，设置【类别】为【对象】，在下拉列表中选择图案，如

图6-40所示。

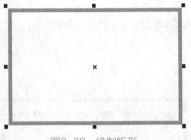

图6-39　绘制矩形

图6-40　选择喷涂

03 使用 🔲（喷涂）在文档中绘制，将绘制的喷涂填充为【青色】，按Ctrl+K组合键进行拆分，将其中的轮廓删除，如图6-41所示。

04 调整大小后，将其拖动到矩形内部，按Ctrl+D组合键复制一个副本，将其拖动到右侧，如图6-42所示。

图6-41　选择填充

05 选择左侧的蝴蝶，按Ctrl+D组合键6次，得到6个副本，效果如图6-43所示。

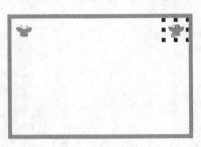

图6-42　复制对象（1）

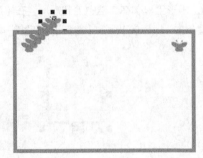

图6-43　复制对象（2）

06 框选所有蝴蝶，执行菜单中【对象】/【对齐和分布】/【对齐和分布】命令，打开【对齐和分布】面板，在面板中单击【垂直居中对齐】和【顶端对齐】按钮，如图6-44所示。

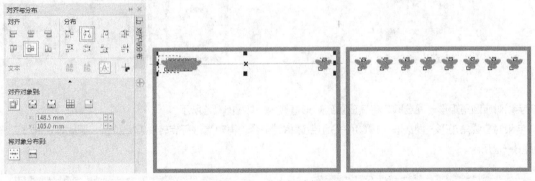

图6-44　分布与对齐

07 向下拖动蝴蝶图形到矩形底部后单击鼠标右键，复制副本，如图6-45所示。

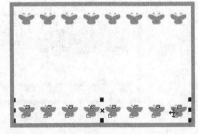

图6-45　复制

08 选择 ⬎（艺术笔工具）在【属性栏】中单击 ⬚（喷涂）按钮，设置【类别】为【对象】，在下拉列表中选择图案，如图 6-46 所示。

09 使用 ⬚（喷涂）在文档中绘制，按Ctrl+K组合键进行拆分，将其中的轮廓删除，如图6-47所示。

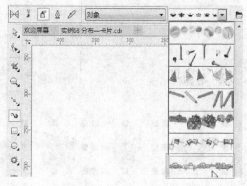

图6-46 选择图案

图6-47 绘制喷涂

10 使用 ▭（矩形工具）在文档中绘制矩形，在【属性栏】中设置4个角的圆角值为1.5、设置【轮廓宽度】为2.5mm，用鼠标右键单击【颜色表】中的【青色】，如图6-48所示。

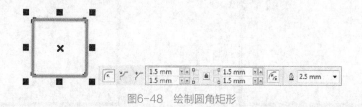

图6-48 绘制圆角矩形

11 使用 ⅀（文本工具）在圆角矩形中键入字母C，将文字填充为【橘色】，如图6-49所示。

12 复制圆角矩形和文字，得到2个副本后改变轮廓颜色和字母颜色并将字母改为A和R，如图6-50所示。

图6-49 键入字母

图6-50 键入字母

13 将文字和对应圆角矩形一同选取，将其放置到矩形背景内，如图6-51所示。

14 将文字和对应圆角矩形一同选取，按Ctrl+G组合键将其组合，再对其进行旋转并调整位置，至此本例制作完毕，最终效果如图6-52所示。

图6-51 调整位置

图6-52 最终效果

实例 070 简化——视觉

实例目的

本实例的目的是让大家了解在CorelDRAW X7中简化编辑图形的方法，最终效果如图6-53所示。

图6-53 最终效果

实例要点

☆ 绘制矩形旋转调整
☆ 复制菱形将其缩小并拉长
☆ 框选两个菱形应用简化
☆ 插入字符

操作步骤

01 执行菜单中【文件】/【新建】命令，新建一个空白文档，使用▢（矩形工具）在文档中绘制一个长方形，单击对其进行旋转拖动将其拉长，如图6-54所示。

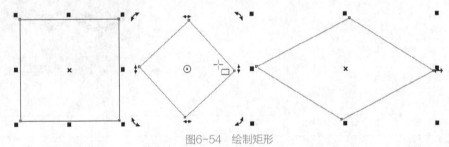

图6-54 绘制矩形

02 复制一个菱形副本，将其缩小并将其拉长，如图6-55所示。

03 框选两个菱形，执行菜单中【对象】/【造型】/【简化】命令，此时会将两个菱形进行修剪，如图6-56所示。

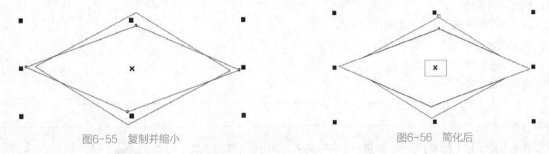

图6-55 复制并缩小　　　　　　　图6-56 简化后

04 选择前面的菱形将其删除，再将剩余的部分填充为【黑色】，如图6-57所示。

05 执行菜单中【文字】/【插入字符】命令，打开【插入字符】面板，选择字体为Webdings，在下面的列表中选择【眼睛】，如图6-58所示。

06 将眼睛拖动到文档中，调整大小并移动到相应位置，至此本例制作完毕，最终效果如图6-59所示。

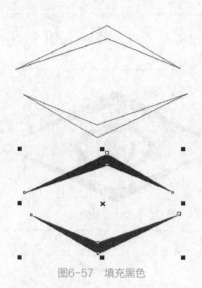

图6-57 填充黑色

图6-58 插入字符

图6-59 最终效果

<table><tr><td>实例
071</td><td>相交——五环</td></tr></table>

▌实例目的▐

　　本实例的目的是让大家了解在CorelDRAW X7中通过相交和调整顺序制作五环相交的方法，最终效果如图6-60所示。

图6-60 最终效果

▌实例要点▐

　　☆ 使用椭圆工具绘制圆形

　　☆ 将轮廓转换为对象

　　☆ 填充不同颜色

　　☆ 通过相交命令制作相交叉的圆环

　　☆ 添加阴影

　　☆ 填充双色图样

　　☆ 设置不透明度

▌操作步骤▐

01 执行菜单中【文件】/【新建】命令，新建一个空白文档，使用 ◯（椭圆工具）按住Ctrl键绘制一个圆形，设置【轮廓宽度】为5.0mm，如图6-61所示。

02 执行菜单中【对象】/【将轮廓转为对象】命令或按Ctrl+Shift+Q组合键，将轮廓转换为填充对象，如图6-62所示。

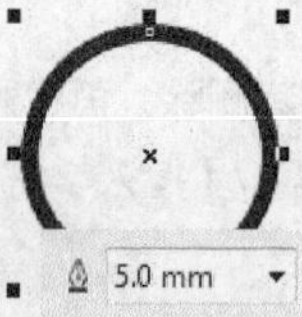

图6-61 绘制圆形　图6-62 绘制线条

03 按Ctrl+D组合键4次，复制4个副本，将副本移动到合适的位置，如图6-63所示。

04 分别选择不同的圆环，将其填充不同的颜色，如图6-64所示。

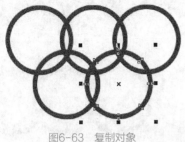

图6-63　复制对象

图6-64　填充颜色

05 使用 （手绘工具）绘制封闭曲线，将曲线和后面的蓝色圆环一同选取，如图6-65所示。

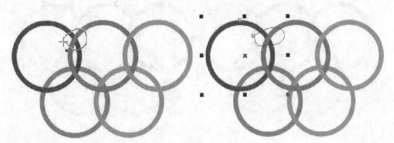

图6-65　绘制曲线并一同选取

06 执行菜单中【对象】/【造型】/【相交】命令，此时会得到一个两个对象相交区域的对象，如图6-66所示。

> **提示**
>
> 为了方便查看相交后的效果，这里将相交的区域填充为与圆环不同的颜色，以此来进行区分。

图6-66　执行【相交】命令

07 选择相交区域，执行菜单中【对象】/【顺序】/【到页面前面】命令或按Ctrl+Home组合键，调整顺序后再将颜色填充为与圆环相同的颜色，如图6-67所示。

图6-67　调整顺序

08 使用相同的方法将其余的圆环制作出相交区域，如图6-68所示。

09 使用 （选择工具）框选所有对象，按Ctrl+G组合键，再使用 （阴影工具）从五环下面向上拖动为其添加阴影，如图6-69所示。

10 使用 （矩形工具）绘制一个矩形，使用 （交互式填充工具）为矩形填充 （双色图样填充），如图6-70所示。

11 单击 （编辑填充）按钮，打开【编辑填充】对话框，其参数值设置如图6-71所示。

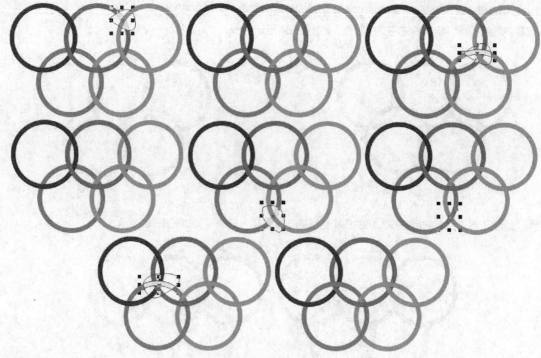

图6-68　相交后调整顺序

图6-69　添加阴影

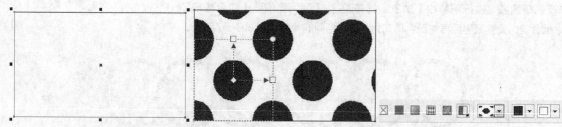

图6-70　双色图样填充

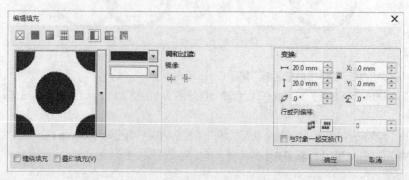

图6-71　【编辑填充】对话框

12 设置完毕，单击【确定】按钮，效果如图6-72所示。

13 按Ctrl+C组合键拷贝，再按Ctrl+V组合键粘贴，然后将副本填充为【白色】，使用 （透明度工具）单击白色矩形，调整不透明度，再去掉矩形的轮廓，效果如图6-73所示。

图6-72 填充后效果

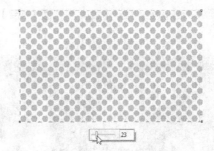

图6-73 不透明度设置

14 将五环和阴影拖动到矩形背景上，至此本例制作完毕，最终效果如图6-74所示。

图6-74 最终效果

实例
072 透镜——局部写真

实例目的

本实例的目的是让大家了解在CorelDRAW X7中底纹填充的使用方法，最终效果如图6-75所示。

图6-75 最终效果

实例要点

☆ 导入素材，通过复制得到副本
☆ 应用【色度/饱和度/亮度】命令
☆ 设置椭圆形透明度
☆ 设置透镜

操作步骤

01 执行菜单中【文件】/【新建】命令，新建一个空白文档，导入"素材/第6章/飞人"，如图6-76所示。

02 先执行菜单中【编辑】/【克隆】命令，得到一个图像副本，将副本与主图对齐，再执行菜单中【效果】/【调整】/【色度/饱和度/亮度】命令，打开【色度/饱和度/亮度】对话框，其参数值设置如图6-77所示。

图6-76 导入素材

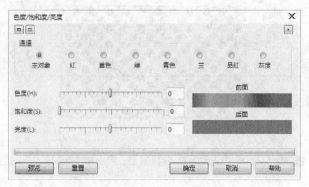

图6-77 【色度/饱和度/亮度】对话框

03 设置完毕，单击【确定】按钮，效果如图6-78所示。

04 选择 （交互式透明工具），在【属性栏】中设置【透明类型】为【椭圆形透明】、【透明模式】为【饱和度】，如图6-79所示。

图6-78 调整去色后效果

图6-79 椭圆形透明

05 拖动透明控制点，调整位置到人物的脸处，效果如图6-80所示。

06 使用 （椭圆工具）在人物的脸上绘制一个黄色轮廓、白色填充的圆形，如图6-81所示。

图6-80 调整透明

图6-81 绘制圆形

07 执行菜单中【效果】/【透镜】命令，打开【透镜】面板，其参数值设置如图6-82所示。

08 移动放大后的区域到人物的一边，效果如图6-83所示。

09 再绘制一个圆形，并使用 （手绘工具）绘制连接线，至此本例制作完毕，最终效果如图6-84所示。

图6-82　【透镜】面板

图6-83　移动

图6-84　最终效果

实例 073 透镜——描线图

实例目的

本实例的目的是让大家了解在CorelDRAW X7中透镜的使用方法，最终效果如图6-85所示。

图6-85　最终效果

实例要点

☆ 导入素材
☆ 绘制贝塞尔曲线
☆ 通过相交得到小交叉的区域
☆ 合并选取对象
☆ 应用透镜

操作步骤

01 执行菜单中【文件】/【新建】命令，新建一个空白文档，导入"素材/第6章/猫头鹰"，如图6-86所示。

02 使用 ✎（贝塞尔工具）绘制如图6-87所示的曲线。

图6-86 导入素材

图6-87 贝塞尔曲线

03 将猫头鹰和曲线一同选中，执行菜单中的【对象】/【造型】/【相交】命令，得到一个相交后的对象，如图6-88所示。

04 将曲线删除，选择相交的区域，如图6-89所示。

05 执行菜单中【对象】/【造型】/【合并】命令，效果如图6-90所示。

图6-88 【相交】命令

图6-89 选择区域

图6-90 【合并】命令

06 执行菜单中【效果】/【透镜】命令，打开【透镜】面板，其参数值设置如图6-91所示。

07 至此本例制作完毕，最终效果如图6-92所示。

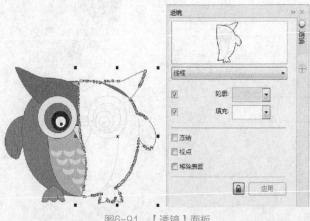

图6-91 【透镜】面板

图6-92 最终效果

实例 074 　修剪与创建边界——图标

实例目的

本实例的目的是让大家了解在CorelDRAW X7中修剪与创建边界的使用方法，最终效果如图6-93所示。

图6-93　最终效果

实例要点

☆ 使用椭圆工具绘制圆形并填充青色

☆ 绘制椭圆调整位置

☆ 应用修剪命令编辑图形

☆ 绘制矩形与后面修剪的图形，选取后应用边界命令

操作步骤

01 执行菜单中【文件】/【新建】命令，新建一个空白文档，使用◯（椭圆工具）在页面中绘制一个圆形，将圆形填充【青色】，如图6-94所示。

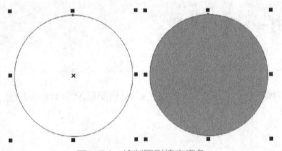

图6-94　绘制圆形填充青色

02 使用◯（椭圆工具）绘制3个椭圆，将其放置到相应位置，如图6-95所示。

03 使用▯（选择工具）框选所有对象，执行菜单中【对象】/【造型】/【修剪】命令，效果如图6-96所示。

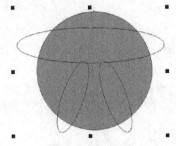

图6-95　绘制椭圆

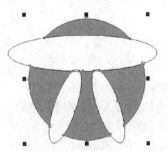

图6-96　【修剪】命令

04 选择前面的3个椭圆，将其删除，如图6-97所示。

05 绘制黑色与白色相结合的圆形，将其作为眼睛，效果如图6-98所示。

06 按Ctrl+D组合键复制一个副本，在【属性栏】中单击 （水平镜像）按钮，效果如图4-99所示。

图6-97 删除

图6-98 绘制眼睛

图4-99 复制并水平镜像

07 使用 （矩形工具）绘制两个长条矩形，如图6-100所示。

08 将矩形与修剪后图形一同选取，执行菜单中【对象】/【造型】/【边界】命令，效果如图6-101所示。

09 将创建的边界填充为【青色】，至此本例制作完毕，最终效果如图6-102所示。

图6-100 绘制矩形

图6-101 创建边界

图6-102 最终效果

实例 075 相交与合并——卡通形象

┃ 实例目的 ┃

本实例的目的是让大家了解在CorelDRAW X7中合并与相交以及修剪编辑图形的方法，最终效果如图6-103所示。

图6-103 最终效果

┃ 实例要点 ┃

☆ 绘制椭圆形转换为曲线调整形状

☆ 通过【合并】命令将椭圆形拼合为一个对象

☆ 通过【修剪】裁掉椭圆形的下半部分

☆ 通过【相交】得到相交后的区域

☆ 为对象填充不同颜色

☆ 绘制椭圆与线条绘制眼睛、嘴和触须

操作步骤

01 执行菜单中【文件】/【新建】命令，新建一个默认大小的空白文档，使用 ◯（椭圆工具）绘制椭圆后，按Ctrl+Q组合键将其转换为曲线，使用 ⬔（形状工具）调整椭圆形状，效果如图6-104所示。

02 选取全部曲线，应用【造型】命令，再使用 ✏（贝塞尔工具）绘制一个封闭曲线，框选后应用【相交】命令，效果如图6-105所示。

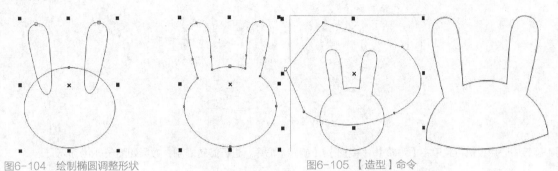

图6-104　绘制椭圆调整形状　　　　　　图6-105　【造型】命令

03 再绘制曲线，应用【相交】命令，填充颜色，效果如图6-106所示。

04 再绘制椭圆与线条，绘制眼睛、嘴和触须，最终效果如图6-107所示。

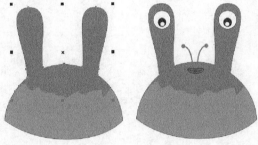

图6-106　【相交】命令　　　图6-107　最终效果

实例 076　合并——镖盘

实例目的

本实例的目的是让大家了解在CorelDRAW X7中合并造型命令在制作镖盘时的作用，最终效果如图6-108所示。

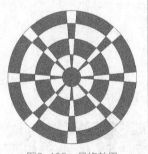

图6-108　最终效果

实例要点

☆ 绘制多个圆形并进行对齐
☆ 调整旋转中心点旋转复制三角形
☆ 框选所有对象对其进行合并
☆ 使用虚拟线删除工具删除圆以外的轮廓
☆ 填充合并后的对象

操作步骤

01 执行菜单中【文件】/【新建】命令，新建一个默认大小的空白文档，使用 ◎（椭圆工具）绘制圆形，等比例缩小复制圆形，再使用 ◎（多边形工具）绘制一个三角形，效果如图6-109所示。

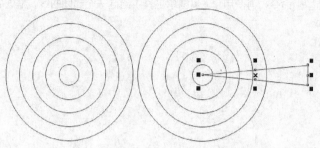

图6-109 绘制图形

02 调出旋转中心点，执行菜单中【对象】/【变换】/【旋转】命令，进行旋转复制，效果如图6-110所示。

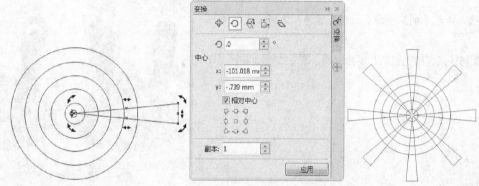

图6-110 旋转复制

03 框选所有对象，执行菜单中【对象】/【合并】命令，使用 ◎（虚拟线删除工具）删除多余线条，效果如图6-111所示。

04 填充合并后的区域，至此本例制作完毕，最终效果如图6-112所示。

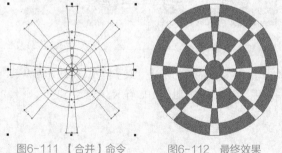

图6-111 【合并】命令   图6-112 最终效果

实例 077 组合——飞镖

实例目的

本实例的目的是让大家了解在CorelDRAW X7中组合命令以及智能填充的使用方法，最终效果如图6-113所示。

图6-113 最终效果

实例要点

☆ 绘制椭圆形，转换椭圆为曲线

☆ 使用形状工具调整曲线形状，填充绿色后，再手绘工具绘制直线

☆ 通过智能填充工具填充颜色

☆ 绘制三角形，转换为曲线调整形状

操作步骤

01 执行菜单中【文件】/【新建】命令，新建一个默认大小的空白文档，使用 ◎（椭圆工具）绘制椭圆，按Ctrl+Q组合键转换为曲线，使用 ⬚（形状工具）调整形状，效果如图6-114所示。

02 填充【绿色】，使用 ⬚（手绘工具）绘制线条，再绘制一个椭圆转换为曲线后调整形状，将其填充【橘色】，如图6-115所示。

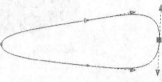

图6-114 键入文字绘制椭圆

03 使用 ◙（智能填充工具）填充尖部颜色，再使用 ◎（多边形工具）绘制一个黑色三角形，至此本例制作完毕，最终效果如图6-116所示。

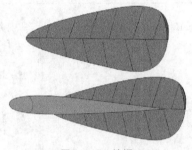

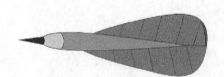

图6-115 编辑　　　　　　　　　　　　　　　图6-116 最终效果

实例 078　相交——天

实例目的

本实例的目的是让大家了解在CorelDRAW X7中填充渐变色与插入字符的使用方法，最终效果如图6-117所示。

图6-117 最终效果

实例要点

☆ 绘制圆形填充颜色

☆ 绘制矩形使用矩形拼成一个天字

☆ 将天字部分选取后进行合并

☆ 在框选所有对象应用相交造型命令

操作步骤

01 执行菜单中【文件】/【新建】命令，新建一个默认大小的空白文档，使用 ◎（椭圆工具）绘制一个圆形，再使用 ▢

（矩形工具）绘制一个由矩形组合的"天"字，效果如图6-118所示。

02 将"天"字选取，应用【合并】命令，再框选全部对象，应用【相交】命令，最终效果如图6-119所示。

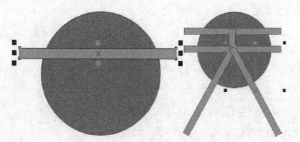

图6-118 绘制圆形应用移除后面的对象造型   图6-119 最终效果

实例 079 移除前面的对象——书签

▎实例目的 ▎

本实例的目的是让大家了解在CorelDRAW X7中移除前面的对象再制作空心时的方法，最终效果如图6-120所示。

图6-120 最终效果

▎实例要点 ▎

☆ 绘制矩形设置轮廓宽度进行填充和描边   ☆ 将矩形轮廓转换为对象

☆ 绘制圆形与矩形应用移除前面的对象   ☆ 绘制三角形转换为曲线并调整形状

☆ 绘制艺术笔中的喷涂再拆分艺术笔   ☆ 选择需要的画笔移入标签中

▎操作步骤 ▎

01 执行菜单中【文件】/【新建】命令，新建一个默认大小的空白文档，使用 □（矩形工具）绘制矩形，执行【将轮廓转换为对象】命令，效果如图6-121所示。

02 使用 ○（椭圆工具）绘制一个圆形，应用【移除前面的对象】造型命令，效果如图6-122所示。

03 绘制图形，再使用 ➘（艺术笔工具）绘制喷涂笔触，拆分后选择其中的两个，至此本例制作完毕，最终效果如图6-123所示。

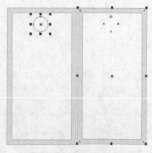

图6-121 绘制矩形将轮廓转换为对象   图6-122 应用造型命令   图6-123 最终效果

实例 080 透镜——蘑菇

实例目的

本实例的目的是让大家了解在CorelDRAW X7中通过透镜中的灰度浓淡制作局部的方法，最终效果如图6-124所示。

图6-124 最终效果

实例要点

☆ 绘制艺术笔中喷涂画笔
☆ 拆分艺术笔
☆ 取消组合
☆ 选取需要的植物绘制一个圆形
☆ 应用透镜面板中灰度浓淡

操作步骤

01 执行菜单中【文件】/【新建】命令，新建一个默认大小的空白文档，使用（艺术笔工具）中的（喷涂）绘制蘑菇笔触，效果如图6-125所示。

02 按Ctrl+K组合键拆分艺术笔，删除路径后，再按Ctrl+U组合键取消组合，选择其中的一个蘑菇，效果如图6-126所示。

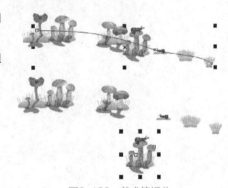

图6-125 绘制艺术笔

图6-126 艺术笔拆分

03 在蘑菇上绘制一个圆形，至此本例制作完毕，最终效果如图6-127所示。

图6-127 最终效果

第 **07** 章

文字的输入与应用

本章主要在对CorelDraw X7中的文字进行介绍，包括输入文本、设置文本字体、文本大小、文本排列方向及运用形状工具快速调整字符间距及行距的操作方法等。

实 例
081 拆分——文字宣传语1

实例目的

本实例的目的是让大家了解在CorelDRAW X7中对文字进行拆分和再编辑的方法，最终效果如图7-1所示。

图7-1 最终效果

实例要点

☆ 导入素材
☆ 绘制圆角矩形并将其合并为一个对象
☆ 调整对象的透明度
☆ 键入文字并对其进行拆分
☆ 复制文字副本填充颜色

操作步骤

01 执行菜单中【文件】/【新建】命令，新建一个默认大小的空白文档，导入"素材/第7章/围巾"，如图7-2所示。

02 选择▢（矩形工具）后，在【属性栏】中设置【圆角值】为10mm，然后在素材上绘制3个圆角矩形，如图7-3所示。

图7-2 导入素材

图7-3 绘制圆角矩形

03 使用▷（选择工具）将3个圆角矩形一同选取，执行菜单中【对象】/【造型】/【合并】命令，将3个圆角矩形合并为一个图形，如图7-4所示。

04 为合并后的图形填充颜色并设置轮廓色，效果如图7-5所示。

05 使用▨（透明度工具）在合并后的图形上单击，在下面出现的透明调整中拖动控制滑块，调整透明度，如图7-6所示。

图7-4 合并图形

图7-5 填充颜色

06 使用字（文本工具）在图形上键入相应大小的文字，效果如图7-7所示。

图7-6 调整透明度

图7-7 键入文字

提示

在键入文字的时候，可以根据对应的图片选择合适的文字字体，或者选择一个自己喜欢的字体，因为在制作过程中会对自己喜欢的文字更加具有创意感。不同的文字字体或文字颜色会对整个图像部分起到一个画龙点睛的作用。

07 执行菜单中【对象】/【拆分美术字】命令或按Ctrl+K组合键，将文字进行打散，使用（选择工具）选择后面的文字将其调矮，如图7-8所示。

图7-8 拆分并调整

08 使用字（文本工具）在调矮的文字下方键入文字，如图7-9所示。

09 使用字（文本工具）选择合适的文字字体和文字大小，键入其他修饰文字，如图7-10所示。

10 使用（选择工具）框选所有文字，按Ctrl+D组合键复制副本，将副本填充【橘色】，效果如图7-11所示。

11 将文字移动调整位置，至此本例制作完毕，最终效果如图7-12所示。

图7-9 键入文字（1）

图7-10 键入文字（2）

图7-11 复制文字填充颜色

图7-12 最终效果

实 例 082 直排文字输入——文字宣传语2

实例目的

本实例的目的是让大家了解在CorelDRAW X7中改变文字方向的方法，最终效果如图7-13所示。

图7-13 最终效果

实例要点

☆ 导入素材
☆ 键入文字将文字改变为垂直方向
☆ 绘制心形和矩形
☆ 键入文字改变个别文字的大小和颜色

操作步骤

01 执行菜单中【文件】/【新建】命令，新建一个默认大小的空白文档，导入"素材/第7章/泳衣"，如图7-14所示。

02 使用 字（文本工具）选择合适的文字字体和文字大小，键入文字，将鼠标指针移到文字中间，按空格键添加空格，如

图7-15所示。

图7-14 绘制椭圆

图7-15 键入文字添加空格

03 在【属性栏】中单击▥（将文本更改为垂直方向）按钮，此时会将横排文字变为竖排，效果如图7-16所示。

04 使用▧（基本形状工具）在文字之间绘制一个心形，将其填充为【红色】，如图7-17所示。

图7-16 将文本更改为垂直方向

图7-17 绘制心形

05 使用▢（矩形工具）在文字下方绘制一个矩形，将其填充为【淡粉色】、【轮廓】设置为【橘色】，使用▨（选择工具）单击矩形调出斜切变换框，拖动控制点，对矩形进行斜切处理，效果如图7-18所示。

06 使用▨（文本工具）键入文字，填充文字为【蓝色】，如图7-19所示。

07 使用▨（文本工具）将数值9选取，将文字改变为【红色】并将大小设置得比其他文字稍大一些，如图7-20所示。

08 在使用▨（文本工具）在心形上键入黄色文字，至此本例制作完毕，最终效果如图7-21所示。

图7-18 绘制矩形并进行斜切

图7-19 键入文字

图7-20 编辑弧形

图7-21 最终效果

实例 083 选择字体——文字宣传语3

实例目的

本实例的目的是让大家了解在CorelDRAW X7中通过选择不同文字字体键入相应文字的方法，最终效果如图7-22所示。

图7-22 最终效果

实例要点

☆ 绘制矩形填充颜色
☆ 绘制椭圆与矩形一同选取，应用【简化】进行造型
☆ 插入字符
☆ 键入不同字体的文字
☆ 绘制直线连接线
☆ 应用【相交】造型命令

操作步骤

01 执行菜单中【文件】/【新建】命令，新建一个空白文档，使用 □（矩形工具）在文档中绘制矩形，将其填充为（C:0、M:85、Y:100、K:0）颜色，如图7-23所示。

02 在使用 ○（椭圆工具）绘制一个椭圆形，如图7-24所示。

03 将矩形与椭圆形一同选取，执行菜单中【对象】/【造型】/【简化】命令，效果如图7-25所示。

04 单独选择椭圆形将其删除，效果如图7-26所示。

05 在简化的区域，使用 ○（椭圆工具）绘制圆形，将其填充为【青色】，效果如图7-27所示。

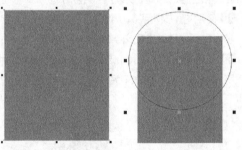

图7-23 绘制矩形　　图7-24 绘制圆形

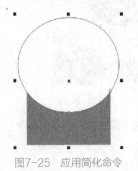

图7-25 应用简化命令

图7-26 删除椭圆

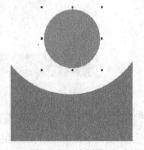

图7-27 绘制圆形

06 执行菜单中【文本】/【插入字符】命令，打开【插入字符】面板，选择字体后在下面找到合适的字符，将其拖动到文档中调整大小并填充合适颜色，效果如图7-28所示。

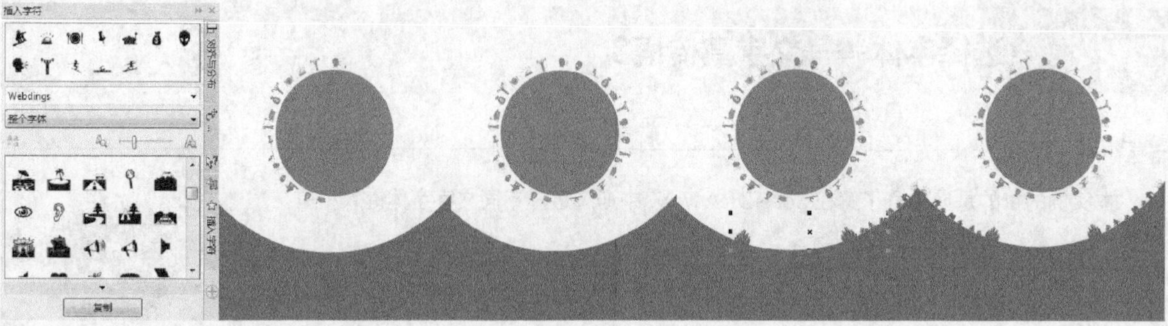

图7-28 插入字符

07 使用  （手绘工具）绘制线条并将其填充为【黄色】，效果如图7-29所示。

08 使用 （文本工具）选择【汉仪白棋体简】字体并设置好文字大小后，键入黄色文字，如图7-30所示。

图7-29 绘制线条

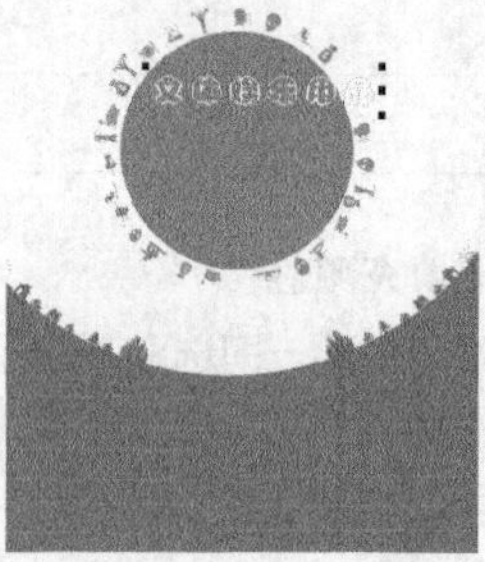

图7-30 键入文字

09 执行菜单中【对象】/【拆分美术字】命令或按Ctrl+K组合键，将文本打散为单独的个体，再将文本单独选取并进行旋转和位置的移动，如图7-31所示。

10 使用 （文本工具）选择【汉仪粗黑简】字体并修改好文字大小后，键入白色文字如图7-32所示。

11 使用 （文本工具）选择【Bolt Bd BT】字体并修改好文字大小后，键入黄色文字，如图7-33所示。

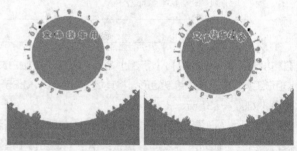

图7-31 拆分美术字

图7-32 键入文字（1）

图7-33 键入文字（2）

12 使用 （手绘工具）在青色圆形向下绘制一条黄色直线连接线，将线条与青色圆形一同选中，执行菜单中【对象】/【造型】/【相交】命令，将相交后的区域填充为【白色】，效果如图7-34所示。

13 使用 （椭圆工具）绘制一个白色圆形，效果如图7-35所示。

14 使用 （文本工具）选择【汉仪粗黑简】字体并调整好文字大小后，键入橘色文字，效果如图7-36所示。

15 使用 （椭圆工具）绘制一个橘色圆形，效果如图7-37所示。

图7-34 绘制线条   图7-35 绘制圆形

16 在【插入字符】面板中选择一个运动人物，将其拖动到橘色圆形上并将其填充为【白色】，至此本例制作完毕，最终效果如图7-38所示。

图7-36 键入文字   图7-37 绘制圆形   图7-38 最终效果

实例 084 沿路径键入文字——图章

▌实例目的 ▌

本实例的目的是让大家了解在CorelDRAW X7中通过沿路径键入文字的方法，最终效果如图7-39所示。

图7-39 最终效果

▌实例要点 ▌

☆ 绘制圆形设置轮廓

☆ 复制同心圆并进行缩小

☆ 在圆形轮廓上单击鼠标键入文字

☆ 拆分文字与路径

☆ 绘制五角星

▌操作步骤 ▌

01 执行菜单中【文件】/【新建】命令，新建一个默认大小的空白文档，使用 （椭圆工具）在文档中绘制一个圆形，在

【属性栏】中设置【轮廓宽度】为2.0mm，用鼠标右键单击【颜色表】中的【红色】，如图7-40所示。

02 按住Shift键拖动控制点缩小圆形，缩放到合适大小后单击鼠标右键，系统会自动复制同心圆，如图7-41所示。

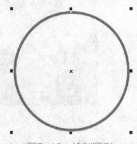

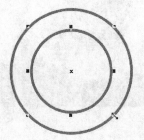

图7-40　绘制圆形　　　　　　　　　　　　　　　　图7-41　复制

03 使用 （文本工具）将鼠标指针移到小圆上，如图7-42所示。

04 单击鼠标后，选择合适的文字字体和大小后，键入文字，如图7-43所示。

05 使用 （选择工具）单击小圆调出旋转变换框，拖动控制点进行旋转，此时会调整文字位置，效果如图7-44所示。

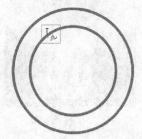

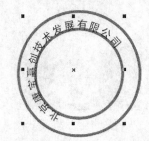

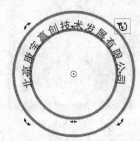

图7-42　选择键入文字点　　　　　图7-43　键入文字　　　　　　图7-44　旋转文字

06 选择文字右键单击【颜色表】中 （无轮廓）按钮，单击【红色】，按Ctrl+K组合键进行分离，再将中间的圆形删除，效果如图7-45所示。

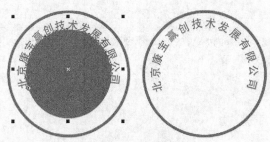

图7-45　填充与拆分

07 使用 （星形工具）在印章中心绘制一个五角星，将五角星填充【红色】，如图7-46所示。

08 再使用 （文本工具）在五角星的下方键入文字，至此本例制作完毕，最终效果如图7-47所示。

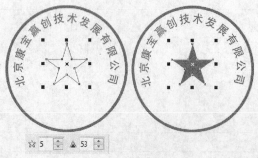

图7-46　绘制五角星　　　　　　　　　　　　　　　　图7-47　最终效果

实 例 085 使文字适合路径——弧线文字

实例目的

本实例的目的是让大家了解在CorelDRAW X7中通过绘制路径，再将文字按路径进行依附的方法，最终效果如图7-48所示。

图7-48 最终效果

实例要点

☆ 使用贝塞尔工具绘制曲线
☆ 复制菱形将其缩小并拉长曲线的宽度与颜色
☆ 设置曲线的箭头形状
☆ 键入文字
☆ 应用使文字适合路径命令

操作步骤

01 执行菜单中【文件】/【新建】命令，新建一个空白文档，使用 (贝塞尔工具) 在文档中绘制一条曲线，如图7-49所示。

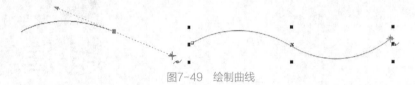

图7-49 绘制曲线

02 在【属性栏】中设置【轮廓宽度】为1.5mm，设置【箭头】形状，如图7-50所示。

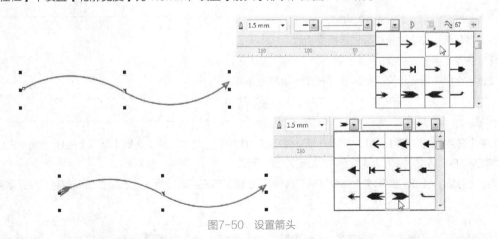

图7-50 设置箭头

03 使用 (文本工具) 设置【字体】为Adobe 仿宋 Std R，大小为48pt，如图7-51所示。

04 执行菜单中【文本】/【使文字适合路径】命令，将指针移到路径上，单击鼠标将文字依附到路径上，如图7-52所示。

CorelDRAW X7

图7-51 键入文字

05 使用 (形状工具) 在文字上单击，向右拖动调整滑块，将文字间距加大，如图7-53所示。

图7-52　使文字适合路径

06 将文字调整到与路径长度相符。至此本例制作完毕，最终效果如图7-54所示。

图7-53　调整文字　　　　　　　　　　　　　图7-54　最终效果

实例 086　转换为曲线——图标

实例目的

　　本实例的目的是让大家了解在CorelDRAW X7中通过将文字拆分并转换为曲线进行进一步编辑的方法，最终效果如图7-55所示。

图7-55　最终效果

实例要点

☆ 键入文字后将文字进行拆分和转换为曲线
☆ 调整曲线文字的形状
☆ 通过相交命令得到相交后的区域并将该区域填充不同颜色

操作步骤

01 执行菜单中【文件】/【新建】命令，新建一个空白文档，使用 （文本工具）选择【字体】为Bremen Bd BT，在页面中键入文字CATG，将文字填充为【青色】，如图7-56所示。

02 执行菜单中【对象】/【拆分美术字】命令或按Ctrl+K组合键，将文字进行拆分，选择C拖动控制点将文字调大，如图7-57所示。

图7-56　填充文字　　　　　　　　　　　　　图7-57　拆分文字

03 执行菜单中【对象】/【转换为曲线】命令或按Ctrl+Q组合键，将文字转换为曲线，使用 （形状工具）拖动节点调整形状，如图7-58所示。

图7-58 转换为曲线

04 将调整后的曲线文字 C 与 A 一同选中，执行菜单中【对象】/【造型】/【相交】命令，此时会得到一个相交区域，将相交区域填充为【白色】，如图7-59所示。

05 选择字母 A 按 Ctrl+Q 组合键将其转换为曲线，再按 Ctrl+K 组合键将转换后的曲线进行拆分，如图7-60所示。

图7-59 应用相交命令

图7-60 转换为曲线并拆分

> **提示**
>
> 在使用 CorelDRAW X7 进行创作时，记住快捷键会为大家节省很多时间。

06 拆分后，选取 A 字中间部分，并为其填充【橘色】，如图7-61所示。

07 选择字母 T，按 Ctrl+Q 组合键将其转换为曲线，使用 （形状工具）对曲线文字进行编辑，如图7-62所示。

图7-61 填充橘色

图7-62 编辑曲线

08 使用 （贝塞尔工具）在字母 G 上绘制一个封闭曲线，如图7-63所示。

09 使用 （选择工具）将绘制的曲线与后面的字母 G 一同选取，执行菜单中【对象】/【造型】/【相交】命令，此时会得到一个相交区域，将相交区域填充为【橘色】，再将绘制的曲线删除，如图7-64所示。

图7-63 绘制曲线

图7-64 相交后填充颜色

10 使用 （文本工具）在下面键入文字【超腾科技】，如图7-65所示。

图7-65 键入文字

11 选择键入的汉字，按Ctrl+K组合键将文字进行拆分，选择前面的文字将其填充【青色】，选择后面文字将其填充【橘色】，至此本例制作完毕，最终效果如图7-66所示。

图7-66　最终效果

| 实例 087 | 添加图形——文字创意 |

实例目的

本实例的目的是让大家了解在CorelDRAW X7中为文字进行拟人化编辑的方法，最终效果如图7-67所示。

图7-67　最终效果

实例要点

☆ 键入文字转换为曲线
☆ 使用形状工具调整曲线形状
☆ 绘制眼睛、嘴巴、手臂和脚
☆ 插入字符
☆ 转换为曲线后再对其进行拆分

操作步骤

01 执行菜单中【文件】/【新建】命令，新建一个空白文档，使用 （文本工具）选择【字体】为【汉仪彩蝶体简】，在页面中键入字母A，如图7-68所示。

02 按Ctrl+Q组合键将文字转换为曲线，使用 （形状工具）调整曲线形状，如图7-69所示。

图7-68　键入字母

图7-69　转为曲线并进行调整

03 使用 □（椭圆工具）、□（矩形工具）和 ⬝（贝塞尔工具）绘制椭圆、矩形及曲线，并调整大小以及填充不同颜色，效果如图7-70所示。

图7-70 绘制图形

04 使用 ⬝（贝塞尔工具）绘制一个嘴型的封闭曲线，将其填充为【白色】，再使用 ✎（手绘工具）绘制线段，如图7-71所示。

05 执行菜单中【文字】/【插入字符】命令，打开【插入字符】面板，设置字体后，选择图案，将其拖动到页面中，效果如图7-72所示。

图7-71 绘制嘴

图7-72 调整透明

06 按Ctrl+Q组合键将字符转换为曲线，再按Ctrl+K组合键将其进行拆分，之后框选对象将其填充为【黑色】，效果如图7-73所示。

07 在【插入字符】面板中，选择旗形字符，将其拖动到文档中，如图7-74所示。

图7-73 转换为曲线后再进行拆分

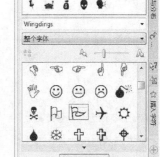

图7-74 【插入字符】面板

08 按Ctrl+Q组合键将字符转换为曲线，再按Ctrl+K组合键将其进行拆分，选择拆分后的【旗面】对象，将其填充【红色】，效果如图7-75所示。

09 选择红色区域，按Ctrl+Home组合键，将其调整到【页面前面】，再将其拖动到旗身处，效果如图7-76所示。

图7-75　拆分　　　　　　　　　　图7-76　调整顺序

10 选取整个旗子，将其调整到手部上面，效果如图7-77所示。

11 使用同样的方法制作其他字母的人形效果，至此本例制作完毕，最终效果如图7-78所示。

图7-77　调整　　　　　　　　　　图7-78　最终效果

实例 088　文字编辑——名片

实例目的

　　本实例的目的是让大家了解在CorelDRAW X7中通过文本工具结合几何绘图工具创意设计名片的方法，最终效果如图7-79所示。

图7-79　最终效果

实例要点

☆　了解文字工具的使用方法

☆　使用形状工具调整文字

☆　矩形选框工具绘制矩形

┤ 操作步骤 ├

01 执行菜单中【文件】/【新建】命令，新建一个空白文档，导入"素材/第6章/文字图标"，如图7-80所示。

02 使用 ▭ （矩形工具）在文档中绘制一个长度为90mm、宽度为54mm的白色矩形，将其作为名片的大小，在白色矩形右侧绘制一个青色矩形，并将导入的素材移到左侧，如图7-81所示。

图7-80　导入素材

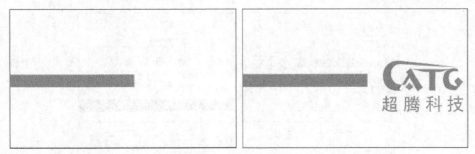

图7-81　绘制矩形移入素材

03 使用 字 （文本工具）在青色的矩形上面键入白色文字，再使用 ⬚ （形状工具）在文字上单击，此时在文字的边缘会出现拖动符号，向外拖动会将文字间距拉大，效果如图7-82所示。

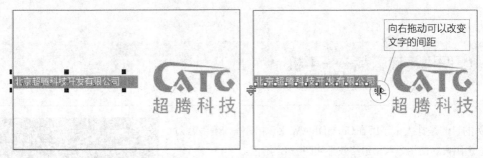

向右拖动可以改变文字的间距

图7-82　键入文字调整间距

04 使用 字 （文本工具）在名片的左面键入不同大小的黑色文字，选择适合名片的文字字体，如图7-83所示。

05 使用 ⬚ （形状工具）在文字上单击，在随后出现的拖动符号上，向下拖动控制点改变文字的行距，效果如图7-84所示。

图7-83　键入文字

图7-84　调整行距

06 行距调整完毕，完成名片的正面设计，再绘制一个长度为90mm、宽度为54mm的白色矩形作为名片背面，在底部绘制一个青色矩形并将LOGO复制到背面，调整合适的大小，如图7-85所示。

07 按照名片的主色调再设计两个名片的正面。至此本例制作完毕，最终效果如图7-86所示。

图7-85 前面与背面

图7-86 最终效果

实例 089 图框精确剪裁——手机

┨ 实例目的 ┠

　　本实例的目的是让大家了解在CorelDRAW X7中图框精确剪裁对文字进行添加图案的使用方法，最终效果如图7-87所示。

图7-87 最终效果

┨ 实例要点 ┠

☆ 使用矩形工具绘制矩形填充黑色

☆ 导入素材

☆ 复制选取对象进行垂直翻转

☆ 通过透明度工具添加渐变透明

☆ 键入文字调整文字行距

☆ 应用【图框精确剪裁】将图片剪裁到文字中

☆ 编辑精确剪裁内容

┨ 操作步骤 ┠

01 执行菜单中【文件】/【新建】命令，新建一个空白文档，使用 ▢（矩形工具）在页面中绘制一个矩形，将矩形填充为【黑色】，如图7-88所示。

02 导入"素材/第7章"中的"纹理01"和"手机"，如图7-89所示。

图7-88 绘制矩形填充黑色

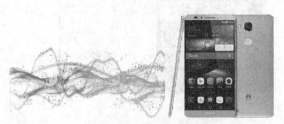

图7-89 素材

03 使用 ▨（选择工具）将素材移动到黑色矩形内，并调整大小和位置，效果如图7-90所示。

04 选择手机按Ctrl+D组合键复制一个副本，单击【属性栏】中的 ▧（垂直镜像）按钮，将副本进行垂直翻转，再对位置进行调整，如图7-91所示。

05 使用 ▨（透明度工具）从上向下拖动鼠标为其添加渐变透明效果，如图7-92所示。

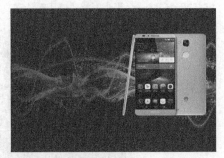

图7-90 移动素材

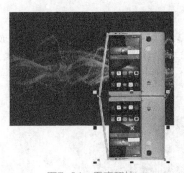

图7-91 垂直翻转

图7-92 设置透明

06 调整透明控制滑块的位置，使透明看起来更像倒影，效果如图7-93所示。

07 使用 字（文本工具）在左面键入英文和数字，如图7-94所示。

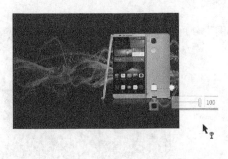

图7-93 编辑透明

图7-94 键入文字

08 将数值7调整得更大一些，再单击【属性栏】中【文本对齐】中的【居中】，效果如图7-95所示。

09 使用 ⯈（形状工具）在文字上单击，在随后出现的拖动符号上，向上拖动控制点改变文字的行距，效果如图7-96所示。

图7-95 编辑文字

图7-96 调整行距

10 选择手机按Ctrl+D组合键复制一个副本，执行菜单中【对象】/【图像精确剪裁】/【置于图文框内部】命令，此时鼠标指针会变成一个箭头形状，使用箭头在文字上单击，效果如图7-97所示。

图7-97 应用【图像精确剪裁】命令

11 选择手机按Ctrl+D组合键复制一个副本，执行菜单中【对象】/【图像精确剪裁】/【编辑 PowerClip】命令，此时会进入编辑状态，对编辑状态内的手机进行旋转，再复制一个手机副本，将副本进行垂直翻转，效果如图7-98所示。

图7-98 编辑图像精确剪裁

12 执行菜单中【对象】/【图像精确剪裁】/【结束编辑】命令，效果如图7-99所示。

图7-99 结束编辑效果

13 再使用字（文本工具）在文字下方键入另外的白色文字，至此本例制作完毕，最终效果如图7-100所示。

图7-100 最终效果

实 例
090 文字排版——飞

实例目的

本实例的目的是让大家了解在CorelDRAW X7中对不同文字的摆放以及编辑的方法，最终效果如图7-101所示。

图7-101 最终效果

实例要点

☆ 导入素材调整位置

☆ 通过裁剪裁切图像

☆ 通过简化造型命令修剪文字和图形

☆ 插入字符

☆ 为对象填充不同颜色

操作步骤

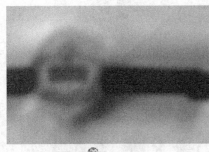

图7-102 导入素材

01 执行菜单中【文件】/【新建】命令，新建一个空白文档，导入"素材/第7章"中的"背景01"和"飞"，如图7-102所示。

02 使用（选择工具）将"飞"素材拖动到"背景01"素材上面，如图7-103所示。

图7-103 移动素材

03 使用 ✂ （裁剪工具）在背景上绘制一个裁剪框，按Enter键完成裁剪，效果如图7-104所示。

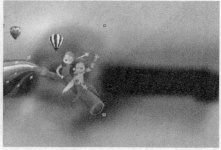

图7-104　裁剪素材

04 使用 字 （文本工具）在背景上键入文字，将文字设置为较粗的一个文字字体，如图7-105所示。

05 使用 ✐ （贝塞尔工具）在文字上创建一个封闭曲线，如图7-106所示。

图7-105　键入文字　　　　　　　　　　　　　　图7-106　封闭曲线

06 将文字与曲线一同选取，执行菜单中【对象】/【造型】/【简化】命令，将文字进行修剪，将曲线选取并删除，效果如图7-107所示。

图7-107　应用简化效果

07 使用 ▭ （矩形工具）绘制一个白色矩形轮廓的矩形，将【轮廓宽度】设置为0.5mm，如图7-108所示。

08 选择矩形后执行菜单中【对象】/【将轮廓转换为对象】命令，再绘制两个矩形轮廓，效果如图7-109所示。

图7-108　绘制矩形（1）　　　　　　　　　　　　图7-109　绘制矩形（2）

09 选取所有矩形，执行菜单中【对象】/【造型】/【简化】命令，效果如图7-110所示。

10 将轮廓删除，效果如图7-111所示。

图7-110　应用简化命令

图7-111　删除轮廓

技巧

在对矩形框进行简化造型或修剪后，如果是轮廓的话，应用简化造型后，剩余的部分会变成新的封闭轮廓，如果转换为对象后，进行简化造型命令后，剩余部分不会变。如图7-112所示。

图7-112　轮廓简化与对象简化

11 使用（手绘工具）绘制两条白色轮廓线，将上面设置得稍微粗一点，效果如图7-113所示。

12 使用（矩形工具）绘制一个白色矩形，效果如图7-114所示。

图7-113　绘制轮廓线

图7-114　绘制白色矩形

13 再使用（文本工具）在文字下方键入另外的白色与黑色文字，效果如图7-115所示。

14 执行菜单中【文本】/【插入字符】命令，打开【插入字符】面板，选择字体后，在列表中选择【五星】和【钟表】，如图7-116所示。

15 将选择的字符拖动到文档中，【五星】填充【红色】、【钟表】填充【白色】，分别移动到相应位置，如图7-117所示。

16 使用（手绘工具）绘制白色链接轮廓线，至此本例制作完毕，最终效果如图7-118所示。

图7-115　键入白色文字

图7-117 插入字符

图7-116 插入字符

图7-118 最终效果

实例 091 相交——水纹字

实例目的

　　本实例的目的是让大家了解在CorelDRAW X7中相交造型命令在制作波纹时的作用，最终效果如图7-119所示。

图7-119 最终效果

实例要点

　☆ 键入文字，使用形状工具绘制曲线
　☆ 框选曲线和文字应用相交造型命令
　☆ 调整不透明度
　☆ 复制对象应用垂直翻转
　☆ 调整渐变透明

操作步骤

01 执行菜单中【文件】/【新建】命令，新建一个默认大小的空白文档，使用 ⧉（文本工具）键入文字改变颜色为【青色】，再使用 ⧉（手绘工具）在文字上绘制一个封闭曲线，效果如图7-120所示。

02 将文字与曲线一同选取，应用【相交】造型命令，将相交区域填充为【白色】，使用 ⧉（透明度工具）调整透明，效果如图7-121所示。

图7-120 键入文字绘制曲线

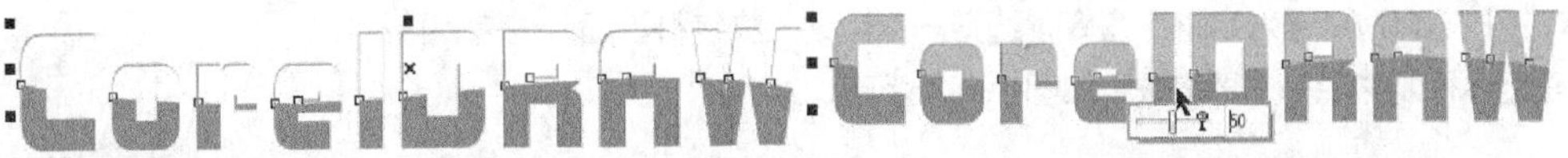

图7-121 相交并调整透明

03 垂直复制文字，使用 (透明度工具) 拖动创建渐变透明，以此来制作倒影，最终效果如图7-122所示。

图7-122 最终效果

---

092 移除前面的对象——修剪字

实例目的

本实例的目的是让大家了解在CorelDRAW X7中移除前面的对象造型命令的方法，最终效果如图7-123所示。

图7-123 最终效果

实例要点

☆ 绘制矩形

☆ 键入文字

☆ 将文字与矩形一同选取并应用移除前面的对象造型命令

☆ 插入字符

操作步骤

01 执行菜单中【文件】/【新建】命令，新建一个默认大小的空白文档，使用 (矩形工具) 绘制一个蓝色矩形，再使用 (基本形状工具) 绘制一个十字，效果如图7-124所示。

02 将十字和矩形一同选取，执行菜单中【对象】/【造型】/【移除前面的对象】命令，复制编辑后的造型，填充【青色】，效果如图7-125所示。

图7-124 绘制图形

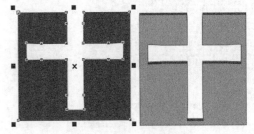

图7-125 复制造型

03 执行菜单中【文本】/【插入字符】命令，选择一个运动人物字符，插入进来，再绘制一个红色十字，至此本例制作完毕，最终效果如图7-126所示。

图7-126 最终效果

实例 093 内置文本——圆形内嵌入文字

实例目的

　　本实例的目的是让大家了解在CorelDRAW X7中将文字嵌入封闭轮廓的使用方法，最终效果如图7-127所示。

图7-127 最终效果

实例要点

☆ 键入段落文本
☆ 绘制圆形填充轮廓颜色
☆ 将文本嵌入圆形内

操作步骤

01 执行菜单中【文件】/【新建】命令，新建一个默认大小的空白文档，使用 ₮ （文本工具）键入段落文本，绘制一个圆形，效果如图7-128所示。

02 使用鼠标右键拖动文本到圆形上，松开鼠标，在弹出的对话框中选择【内置文本】，如图7-129所示。

03 至此本例制作完毕，最终效果如图7-130所示。

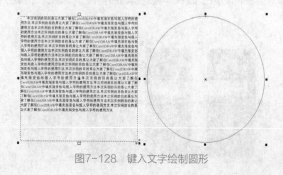

图7-128 键入文字绘制圆形

图7-129 将文本置入圆形内

图7-130 最终效果

实例
094 沿路径键入文字——月亮文

实例目的

　　本实例的目的是让大家了解在CorelDRAW X7中沿路径键入文字的方法，最终效果如图7-131所示。

图7-131 最终效果

实例要点

☆ 绘制两个圆形
☆ 应用移除后面的对象造型命令
☆ 沿路径键入文字
☆ 调整文字位置
☆ 填充颜色改变字体

操作步骤

01 执行菜单中【文件】/【新建】命令，新建一个默认大小的空白文档，使用◯（椭圆工具）绘制两个圆形，并对其应用【移除后面的对象】造型命令，效果如图7-132所示。

02 使用字（文本工具）在月牙上单击键入沿路径文字，效果如图7-133所示。

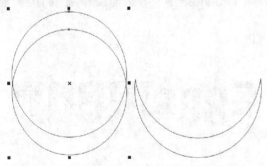

图7-132 绘制圆形应用移除后面的对象造型

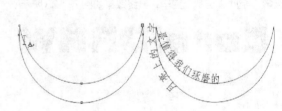

图7-133 沿路径键入文字

03 使用⬚（形状工具）调整文字文字，再使用⬚（选择工具）调整文字与路径之间的距离，至此本例制作完毕，最终效果如图7-134所示。

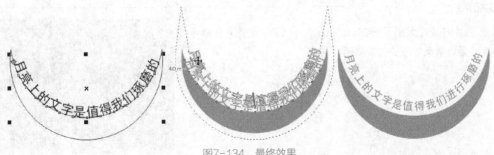

图7-134 最终效果

实例 095　图框精确剪裁——文字嵌入图片

实例目的

　　本实例的目的是让大家了解在CorelDRAW X7中通过图框精确剪裁将图片嵌入文字中的方法，最终效果如图7-135所示。

图7-135　最终效果

实例要点

　　☆ 键入文字
　　☆ 导入图片
　　☆ 应用图框精确剪裁命令
　　☆ 通过透明度工具为文字添加倒影
　　☆ 进入图框精确剪裁编辑中对图片进行透明编辑

操作步骤

01 执行菜单中【文件】/【新建】命令，新建一个默认大小的空白文档，使用₮（文本工具）键入文字，导入"素材/第7章/纹理01"，效果如图7-136所示。

02 应用【图框精确剪裁】命令，将纹理剪裁到文字中，效果如图7-137所示。

图7-136　键入文字导入素材

03 垂直翻转复制文字，使用⬚（透明度工具）创建渐变透明将其作为倒影，至此本例制作完毕，最终效果如图7-138所示。

图7-137　图框精确剪裁

图7-138　最终效果

实例 096　首字下沉——海报

实例目的

　　本实例的目的是让大家了解在CorelDRAW X7中首字下沉命令的使用方法，最终效果如图7-139所示。

图7-139　最终效果

实例要点

☆ 绘制矩形填充颜色
☆ 导入素材移动位置
☆ 键入段落文本。
☆ 应用首字下沉命令

操作步骤

01 执行菜单中【文件】/【新建】命令，新建一个默认大小的空白文档，使用□（矩形工具）绘制矩形填充颜色后，导入"素材/第7章/花纹"，使用 （透明度工具）设置【合并模式】为【乘】，效果如图7-140所示。

02 在矩形上键入文本，效果如图7-141所示。

图7-140　键入文字导入素材

图7-141　键入文字

03 选择段落文本，执行菜单中【文本】/【首字下沉】，至此本例制作完毕，最终效果如图7-142所示。

图7-142　最终效果

实例 097　栏——排版

实例目的

本实例的目的是让大家了解在CorelDRAW X7中使用栏命令进行排版的方法，最终效果如图7-143所示。

图7-143　最终效果

┃ 实例要点 ┃

☆ 绘制矩形填充颜色

☆ 键入文字和段落文本

☆ 应用栏命令

┃ 操作步骤 ┃

01 执行菜单中【文件】/【新建】命令，新建一个默认大小的空白文档，使用□（矩形工具）绘制矩形，在上面使用🅐（文本工具）键入文字，效果如图7-144所示。

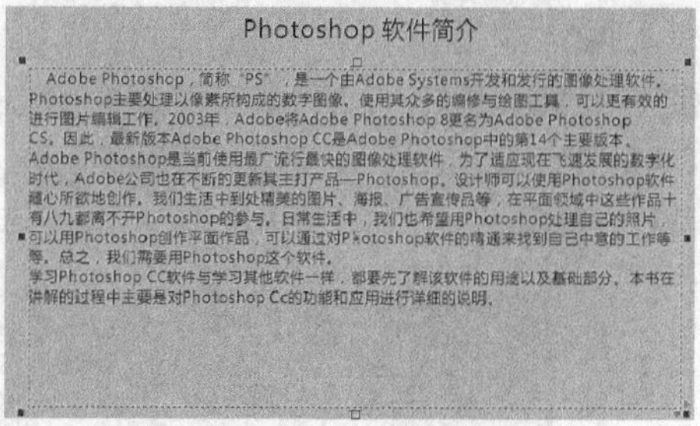

02 选择下面的段落文本，执行菜单中【文本】/【栏】命令，最终效果如图7-145所示。

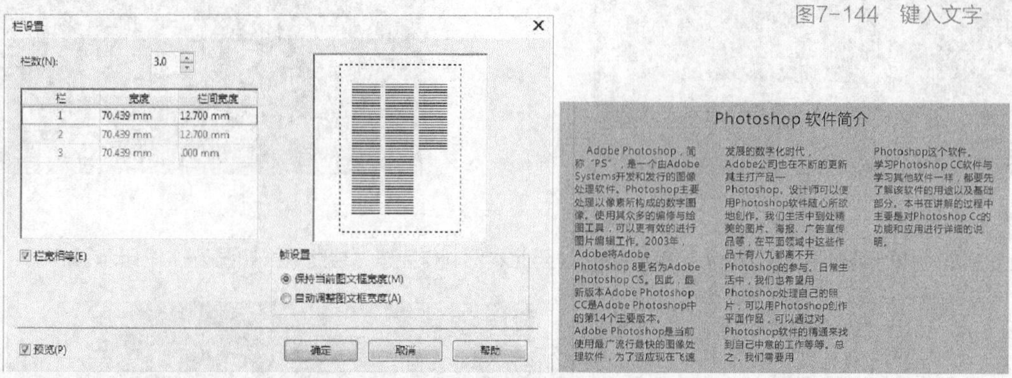

图7-144　键入文字

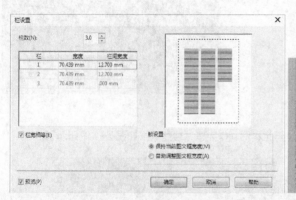

图7-145　最终效果

实例 098 **项目符号——旅游项目**

┃ 实例目的 ┃

　　本实例的目的是让大家了解在CorelDRAW X7中使用项目符号命令进行排版的方法，最终效果如图7-146所示。

图7-146　最终效果

┃ 实例要点 ┃

☆ 导入素材

☆ 绘制矩形调整不透明度

☆ 输入文字和段落文本

☆ 应用项目符号命令

┤ **操作步骤** ├

01 执行菜单中【文件】/【新建】命令，新建一个默认大小的空白文档，导入"素材/第7章/秋千"，使用□（矩形工具）绘制圆角矩形并通过▲（透明度工具）设置透明度，效果如图7-147所示。

02 使用▇（文本工具）键入文字，效果如图7-148所示。

图7-147　导入素材绘制圆角矩形

图7-148　键入文字

03 执行菜单中【文本】/【项目符号】命令，至此本例制作完毕，最终效果如图7-149所示。

图7-149　最终效果

---

099 **直排文字——极限运行**

┤ **实例目的** ├

　　本实例的目的是让大家了解在CorelDRAW X7中直排文字的使用方法，最终效果如图7-150所示。

图7-150　最终效果

┤ **实例要点** ├

　　☆ 绘制圆角矩形

　　☆ 绘制斜线应用智能填充工具填充黑色

　　☆ 应用插入字符面板找到合适的字符

　　☆ 键入直排文字

操作步骤

01 执行菜单中【文件】/【新建】命令，新建一个默认大小的空白文档，使用 ▢（矩形工具）绘制圆角矩形，使用 ✎（手绘工具）绘制斜线，效果如图7-151所示。

02 使用 ▨（智能填充工具）填充区域颜色，执行菜单中【文本】/【插入字符】命令，选择一个运动字符并将其插入，效果如图7-152所示。

03 键入直排文字，至此本例制作完毕，最终效果如图7-153所示。

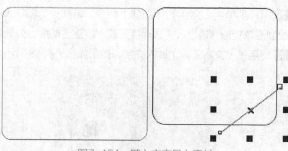

图7-151 键入文字导入素材

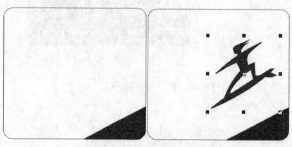

图7-152 图框精确剪裁

图7-153 最终效果

实例 100 艺术笔——画笔描边字

实例目的

本实例的目的是让大家了解在CorelDRAW X7中使用画笔描边文字的方法，最终效果如图7-154所示。

图7-154 最终效果

实例要点

☆ 键入文字

☆ 将文字转换为曲线

☆ 使用艺术笔中的喷涂对文字曲线进行描边

☆ 设置喷绘对象大小和图像间距

☆ 设置相对于路径

操作步骤

01 执行菜单中【文件】/【新建】命令，新建一个默认大小的空白文档，使用 ▤（文本工具）键入文字，按Ctrl+Q组合键将文字转换为曲线，将填充设置为无，效果如图7-155所示。

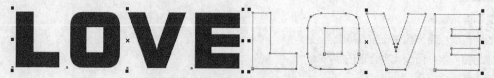

图7-155 键入文字转换为曲线

02 使用 （艺术笔工具）中的 （喷涂）选择笔触后单击，效果如图7-156所示。

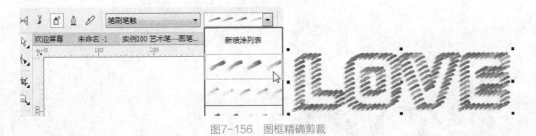

图7-156　图框精确剪裁

03 在【属性栏】中设置参数，至此本例制作完毕，最终效果如图7-157所示。

图7-157　最终效果

第 08 章

矢量图的交互效果

本章主要讲解矢量图的交互式效果的操作技法，包括调和工具、轮廓图、封套工具、变形工具、立体化工具和阴影工具等内容。

实例 101 交互式调和——过渡

实例目的

本实例的目的是让大家了解在CorelDRAW X7中调和工具的使用方法，最终效果如图8-1所示。

图8-1 最终效果

实例要点

☆ 键入文字并对其进行拆分

☆ 为文字填充不同颜色

☆ 使用调和工具制作两个文字之间的调和效果

☆ 使用顺时针调和

☆ 使用逆时针调和

操作步骤

01 执行菜单中【文件】/【新建】命令，新建一个默认大小的空白文档，使用 字（文本工具）设置合适的文字大小和文字字体后，在文档中键入文字【欢迎】，如图8-2所示。

02 按Ctrl+K组合键将美术字进行拆分，将两个字分别填充【橘色】和【青色】，将两个文字之间的距离调整大一些，如图8-3所示。

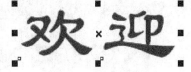

图8-2 键入文字

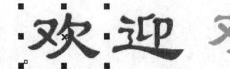

图8-3 拆分美术字

03 使用 （调和工具）在【欢】字上按下鼠标拖动到【迎】字上，如图8-4所示。

图8-4 使用调和工具

04 设置【步长】为5，效果如图8-5所示。

提示

在设置两个对象之间的调和时，步长值可以直接体现两个对象之间的调和对象的多少。

图8-5 填充颜色

05 将调和后的对象复制出两个副本，如图8-6所示。

06 选择第一个副本，在【属性栏】中单击 （顺时针调和）按钮，效果如图8-7所示。

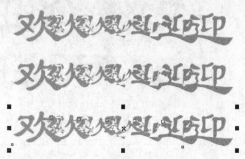

图8-6 复制对象

图8-7 顺时针调和

07 选择第二个副本，在【属性栏】中单击 （逆时针调和）按钮，效果如图8-8所示。

08 至此本例制作完毕，最终效果如图8-9所示。

图8-8 逆时针调和

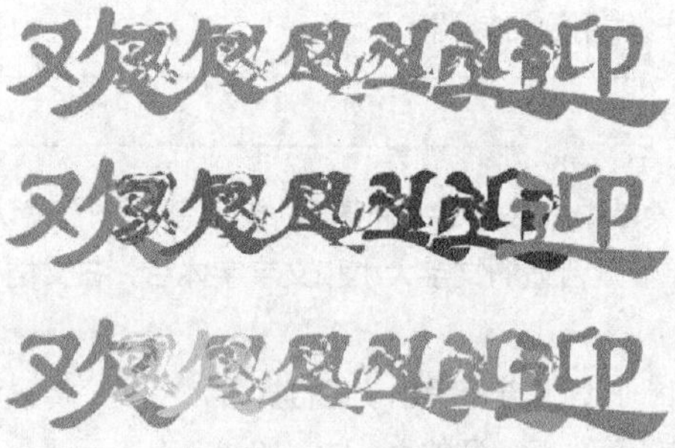

图8-9 最终效果

实例
102　顺时针调和——线条组合

实例目的

　　本实例的目的是让大家了解在CorelDRAW X7中通过交互式调和工具对绘制的线条进行调和的方法，最终效果如图8-10所示。

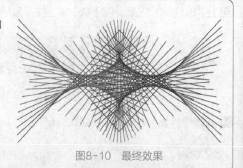

图8-10 最终效果

┤ 实例要点 ├

- ☆ 手绘工具绘制直线
- ☆ 使用调和调和线条
- ☆ 选择调和后的对象进行群组
- ☆ 翻转并调整位置

┤ 操作步骤 ├

01 执行菜单中【文件】/【新建】命令，新建一个空白文档后，使用 （手绘工具）在文档中绘制直线，复制直线后旋转 90°，移动到两个直线相连接的位置，全选两个直线旋转315°，如图8-11所示。

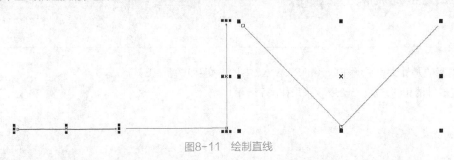

图8-11 绘制直线

02 使用 （调和工具）在一条线上按住鼠标到另一条线上，得到调和效果，如图8-12所示。

03 在【属性栏】中设置调和对象的【步长】为40，【角度】为180，效果如图8-13所示。

图8-12 应用调和工具

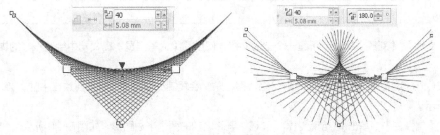

图8-13 编辑调和

04 在【属性栏】中单击 （顺时针调和）按钮，效果如图8-14所示。

05 框选调和对象，按Ctrl+G组合键群组对象，复制一个副本，单击 （垂直镜像）按钮，如图8-15所示。

06 移动翻转后，将图像移动到相应位置，至此本例制作完毕，最终效果如图8-16所示。

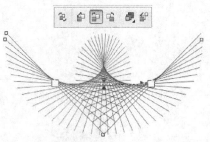

图8-14 顺时针调和

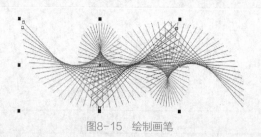

图8-15　绘制画笔

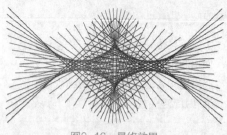

图8-16　最终效果

实例 103 交互式调和——彩蝶

实例目的

　　本实例的目的是让大家了解在CorelDRAW X7中通过交互式调和工具对线条对象进行逆时针调和的方法，最终效果如图8-17所示。

图8-17　最终效果

实例要点

☆ 使用钢笔工具绘制曲线
☆ 创建边界造型
☆ 使用形状工具断开曲线
☆ 交互式调和
☆ 交互式轮廓图

操作步骤

01 执行菜单中【文件】/【新建】命令，新建一个空白文档，使用 ![钢笔工具]（钢笔工具）在文档中绘制一半的蝴蝶翅膀轮廓，如图8-18所示。

02 选择轮廓，按Ctrl+C组合键复制，再按Ctrl+V组合键粘贴，会复制一个副本，单击属性栏中的 ![水平镜像]（水平镜像）按钮，效果如图8-19所示。

03 框选对象，在【属性栏】中单击 ![创建边界]（创建边界）按钮，删除之前的两个半边图形，如图8-20所示。

图8-18　绘制轮廓

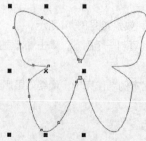

图8-19　复制并水平翻转

图8-20　创建边界

04 使用 (形状工具) 在翅膀的顶部单击，然后在【属性栏】中单击 (断开曲线) 按钮，此时会将路径断开，效果如图8-21所示。

05 使用同样的方法断开右边的路径，效果如图8-22所示。

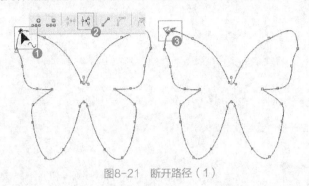

图8-21　断开路径（1）　　　　　　　　　　　　　图8-22　断开路径（2）

06 执行菜单中【排列】/【拆分】命令或按Ctrl+K组合键，选择上面的路径，将轮廓填充为【蓝色】，将下面的路径轮廓填充为【红色】，效果如图8-23所示。

07 使用 (调和工具) 在下面的轮廓上按住鼠标向上面的轮廓拖动，使其产生调和效果，如图8-24所示。

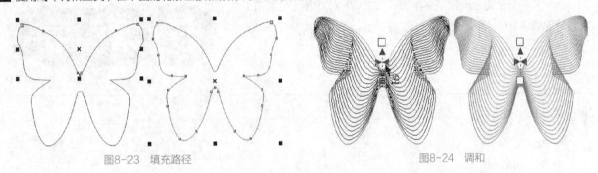

图8-23　填充路径　　　　　　　　　　　　　　　　图8-24　调和

08 在【属性栏】中设置调和对象中的【步长】数为50，再单击 (逆时针调和) 按钮，效果如图8-25所示。

09 使用 (椭圆工具) 在蝴蝶上面绘制椭圆轮廓，如图8-26所示。

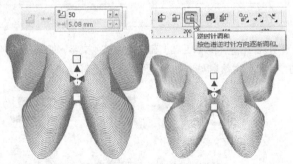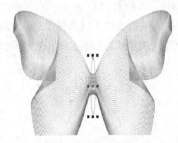

图8-25　逆时针调和　　　　　　　　　　　　　　图8-26　绘制轮廓

10 使用 (轮廓图工具) 将椭圆轮廓边缘向中心拖动，使其产生交互效果，如图8-27所示。

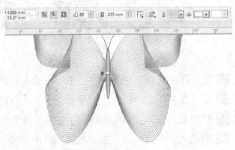

图8-27　应用轮廓图工具

11 使用 ✎（钢笔工具）绘制触须，再使用 ○（椭圆工具）绘制小圆形，完成本例的制作，最终效果如图8-28所示。

图8-28 最终效果

实例 104 交互式轮廓——轮廓字

┨ 实例目的 ┠

　　本实例的目的是让大家了解在CorelDRAW X7中使用轮廓图工具制作外轮廓的方法，最终效果如图8-29所示。

图8-29 最终效果

┨ 实例要点 ┠

　　☆ 键入文字
　　☆ 交互式轮廓图工具
　　☆ 设置外部轮廓
　　☆ 填充外部轮廓色

┨ 操作步骤 ┠

01 执行菜单中【文件】/【新建】命令，新建一个空白文档，使用 ▣（文本工具）在文档中键入文字，如图8-30所示。

02 使用 ▣（交互式轮廓图工具）在文字边缘处向外拖动，使其产生轮廓图效果，如图8-31所示。

图8-30 键入文字

在文字边缘向外拖动

图8-31 添加轮廓图

03 轮廓产生之后，在【属性栏】中设置【轮廓图步数】为2、【轮廓图偏移】为8，设置如图8-32所示。

04 在【属性栏】中设置【填充颜色】为【蓝色】、【轮廓色】为【黑色】，效果如图8-33所示。

05 轮廓制作完毕，将应用轮廓后的文字填充为【白色】，其参数值设置如图8-34所示。

06 至此本例制作完毕，最终效果如图8-35所示。

图8-32 设置轮廓

图8-33 填充颜色

图8-34 填充文字颜色

图8-35 最终效果

实 例
105

新路径——描边字

实例目的

　　本实例的目的是让大家了解在CorelDRAW X7中使用调和工具将调和后的对象应用到文字路径上的方法，最终效果如图8-36所示。

图8-36 最终效果

实例要点

☆ 简化造型
☆ 调和工具调和对象
☆ 新路径
☆ 路径选项

操作步骤

01 执行菜单中【文件】/【新建】命令，新建一个空白文档，使用 ![图标]（文本工具）在文档中键入文字，执行菜单中【排列】/【拆分】命令，将文字打散，如图8-37所示。

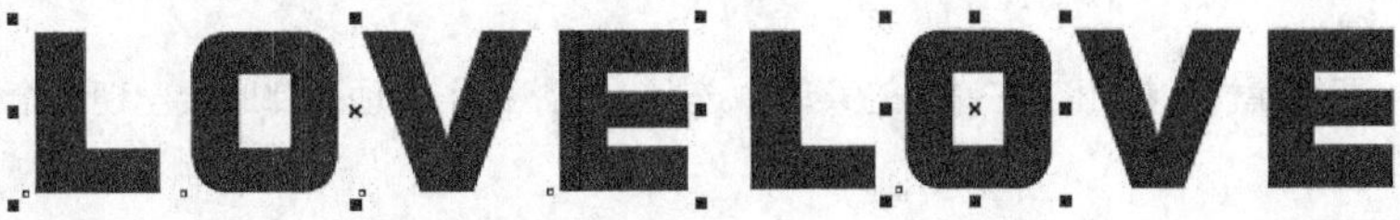

图8-37 键入文字并拆分

02 选择字母O将其删除，在工具箱中选择 ![图标]（基本形状工具），在【属性栏】中打开形状列表，选择心形，在页面中绘制心形，并填充【黑色】。如图8-38所示。

03 按住Shift键将图像缩小的同时单击鼠标右键，复制一个小图像，将其填充为【黄色】，如图8-39所示。

04 框选两个心形，单击属性栏中的 ![图标]（简化）按钮，如图8-40所示。

05 选择小心形将其删除，移动简化后的空心心形到文字中，如图8-41所示。

图8-38 绘制形状

图8-39 缩小复制

图8-40 简化对象

图8-41 移动

06 全选文字和心形,右键单击【颜色泊坞窗】中的【黑色】,单击⊠(无填充)色块,执行菜单中【排列】/【结合】命令,得到图8-42所示的效果。

图8-42 应用结合命令

07 在文档的另一处,绘制一个圆形,使用⬚(交互式填充工具)为圆形填充从【红色】到【白色】的辐射填充,效果如图8-43所示。

08 取消圆形的轮廓,复制一个渐变小球,移动到另一处,将小球的颜色改为从【蓝色】到【白色】,如图8-44所示。

图8-43 填充渐变色

图8-44 复制对象

09 使用⬚(调和工具)在两个小球上拖动,使其产生调和效果,如图8-45所示。

图8-45 应用调和

10 在属性栏中单击⬚(路径属性)按钮,在弹出的菜单中选择【新路径】选项,此时会出现一个箭头,将其移动到文字路径上,如图8-46所示。

图8-46 移动到文字路径

11 在路径上单击,此时会发现调和的小球会依附到文字路径上,效果如图8-47所示。

12 在属性栏中设置"调和步数"为200，效果如图8-48所示。

图8-47 依附路径

图8-48 调和步数

13 在【属性栏】中设置 📷（更多调和选项），在弹出的菜单中勾选"沿全路径调和"和"旋转全部对象"，效果如图8-49所示。

图8-49 调和选项

14 在【属性栏】中将【调和步数】设置为300，单击 📷（逆时针调和）按钮，效果如图8-50所示。

15 至此本例制作完毕，最终效果如图8-51所示。

图8-50 设置调和步数

图8-51 最终效果

实例 106 立体化工具——促销海报

实例目的

　　本实例的目的是让大家了解在CorelDRAW X7中通过立体化工具结合轮廓图工具制作立体字的方法，最终效果如图8-52所示。

图8-52 最终效果

实例要点

☆ 键入文字后将文字进行拆分和转换为曲线
☆ 结合转换为曲线后的文字
☆ 使用轮廓图工具添加轮廓图
☆ 拆分轮廓图
☆ 填充不同颜色
☆ 使用立体化工具添加立体效果
☆ 通过旋转变换复制对象
☆ 调整不透明度
☆ 应用图框精确剪裁
☆ 添加投影

操作步骤

01 执行菜单中【文件】/【新建】命令，新建一个空白文档，使用 🔣（文本工具）
选择合适的文字字体和大小后键入文字，如图8-53所示。

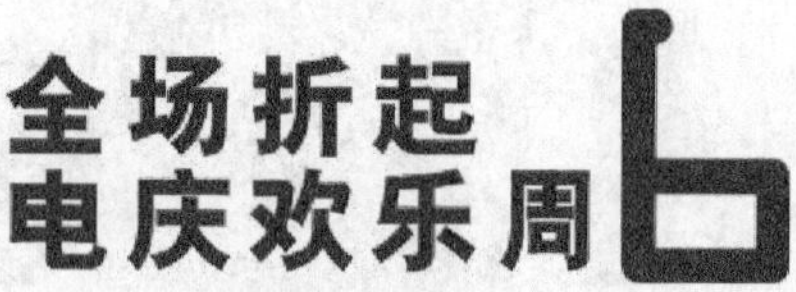

02 执行菜单中【对象】/【拆分美术字】命令或按Ctrl+K组合键，将文字进行
拆分，将文字进行位置和大小的调整，如图8-54所示。

03 框选所有文字。执行菜单中【对象】/【转换为曲线】命令或按Ctrl+Q组合
键，将文字转换为曲线，再执行菜单中【对象】/【合并】命令或按Ctrl+L组合键，将拆分后的文字合并为一个整体，如
图8-55所示。

图8-53　键入文字

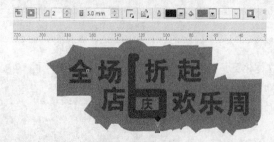

图8-54　拆分文字 　　　　　　　　　　　　　图8-55　转换为曲线再合并

技巧

在应用轮廓图工具为对象添加轮廓图效果时，必须要将多个对象合并为一个整体，否则将不能应用此工具。

04 使用 🔲（轮廓图工具）在文字边缘向外拖动，为其添加轮廓图，在【属性栏】中设置参数，如图8-56所示。

05 按Ctrl+K组合键将添加轮廓图后的曲线进行拆分，为每个对象填充与之对应的颜色，如图8-57所示。

图8-56　轮廓图　　　　　　　　　　　　　图8-57　转换为曲线并拆分

提示

不但可以在【属性栏】中调整轮廓图颜色，也可以将其拆分后单独进行颜色填充。

06 使用 🔳（立体化工具）分别在每个对象上拖动为其添加立体效果，如图8-58所示。

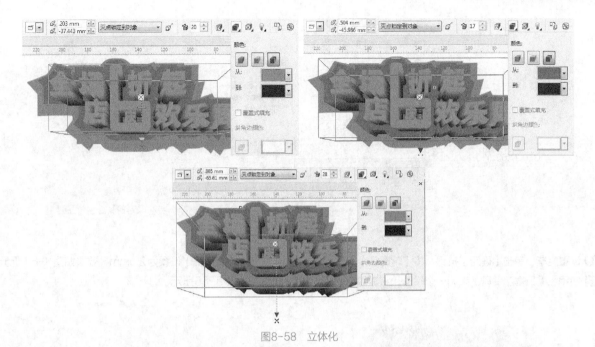

图8-58　立体化

07 选择上面的文字，按Ctrl+C组合键复制，再按Ctrl+V组合键粘贴，将副本填充为【白色】，如图8-59所示。

08 使用 （贝塞尔工具）在文字上绘制一个封闭曲线，如图8-60所示。

图8-59　复制对象

图8-60　绘制曲线

09 使用 （选择工具）选取绘制的曲线与后面的白色文字，执行菜单中【对象】/【造型】/【相交】命令，此时会得到一个相交区域，将相交区域填充为【粉色】，再将绘制的曲线删除，如图8-61所示。

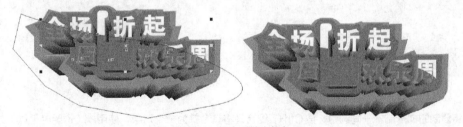

图8-61　相交后填充颜色

10 使用 （透明度工具）单击相交后的区域，设置不透明度，如图8-62所示。

11 下面制作背景部分。使用 （矩形工具）绘制一个矩形，选择 （交互式填充工具）在【属性栏】中单击 （辐射渐变填充），再单击 （编辑填充）按钮，打开【编辑填充】对话框，其参数值设置如图8-63所示。

图8-62　设置不透明度

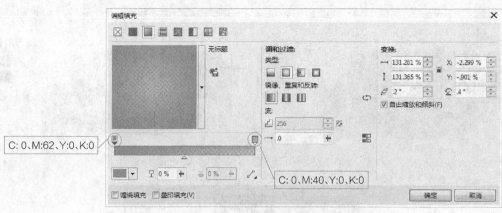

图8-63 【编辑填充】对话框

12 设置完毕，单击【确定】按钮，将【轮廓色】设置为【橘色】，并将【轮廓宽度】设置为2.5mm，效果如图8-64所示。

13 使用 （贝塞尔工具）绘制一个梯形，将其填充为【淡粉色】，效果如图8-65所示。

图8-64 填充后效果

图8-65 绘制梯形

14 调出旋转中心点，执行菜单中【对象】/【变换】/【旋转】命令，打开【变换】面板，设置旋转参数值，如图8-66所示。

15 单击【应用】按钮，直到旋转复制一周为止，效果如图8-67所示。

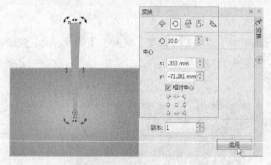

图8-66 设置参数

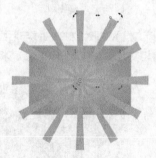

图8-67 旋转复制

16 按Shift键将复制的梯形副本一同选中，按Ctrl+L组合键将其合并为一个对象，使用 （透明度工具）为对象添加透明度，效果如图8-68所示。

17 选择对象后，执行菜单中【对象】/【图框精确剪裁】/【置于图文框内部】命令，使用箭头在矩形上单击，效果如图8-69所示。

技巧

使用【图框精确剪裁】命令时，事先将对象对齐后，就不用在进入【编辑PowerClip】中进行编辑了。

18 执行菜单中【文本】/【插入字符】命令，在【插入字符】面板中选择字符并将其拖动到矩形背景内，将其填充为【淡粉色】，效果如图8-70所示。

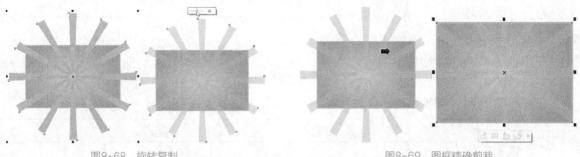

图8-68 旋转复制　　　　　　　　　　　　　　　图8-69 图框精确剪裁

19 将制作的文字宣传移动到背景上，按Ctrl+G组合键将其进行群组，效果如图8-71所示。

图8-70 插入字符

图8-71 移动位置

20 使用 ▣（阴影工具）在群组的对象中拖动，为其添加投影，效果如图8-72所示。

21 按Ctrl+K组合键将阴影进行拆分，使用 ▣（选择工具）将拆分后的阴影调整位置和大小，至此本例制作完毕，最终效果如图8-73所示。

图8-72 添加投影

图8-73 最终效果

实例 107　变形工具——小精灵

实例目的

　　本实例的目的是让大家了解在CorelDRAW X7中变形工具的使用方法，最终效果如图8-74所示。

图8-74 最终效果

┨ 实例要点 ┠

☆ 绘制圆形填充颜色

☆ 使用变形工具添加推拉变形

☆ 使用变形工具添加拉链变形

☆ 使用轮廓图工具添加轮廓图

┨ 操作步骤 ┠

01 执行菜单中【文件】/【新建】命令，新建一个空白文档，使用 ◯（椭圆工具）按住 Ctrl 键绘制两个圆形将其填充为【红色】，如图 8-75 所示。

02 选择 ◯（变形工具）后，在【属性栏】中单击 ◙（推拉变形）按钮，在下面的圆形上从右向左拖动为其添加变形效果，如图 8-76 所示。

03 选择 ◯（变形工具）后，在【属性栏】中单击 ◙（拉链变形）按钮，在上面的圆形上从下向上拖动为其添加变形效果，再移动位置，如图 8-77 所示。

04 使用 ▣（轮廓图工具）在变形对象边缘向中心拖动鼠标，将其添加轮廓图效果，如图 8-78 所示。

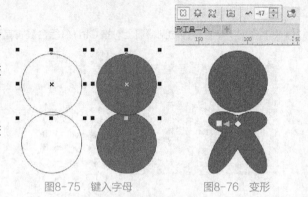

图8-75　键入字母　　　　图8-76　变形

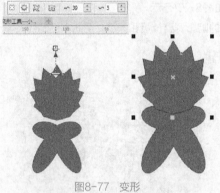

图8-77　变形

青色

图8-78　绘制嘴

05 执行菜单中【文字】/【插入字符】命令，打开【插入字符】面板，设置字体后选择图案，将其拖动到页面中，效果如图 8-79 所示。

06 使用 ◯（椭圆工具）在变形对象上面绘制一个椭圆形，设置轮廓，然后在上面绘制黑色和白色的圆形，最终效果如图 8-80 所示。

黄色

图8-79　调整透明

图8-80　最终效果

<table>
<tr><td>实 例
108</td><td>旋转变形——图标</td></tr>
</table>

▌实例目的 ▐

　　本实例的目的是让大家了解在CorelDRAW X7中通过变形工具制作图标的方法，最终效果如图8-81所示。

图8-81　最终效果

▌实例要点 ▐

　　☆ 绘制圆形
　　☆ 使用变形工具中的旋转变形
　　☆ 添加轮廓图
　　☆ 拆分文字转换为曲线
　　☆ 使用形状工具编辑曲线

▌操作步骤 ▐

01 执行菜单中【文件】/【新建】命令，新建一个空白文档，使用 ▢（椭圆工具）在页面中绘制一个圆形，将其填充为【橘色】，如图8-82所示。

02 选择 ▢（变形工具）后，在【属性栏】中单击 ▢（拉链变形）按钮，再单击 ▢（局限变形），此时会将圆形变为菱形，如图8-83所示。

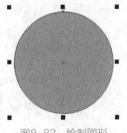

图8-82　绘制圆形

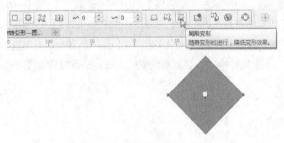

图8-83　绘制矩形移入素材

03 在【属性栏】中单击 ▢（旋转变形）按钮后，使用鼠标在菱形上进行旋转，效果如图8-84所示。

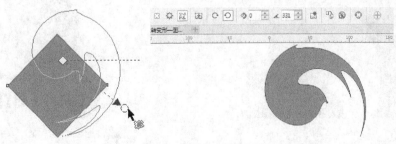

图8-84　键入文字调整间距

04 使用 ▯（选择工具）单击变形对象，对其进行旋转，如图8-85所示。

05 使用 ▯（椭圆工具）在变形对象上绘制一个青色圆形，效果如图8-86所示。

06 行距调整完毕，完成名片的正面设计。再绘制一个长度为90mm、宽度为54mm的白色矩形作为名片背面，在底部绘制一个青色矩形并将Logo复制到背面，调整合适的大小，如图8-87所示。

图8-85　旋转对象

图8-86　绘制圆形

图8-87　键入文字

07 按Ctrl+K组合键将文字拆分，再按Ctrl+Q组合键将文字转换为曲线，使用 ▯（形状工具）调整形状，使用 ▯（橡皮擦工具）擦除字母C的边缘，将文字进行重新排列，此时平面图标制作完毕，效果如图8-88所示。

08 下面为文字添加立体效果。使用 ▯（轮廓图工具）从边缘向中心拖动为其添加轮廓图，效果如图8-89所示。

图8-88　编辑对象

图8-89　添加轮廓图

09 框选轮廓图后，右键单击【颜色表】中的 ⊠（无填充）按钮，效果如图8-90所示。

10 使用 ▯（轮廓图工具）在眼睛的边缘向内拖动添加轮廓，效果如图8-91所示。

11 选择文字执行菜单中【对象】/【造型】/【合并】命令，将其变为一个对象，使用 ▯（轮廓图工具）在文字上向外拖动，至此本例制作完毕，最终效果如图8-92所示。

图8-90　去掉轮廓

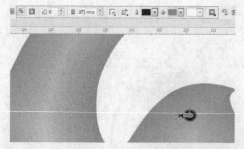
图8-91　添加轮廓

图8-92　最终效果

实 例
109 立体化——齿轮

实例目的

　　本实例的目的是让大家了解在CorelDRAW X7中使用 （立体化工具）将平面图形转换为立体效果的方法，最终效果如图8-93所示。

图8-93　最终效果

实例要点

☆ 矩形工具
☆ 椭圆工具
☆ 旋转变换
☆ 交互式立体化

操作步骤

01 执行菜单中【文件】/【新建】命令，新建一个空白文档，使用 （椭圆工具）和 （矩形工具）在文档中绘制圆形和圆角矩形，如图8-94所示。

02 选择圆角矩形，执行菜单中【排列】/【变换】/【旋转】命令，打开【旋转】变换面板，其参数值设置如图8-95所示。

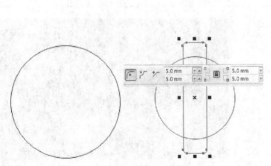

图8-94　绘制圆形与圆角矩形

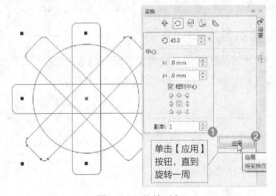

图8-95　旋转对象

03 框选所有图形，执行菜单中【排列】/【结合】命令，将圆角矩形与圆形结合为一个整体，效果如图8-96所示。

04 将结合后的图形填充为【灰色】，取消轮廓，如图8-97所示。

05 使用 （立体化工具）在结合后的图形上拖动，为其添加立体化效果，设置【深度】为5，效果如图8-98所示。

06 在【属性栏】中设置立体化颜色，在弹出菜单中选择 （使用递减的颜色）按钮设置【从】的颜色为【淡灰色】、【到】的颜色为【深灰色】，如图8-99所示。

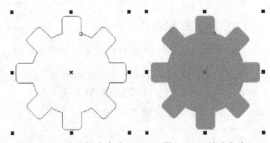

图8-96　应用结合命令　　　　图8-97　填充灰色

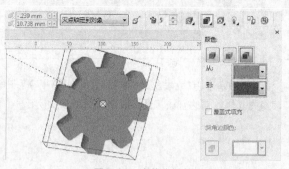

图8-98　添加立体效果　　　　　　　　　　　　　图8-99　立体化颜色

07 在【属性栏】中单击圆（立体化倾斜）按钮，在弹出的菜单中选择【使用斜角修饰边】复选框，效果如图8-100所示。

08 至此本例制作完毕，最终效果如图8-101所示。

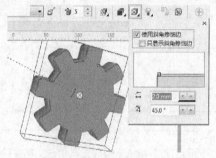

图8-100　倾斜效果　　　　　　　　　　　　　　　图8-101　最终效果

实例 110　封套工具——变形字

┃ 实例目的 ┃

　　本实例的目的是让大家了解在CorelDRAW X7中通过封套工具编辑对象的方法，最终效果如图8-102所示。

图8-102　最终效果

┃ 实例要点 ┃

☆ 键入文字，通过封套工具对文字进行变形处理

☆ 使用立体化工具添加立体效果

☆ 导入素材，应用图框精确剪裁

☆ 为文字添加椭圆形投影

┃ 操作步骤 ┃

01 执行菜单中【文件】/【新建】命令，新建一个空白文档，使用字（文本工具）键入文字，如图8-103所示。

02 选择 █（封套工具）后，在【属性栏】中单击 █（单弧模式）按钮，再使用鼠标在文字中间的变换框上向上拖动，将文字变形，如图8-104所示。

图8-103 键入文字

03 使用 █（立体化工具）在变形文字上向下拖动，为文字添加立体效果，如图8-105所示。

图8-104 变形

图8-105 添加立体化

04 在【属性栏】中单击 █（立体化照明）按钮，在打开的菜单中设置照明灯的位置，如图8-106所示。

05 选择文字，按Ctrl+C组合键复制，再按Ctrl+V组合键粘贴，复制一个副本，导入"素材/第8章/纹理"，如图8-107所示。

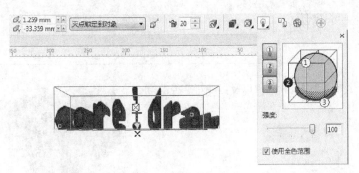

图8-106 设置灯光

图8-107 导入素材

06 使用鼠标右键拖动素材到文字上，出现准星后松开鼠标，效果如图8-108所示。

图8-108 图框精确剪裁

07 在文字下方绘制一个椭圆，使用 █（阴影工具）在椭圆上创建一个投影，如图8-109所示。

图8-109 绘制椭圆创建阴影

08 按Ctrl+K组合键将阴影拆分，删除椭圆保留阴影，按Ctrl+Home组合键调整顺序，效果如图8-110所示。

09 使用 □（矩形工具）绘制一个矩形，使用 🖌（交互式填充工具）为矩形填充辐射渐变，复制矩形调整矩形大小，效果如图8-111所示。

10 将文字移到背景上，至此本例制作完毕，最终效果如图8-112所示。

图8-110 阴影

图8-111 矩形背景

图8-112 最终效果

实例 111 调和改变路径——心形项坠

实例目的

本实例的目的是让大家了解在CorelDRAW X7中调和对象以及更换新路径的方法，最终效果如图8-113所示。

图8-113 最终效果

实例要点

☆ 基本形状工具绘制心形
☆ 绘制圆形转换为曲线后调整形状，复制一个副本移动位置
☆ 使用调和工具为两个对象添加交互式调和效果
☆ 设置调和属性
☆ 导入素材应用图框精确剪裁

操作步骤

01 执行菜单中【文件】/【新建】命令，新建一个默认大小的空白文档，使用 ✐（基本形状工具）绘制一个心形轮廓，再使用 ◯（椭圆工具）绘制椭圆后，按Ctrl+Q组合键将其转换为曲线，再使用 ◝（形状工具）将其调整为月牙形，填充颜色后复制一个副本再填充不同的颜色，效果如图8-114所示。

02 使用 ➘（调和工具）调和两个月牙，效果如图8-115所示。

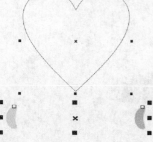

图8-114 绘制心形和月牙形

图8-115 填充渐变色

03 在【属性栏】中单击【新路径】命令，在心形上单击，改变调和路径，再单击【沿全路径调和】命令，效果如图
8-116所示。

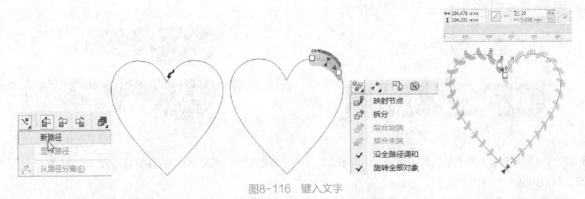

图8-116 键入文字

04 导入"素材/第8章/小朋友"，执行【图框精确剪裁】命令，将"小朋友"素材剪裁到
心形路径内，至此本例制作完毕，最终效果如图8-117所示。

图8-117 最终效果

实 例 112	添加透视点——调和字

实例目的

　　本实例的目的是让大家了解在CorelDRAW X7中封套工具和调和
工具的使用方法，最终效果如图8-118所示。

图8-118 最终效果

实例要点

☆ 键入文字添加轮廓
☆ 将轮廓转换为对象
☆ 添加透视点
☆ 填充渐变色
☆ 应用交互式调和
☆ 使用阴影工具添加投影

操作步骤

01 执行菜单中【文件】/【新建】命令，新建一个默认大小的空白文档，使用 字（文本工具）键入文字填充渐变色，为文

字添加黑色轮廓，效果如图8-119所示。

02 执行菜单中【效果】/【添加透视点】命令，拖动控制点调整透视，选择轮廓执行菜单中【对象】/【将轮廓转换为对象】命令，转换后为其填充渐变色，效果如图8-120所示。

图8-119　键入文字填充渐变色

图8-120　调整透视

03 复制外面轮廓转换为对象的区域，使用 （调和工具）进行调和处理，将文字移到调和对象上，并为其添加一个白色轮廓，效果如图8-121所示。

04 使用 （阴影工具）为文字添加一个阴影，至此本例制作完毕，最终效果如图8-122所示。

图8-121　调和效果

图8-122　最终效果

实例 113　轮廓图——多层次描边

实例目的

　　本实例的目的是让大家了解在CorelDRAW X7中轮廓图的使用方法，最终效果如图8-123所示。

图8-123　最终效果

实例要点

☆　键入文字

☆　将轮廓转换为对象

☆　使用轮廓图工具添加文字轮廓图

操作步骤

01 执行菜单中【文件】/【新建】命令，新建一个默认大小的空白文档，使用 （文本工具）键入文字，添加橘色轮廓，效果如图8-124所示。

02 将轮廓转换为对象，使用 （轮廓图工具）在外面的对象上向外拖动，效果如图8-125所示。

图8-124　键入文字添加轮廓

图8-125　添加轮廓图

03 在【属性栏】中设置参数，至此本例制作完毕，最终效果如图8-126所示。

图8-126 最终效果

实例 114 调和工具——图形

实例目的

本实例的目的是让大家了解在CorelDRAW X7中调和工具的使用方法，最终效果如图8-127所示。

图8-127 最终效果

实例要点

☆ 绘制两个圆形
☆ 应用简化造型命令
☆ 复制对象将其缩小
☆ 使用调和工具
☆ 设置步长为2，再绘制一个圆形
☆ 复制对象进行水平翻转
☆ 再次复制对象，进行旋转

操作步骤

01 执行菜单中【文件】/【新建】命令，新建一个默认大小的空白文档，使用⊙（椭圆工具）绘制两个圆形，并通过【简化】造型命令编辑对象，复制简化后的对象并将其缩小，效果如图8-128所示。

02 使用⬚（调和工具）在两个对象上进行调和，设置【步长】为2，效果如图8-129所示。

03 组合对象后，复制对象进行翻转，再次复制并进行90°旋转，至此本例制作完毕，最终效果如图8-130所示。

图8-128 绘制圆形应用简化造型

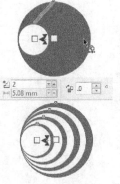

图8-129 调和对象

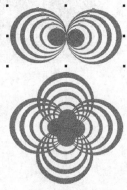

图8-130 最终效果

实例 115 轮廓图——深入图像

实例目的

本实例的目的是让大家了解在CorelDRAW X7中通过轮廓图工具制作轮廓，结合图框精确剪裁命令的使用方法，最终效果如图8-131所示。

图8-131 最终效果

实例要点

☆ 绘制矩形填充灰色
☆ 使用轮廓图工具添加轮廓图
☆ 拆分轮廓图
☆ 导入素材应用图框精确剪裁命令

操作步骤

01 执行菜单中【文件】/【新建】命令，新建一个默认大小的空白文档，使用▢（矩形工具）绘制矩形，填充为【灰色】，效果如图8-132所示。

02 使用▣（轮廓图工具）向内拖动，为矩形添加轮廓图效果，效果如图8-133所示。

03 按Ctrl+K组合键拆分轮廓图，导入"素材/第8章/打伞"，再应用【图框精确剪裁】命令，将素材剪裁到上面的矩形内，至此本例制作完毕，最终效果如图8-134所示。

图8-132 绘制矩形

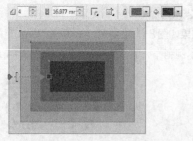

图8-133 添加轮廓图

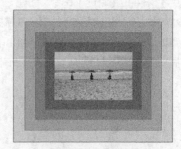

图8-134 最终效果

第**09**章

矢量图的特殊效果命令

　　本章主要针对矢量图的特殊效果进行讲解，涉及内容包括矢量图的斜角效果、圆角效果、扇形角效果，透视效果、步长与重复等。

实例 116 斜角——视觉图

实例目的

本实例的目的是让大家了解在CorelDRAW X7中斜角的使用方法，最终效果如图9-1所示。

图9-1 最终效果

实例要点

☆ 绘制圆形填充颜色
☆ 应用斜角调整出圆锥效果
☆ 复制对象得到副本
☆ 填充颜色
☆ 键入文字，调整不透明度

操作步骤

01 执行菜单中【文件】/【新建】命令，新建一个默认大小的空白文档，使用 (椭圆工具)按住Ctrl键在页面中绘制一个圆形，将其填充【橘色】，如图9-2所示。

02 执行菜单中【效果】/【斜角】命令，打开【斜角】面板，设置参数后单击【应用】按钮，效果如图9-3所示。

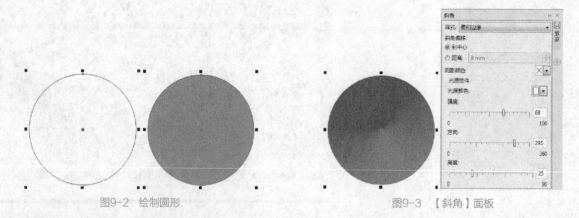

图9-2 绘制圆形 图9-3 【斜角】面板

> **提示**
>
> 执行菜单中【窗口】/【泊坞窗】/【斜角】命令，同样可以打开【斜角】面板。

03 按Ctrl+C组合键复制，再按Ctrl+V组合键粘贴，复制一个副本，拖动控制点将副本缩小，如图9-4所示。

04 在【颜色表】中为缩小的副本填充一个与橘色接近的颜色，将【轮廓色】设置为【橘色】，效果如图9-5所示。

> **提示**
>
> 在英文状态下，按键盘上的 F 键，可以快速打开【颜色表】，设置颜色后，可分别指定为填充颜色和轮廓颜色。

05 使用 <img id> （椭圆工具）绘制一个圆形轮廓，如图9-6所示。

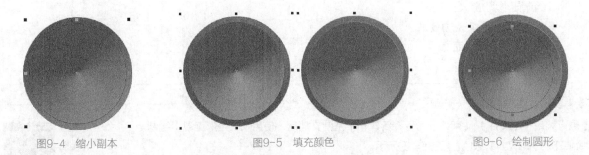

图9-4 缩小副本　　　　　　　　　图9-5 填充颜色　　　　　　　　　图9-6 绘制圆形

06 使用 （文本工具）在轮廓边缘单击键入数字，效果如图9-7所示。

07 文字键入完毕后，如果文字间距不是很均匀，只要使用 （形状工具）在文字上单击，使用鼠标向左拖动 （间距）按钮即可，效果如图9-8所示。

图9-7 沿路径键入文字　　　　　　　　　　　　图9-8 调整文字间距

08 用鼠标右键单击 （无填充）按钮，去掉轮廓，使用 （透明度工具）调整文字的透明度，效果如图9-9所示。

09 复制透明文字，拖动控制点将其变小，至此本例制作完毕，最终效果如图9-10所示。

图9-9 调整透明度　　　　　　　　　　图9-10 最终效果

实例 117　斜角——巧克力

实例目的

本实例的目的是让大家了解在CorelDRAW X7中通过斜角制作巧克力的方法，最终效果如图9-11所示。

图9-11 最终效果

☆ 绘制矩形填充颜色

☆ 应用斜面制作巧克力效果

☆ 键入文字应用斜面

☆ 复制图像改变字母

│ 操作步骤 │

01 执行菜单中【文件】/【新建】命令，新建一个空白文档后，使用 □（矩形工具）绘制矩形后填充一个巧克力的颜色，如图9-12所示。

02 执行菜单中【效果】/【斜面】命令，打开【斜角】面板，设置参数后单击【应用】按钮，效果9-13所示。

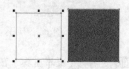

图9-12　绘制矩形填充颜色

03 使用 字（文本工具）在斜角矩形上键入文字，将文字颜色填充为【橘色】，如图9-14所示。

04 在【斜角】面板中设置参数值后，单击【应用】按钮，效果如图9-15所示。

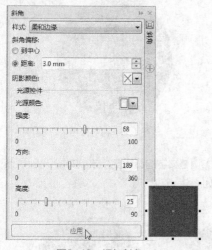

图9-13　添加斜角

图9-14　键入文字

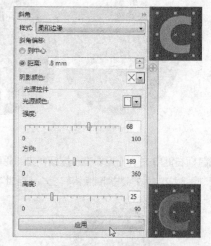

图9-15　应用斜角

05 选取文字和后面的斜角矩形并进行复制，然后改变字母，至此本例制作完毕，最终效果如图9-16所示。

图9-16　最终效果

实例 118 步长与重复——舞台

│ 实例目的 │

　　本实例的目的是让大家了解在CorelDRAW X7中通过步长与重复复制对象的方法，最终效果如图9-17所示。

图9-17　最终效果

实例要点

☆ 绘制圆角矩形
☆ 使用合并造型
☆ 使用立体化工具添加立体效果
☆ 拆分立体化群组
☆ 导入素材，调整位置并应用图框进行精确剪裁
☆ 使用透镜设置对象效果

操作步骤

01 执行菜单中【文件】/【新建】命令，新建一个空白文档，使用▢（矩形工具）在【属性栏】中设置【圆角值】为5mm，在文档中绘制一个圆角矩形，如图9-18所示。

02 执行菜单中【编辑】/【步长和重复】命令，打开【步长和重复】面板，设置参数效果如图9-19所示。

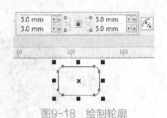

图9-18 绘制轮廓

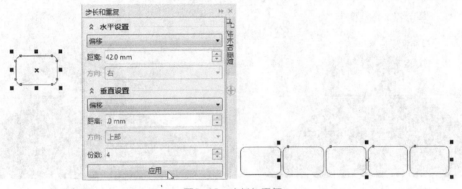

图9-19 步长与重复

03 框选5个圆角矩形，执行菜单中【对象】/【造型】/【合并】命令，将5个圆角矩形变为一个对象，如图9-20所示。

04 将对象填充为【深灰色】，使用▨（立体化工具）向上拖动，为对象添加立体效果，如图9-21所示。

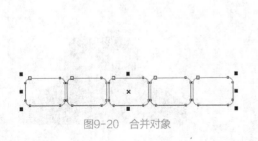

图9-20 合并对象

图9-21 立体化

05 在【属性栏】中单击▨（立体化颜色）按钮，在面板中设置【从】的颜色为【深灰色】、【到】的颜色为【黑色】，效果如图9-22所示。

06 执行菜单中【对象】/【拆分立体化群组】命令或按Ctrl+K组合键，效果如图9-23所示。

07 选择前面的圆角矩形，按Ctrl+C组合键复制，再按Ctrl+V组合键粘贴，得到一个副本，再导入"素材/第9章"中的素材，如图9-24所示。

08 将【小孩】和【心形花环】移到立体图片上，如图9-25所示。

09 在小孩脚下绘制一个黑色椭圆，使用▢（阴影工具）为椭圆添加一个阴影，如图9-26所示。

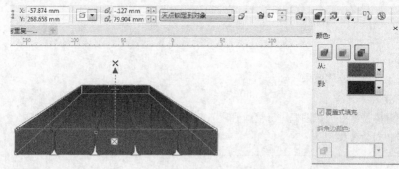

图9-22 编辑立体化颜色

图9-23 拆分对象

图9-24 导入素材

图9-25 调和对象

图9-26 添加阴影（1）

10 按Ctrl+K组合键将阴影拆分，选择黑色椭圆，将其删除，将剩余的阴影移动到小孩的脚下，按Ctrl+PgDn组合键向下调整顺序，如图9-27所示。

11 选择剩余的素材，执行菜单中【对象】/【图框精确剪裁】/【置于图文框内部】命令，使用箭头在合并后的圆角矩形上单击，效果如图9-28所示。

图9-27 添加阴影（2）

图9-28 图框精确剪裁

12 进入图文框内部后，单击圆角矩形，在弹出的工具栏中单击 （编辑PowerClip）按钮，如图9-29所示。

13 调整图片并复制，再移动图像位置，如图9-30所示。

14 单击 （停止编辑内容），效果如图9-31所示。

15 选取后面的圆角矩形，按Ctrl+Pgup组合键将其向上顺序调整，效果如图9-32所示。

图9-29 编辑PowerClip

图9-30 移动图像

图9-31 完成编辑

图9-32 调整顺序

16 执行菜单中【效果】/【透镜】命令，在【透镜】面板中设置参数后，单击【应用】按钮，效果如图9-33所示。

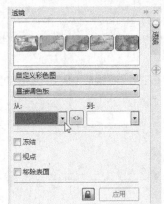

图9-33 透镜

17 至此本例制作完毕，最终效果如图9-34所示。

图9-34 最终效果

实例 119 添加透视点——学习平台

| 实例目的 |

本实例的目的是让大家了解在CorelDRAW X7中添加透视点和渐变填充的方法，最终效果如图9-35所示。

图9-35 最终效果

| 实例要点 |

☆ 绘制矩形填充渐变色
☆ 通过锁定对象锁住背景
☆ 绘制矩形添加透视点，调整成为透视效果
☆ 使用立体化工具制作立体图
☆ 使用阴影工具添加阴影
☆ 拆分阴影调整顺序

| 操作步骤 |

01 执行菜单中【文件】/【新建】命令，新建一个空白文档，使用 🔲（矩形工具）在文档中绘制一个矩形，如图9-36所示。

02 使用 🖌（交互式填充工具）在矩形中从上向下拖动鼠标，为其填充渐变矩形，如图9-37所示。

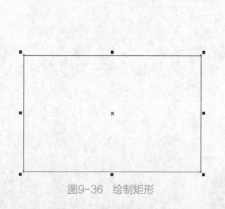

图9-36 绘制矩形

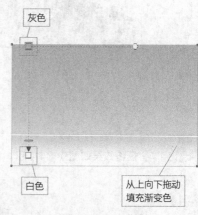

灰色

白色

从上向下拖动填充渐变色

图9-37 添加渐变

03 执行菜单中【对象】/【锁定】/【锁定对象】命令，将背景锁住，再使用 🔲（矩形工具）在背景上绘制一个灰色矩形和白色矩形，去掉轮廓，如图9-38所示。

提示

将背景锁定的好处是，在编辑其他对象时，背景不会被选取。

04 执行菜单中【效果】/【添加透视点】命令，调出透视变换框，拖动控制点调整出透视效果，如图9-39所示。

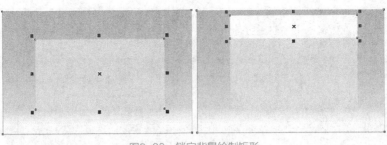

图9-38 锁定背景绘制矩形

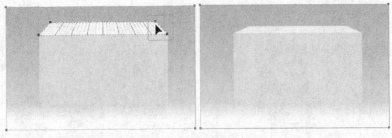

图9-39 调整透视点

05 在透视矩形上绘制一个小灰色圆角矩形，如图9-40所示。

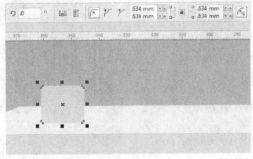

图9-40 绘制圆角矩形

06 使用 （立体化工具）从圆角矩形下面向上拖动，为其添加白色立体，效果如图9-41所示。

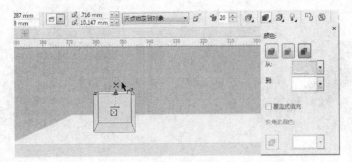

图9-41 添加立体

07 使用 （椭圆工具）绘制一个灰色椭圆形，按Ctrl+PgDn组合键向下调整顺序，效果如图9-42所示。

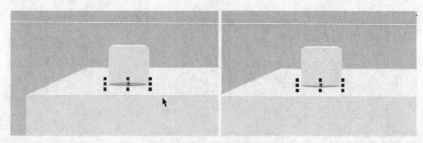

图9-42　绘制椭圆调整顺序

08 框选立体矩形和椭圆，按Ctrl+G组合键将其群组，复制4个副本，移动位置调整大小，效果如图9-43所示。

09 复制上面的透视矩形，将其调小，使用 ◻（阴影工具）从上向下拖动为其添加一个阴影，效果如图9-44所示。

图9-43　复制对象

图9-44　添加阴影

10 按Ctrl+K组合键拆分阴影，删除透视图形，将阴影移到合适位置。按Ctrl+PgDn组合键调整顺序，效果如图9-45所示。

11 在大矩形以及立体图上键入文字，效果如图9-46所示。

图9-45　拆分阴影

图9-46　键入文字

12 导入"素材/第9章/跳高"，效果如图9-47所示。

13 将素材进行90°旋转后移到矩形上，效果如图9-48所示。

图9-47　素材

图9-48　移动素材

14 使用 ◻（交互式填充工具）在素材上单击，在【属性栏】中单击 ◻（菱形渐变透明度）按钮，设置【合并模式】为【减少】，如图9-49所示。

15 至此本例制作完毕，最终效果如图9-50所示。

图9-49 设置渐变

图9-50 最终效果

实例 120 圆角——标志牌

实例目的

本实例的目的是让大家了解在CorelDRAW X7中使用【圆角/扇形角/倒棱角】命令制作圆角以及通过调和对象制作标志牌的方法，最终效果如图9-51所示。

图9-51 最终效果

实例要点

☆ 绘制矩形，转换为曲线调整形状

☆ 填充渐变色

☆ 为正源添加调和效果

☆ 绘制三角形应用【圆角/扇形角/倒棱角】命令

☆ 调整顺序

操作步骤

01 执行菜单中【文件】/【新建】命令，新建一个空白文档，使用 （矩形工具）在文档中绘制矩形，执行菜单中【对象】/【转换为曲线】命令或按Ctrl+Q组合键，将矩形转换为曲线，如图9-52所示。

02 选使用 （形状工具）将矩形曲线底部调整为圆弧状。如图9-53所示。

03 使用 （交互式填充工具）从左向右拖动，为矩形填充渐变色，如图9-54所示。

04 设置从左向右的渐变色依次为【黑色】、【白色】、【黑色】，效果如图9-55所示。

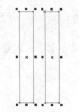

图9-52 绘制矩形转换为曲线

图9-53 调整曲线

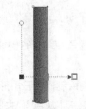

图9-54 填充渐变色（1）

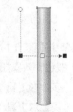

图9-55 填充渐变色（2）

技巧

在渐变连线上单击可以添加一个新的色标节点，单击色标节点后，可以在弹出的面板中设置颜色，如图9-56所示。

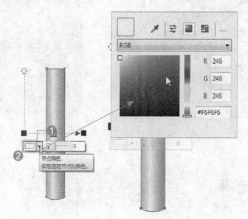

图9-56 设置节点颜色

05 使用 ◯ （椭圆工具）在矩形上绘制一个圆形，为其添加渐变色，取消轮廓，效果如图9-57所示。

图9-57 填充渐变色

06 复制一个圆形渐变色，将其移动到矩形底部，使用 ◥ （调和工具）在两个圆形上拖动创建调和，效果如图9-58所示。

07 在【属性栏】中设置【步长数】为15，效果如图9-59所示。

08 使用 ◯ （椭圆工具）在矩形下面绘制一个灰色椭圆形，按Ctrl+End组合键调整顺序，如图9-60所示。

09 使用 ◯ （多边形工具）绘制一个黑色三角形，如图9-61所示。

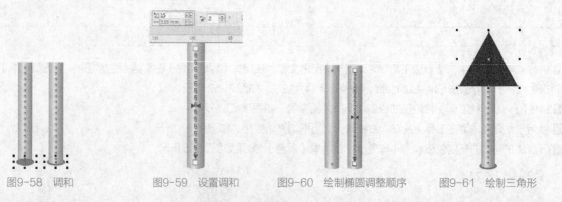

图9-58 调和　　　　图9-59 设置调和　　　　图9-60 绘制椭圆调整顺序　　　　图9-61 绘制三角形

10 执行菜单中【窗口】/【泊坞窗】/【圆角/扇形角/倒棱角】命令，打开【圆角/扇形角/倒棱角】面板，设置参数后单击【应用】按钮，效果如图9-62所示。

11 使用 ◯ （多边形工具）在圆角三角形内绘制橘色三角形，效果如图9-63所示。

12 使用 ◥ （贝塞尔工具）绘制一个曲线填充【灰色】，去掉轮廓，效果如图9-64所示。

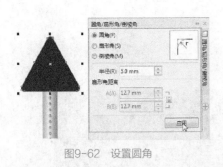

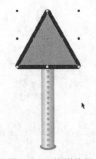

图9-62 设置圆角　　　　　　　　　　　　　　　　　　　图9-63 依附路径

13 按Ctrl+PgDn组合键向下调整顺序，使用 字（文本工具）键入文字，至此本例制作完毕，最终效果如图9-65所示。

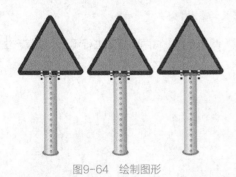

图9-64 绘制图形　　　　　　　　　　　　　　　　　　图9-65 最终效果

实例 121 　**扇形角——立体字**

┃ 实例目的 ┃

　　本实例的目的是让大家了解在CorelDRAW X7中通过扇形角制作4个角的扇形效果、调和工具制作立体背景、斜角制作立体字的方法，最终效果如图9-66所示。

图9-66 最终效果

┃ 实例要点 ┃

☆ 绘制矩形应用【圆角/扇形角/倒棱角】命令

☆ 为对象填充线性渐变色

☆ 使用调和工具添加立体化调和

☆ 键入文字填充渐变色

☆ 应用【斜角】命令制作立体字

┃ 操作步骤 ┃

01 执行菜单中【文件】/【新建】命令，新建一个默认大小的空白文档，使用 □（矩形工具）绘制矩形应用【圆角/扇形角/倒棱角】，效果如图9-67所示。

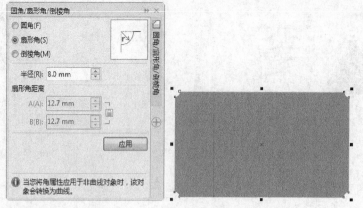

图9-67 【圆角/扇形角/倒棱角】对话框

02 复制一个副本，移动位置后，为其添充渐变色，使用 （调和工具）将两个矩形进行调和，使其产生立体效果，如图9-68所示。

03 使用 （文本工具）键入文字，效果如图9-69所示。

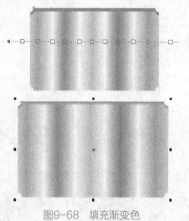

图9-68 填充渐变色

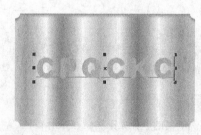

图9-69 键入文字

04 为文字填充渐变色，再应用【斜角】命令。至此本例制作完毕，最终效果如图9-70所示。

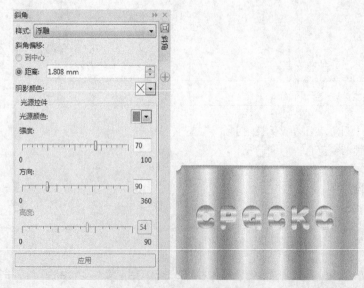

图9-70 最终效果

调和面板——立体五角星

▎ **实例目的** ▎

　　本实例的目的是让大家了解在CorelDRAW X7中多角星形绘制五角星，调和工具结合调和面板制作立体效果的方法，最终效果如图9-71所示。

图9-71　最终效果

▎ **实例要点** ▎

☆ 多角星形绘制五角星
☆ 使用调和工具在两个五角星上拖动创建调和
☆ 使用【调和】面板设置参数

▎ **操作步骤** ▎

01 执行菜单中【文件】/【新建】命令，新建一个默认大小的空白文档，使用 （星形工具）绘制五角星，效果如图9-72所示。

02 执行菜单中【效果】/【调和】命令，在打开的【调和】面板中设置参数，效果如图9-73所示。

图9-72　绘制五角星　　　　　　　　　　　　　　　　图9-73　调和对象

03 绘制一个小红色的五角星，同样为其添加调和。至此本例制作完毕，最终效果如图9-74所示。

图9-74　最终效果

实例 123　创建边界——雪人

实例目的

　　本实例的目的是让大家了解在CorelDRAW X7中创建边界以及形状调整的使用方法，最终效果如图9-75所示。

图9-75　最终效果

实例要点

☆　椭圆工具绘制圆形

☆　应用创建边界制作一个组合的外框

☆　使用手绘工具、椭圆工具、形状工具绘制线条并调整形状

☆　通过步长与重复制作扣子

☆　使用智能填充工具填充局部颜色

☆　插入字符

☆　转换为曲线再对其进行拆分

操作步骤

01 执行菜单中【文件】/【新建】命令，新建一个默认大小的空白文档，使用 ◎（椭圆工具）绘制两个圆形，为其应用【创建边界】造型命令，效果如图9-76所示。

02 绘制嘴巴、眼睛、衣扣、兜和手臂等，效果如图9-77所示。

03 绘制帽子，应用【插入字符】命令，插入一个辣椒字符，效果如图9-78所示。

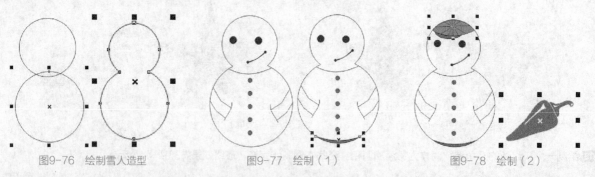

图9-76　绘制雪人造型　　　　图9-77　绘制（1）　　　　图9-78　绘制（2）

04 拆分辣椒，去掉根部，将辣椒前部作为雪人的鼻子。至此本例制作完毕，最终效果如图9-79所示。

图9-79　最终效果

第 **10** 章

位图效果应用

本章是针对位图图像进行介绍，包括裁剪位图、重取样位图、色彩模式的转换、颜色遮罩的运用，位图与矢量图的转换、位图的特殊效果等内容。

实 例
124

高斯模糊——画

实例目的

　　本实例的目的是让大家了解在CorelDRAW X7中通过对位图进行高斯模糊命令以及结合插入字符制作图像的使用方法，最终效果如图10-1所示。

图10-1　最终效果

实例要点

☆　绘制矩形填充渐变色
☆　使用智能填充工具填充区域颜色
☆　删除虚拟线段
☆　应用高斯式模糊
☆　绘制艺术笔
☆　插入字符

操作步骤

01 执行菜单中【文件】/【新建】命令，新建一个默认大小的空白文档，使用□（矩形工具）绘制一个矩形，如图10-2所示。

02 使用□（交互式填充工具）从上向下拖动鼠标，为矩形填充一个从蓝色到白色的线性渐变，效果如图10-3所示。

03 使用□（手绘工具）在矩形上绘制一条曲线，如图10-4所示。

图10-2　绘制矩形

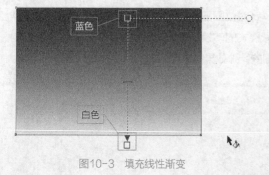

图10-3　填充线性渐变

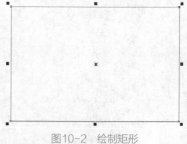

图10-4　绘制曲线

04 使用□（智能填充工具）为曲线与矩形组成的区域填充【黑色】，再使用□（虚拟线删除工具）删除多余曲线，效果如

图10-5所示。

图10-5　填充颜色删除线段

05 使用 （椭圆工具）绘制一个白色圆形，如图10-6所示。

06 执行菜单中【位图】/【转换为位图】命令，打开【转换为位图】对话框，其参数值设置如图10-7所示。

图10-6　绘制圆形

图10-7　【转换为位图】对话框

> **技巧**
>
> 在 CorelDRAW X7 中绘制的矢量图是不能应用位图特效的。

图10-8　调整文字间距

07 设置完毕，单击【确定】按钮，将矢量图转换为位图，效果如图10-8所示。

08 执行菜单中【位图】/【模糊】/【高斯式模糊】命令，打开【高斯式模糊】对话框，其参数值设置如图10-9所示。

图10-9　【高斯式模糊】对话框

09 设置完毕，单击【确定】按钮，效果如图10-10所示。

10 绘制一个白色圆形，使用 （透明度工具）调整圆形的透明效果，如图10-11所示。

11 通过椭圆组合一个云彩形状，如图10-12所示。

12 框选云彩执行菜单中【位图】/【转换为位图】命令，默认值即可，单击【确定】按钮后，将其转换为位图，再执行菜单中【位图】/【模糊】/【高斯式模糊】命令，其参数值设置如图10-13所示。

图10-10　模糊后效果

图10-11 调整透明

图10-12 绘制云彩

13 设置完毕，单击【确定】按钮，再使用 （透明度工具）调整透明，如图 10-14 所示。

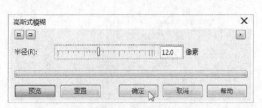

图10-13 【高斯式模糊】命令

图10-14 模糊并调整透明

14 再使用同样的方法制作另外的云彩，如图 10-15 所示。

15 使用 （艺术笔工具）中的 （喷涂）在【属性栏】中选择【类别】为【植物】，在下拉列表中选择【树】，如图 10-16 所示。

图10-15 云彩

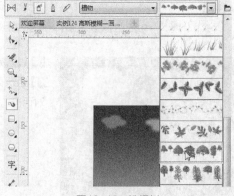

图10-16 选择树

16 在页面中绘制树画笔，按Ctrl+K组合键将画笔拆分，删除画笔路径，将剩余的画笔填充为【黑色】，如图 10-17 所示。

17 将其移动到合适的位置，再绘制另一个树图案，如图 10-18 所示。

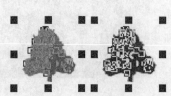

图10-17 拆分并填充

图10-18 绘制树

18 在使用 🖋（艺术笔工具）中的 🖌（喷涂）在【属性栏】中选择【类别】为【其它】，在下拉列表中选择【飞鸟】，如图10-19所示。

19 使用 🖌（喷涂）在页面中绘制飞鸟，按Ctrl+K组合键将其拆分，选择需要的飞鸟将其填充为【黑色】，如图10-20所示。

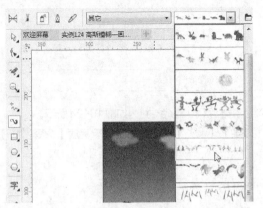

图10-19　选择画笔

图10-20　绘制飞鸟

20 执行菜单中【文本】/【插入字符】命令，打开【插入字符】面板，设置字体后选择字符，如图10-21所示。

21 将选择的字符拖动到图像中，将其填充【黑色】，调整大小。至此本例制作完毕，最终如图10-22所示。

图10-21　选择字符

图10-22　最终效果

实例 125 　色度/饱和度/亮度——美丽的乡间

┨ 实例目的 ┠

　　本实例的目的是让大家了解在CorelDRAW X7中通过【色度/饱和度/亮度】以及【图框精确剪裁】命令制作图像的方法，最终效果如图10-23所示。

图10-23　最终效果

┃实例要点┃

☆ 导入素材

☆ 复制副本应用【色度/饱和度/亮度】

☆ 使用图框精确剪裁

☆ 为裁剪框添加立体化

☆ 去掉填充，添加白色轮廓

┃操作步骤┃

01 执行菜单中【文件】/【导入】命令，新建一个空白文档，导入"素材/第10章/乡村"，如图10-24所示。

02 按Ctrl+D组合键再制一个素材副本，选择原图，执行菜单中【效果】/【调整】/【色度/饱和度/亮度】命令，打开【色度/饱和度/亮度】对话框，其参数值设置如图10-25所示。

图10-24　导入素材

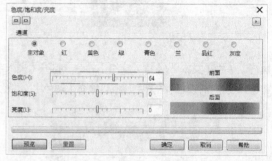

图10-25　【色度/饱和度/亮度】对话框

03 设置完毕，单击【确定】按钮，效果如图10-26所示。

04 框选两个对象，执行菜单中【对象】/【对齐与分布】/【对齐与分布】命令，打开【对齐与分布】面板，单击【垂直居中对齐】和【水平居中对齐】按钮，如图10-27所示。

05 对齐后，效果如图10-28所示。

图10-26　调整颜色

图10-27　【对齐与分布】对话框

图10-28　对齐后效果

06 使用字（文本工具）在素材上键入文字，如图10-29所示。

07 选择上层的素材，执行菜单中【对象】/【图框精确剪裁】/【置入图文框内部】命令，此时会出现一个黑色箭头，将箭头移到文字上，如图10-30所示。

08 使用鼠标在文字上单击，将图片添加到文字内，如图10-31所示。

09 使用 🔲（立体化工具）在文字上向下拖动为其添加立体效果，如图10-32所示。

10 在【颜色表】中单击⊠（无填充），用鼠标右键单击□（白色）色标，至此本例制作完毕，最终效果如图10-33所示。

图10-29 键入文字

图10-30 图框精确剪裁

图10-31 剪裁

图10-32 使用立体化工具

图10-33 最终效果

实例 126 矩形渐变透明——赶海

┨ 实例目的 ┠

　　本实例的目的是让大家了解在CorelDRAW X7中通过透明度工具设置透明的方法，最终效果如图10-34所示。

图10-34 最终效果

┨ 实例要点 ┠

☆ 导入素材调整大小
☆ 为位图添加透明
☆ 设置透明为矩形渐变透明
☆ 设置渐变透明颜色

┨ 操作步骤 ┠

01 执行菜单中【文件】/【新建】命令，新建一个空白文档，导入"素材/第10章/海边和骷髅"，如图10-35所示。

图10-35 导入素材

02 将"骷髅"素材移动到"海边"素材上面，并且将其缩小，效果如图10-36所示。

03 使用 ▲（透明度工具）在"骷髅"素材上拖动，为其添加渐变透明，如图10-37所示。

图10-36 移动并变换　　　　　　　　　　　　　　　图10-37 添加透明

04 在【属性栏】中单击 □（矩形渐变透明度）按钮，效果如图10-38所示。

05 拖动控制点调整渐变位置，效果如图10-39所示。

图10-38 渐变类型设置　　　　　　　　　　　　　　图10-39 调整渐变位置

06 将中心颜色设置为【白色】、外框颜色设置为【黑色】，缩小透明框，效果如图10-40所示。

图10-40　调整渐变

07 至此本例制作完毕，最终效果如图10-41所示。

图10-41　最终效果

实 例
127　**颜色转换——蝴蝶**

实例目的

　　本实例的目的是让大家了解在CorelDRAW X7中【颜色转换】中的【梦幻色调】的使用方法，最终效果如图10-42所示。

图10-42　最终效果

实例要点

☆　导入位图素材
☆　复制副本
☆　应用【梦幻色调】命令
☆　设置透明工具的合并模式

操作步骤

01 执行菜单中【文件】/【新建】命令，新建一个空白文档，导入"素材/第10章/蝴蝶"，如图10-43所示。

图10-43 绘制矩形

02 按Ctrl+C组合键复制、再按Ctrl+V组合键，复制一个副本，执行菜单中【位图】/【颜色转换】/【梦幻色调】命令，打开【梦幻色调】对话框，其参数值设置如图10-44所示。

03 设置完毕，单击【确定】按钮，效果如图10-45所示。

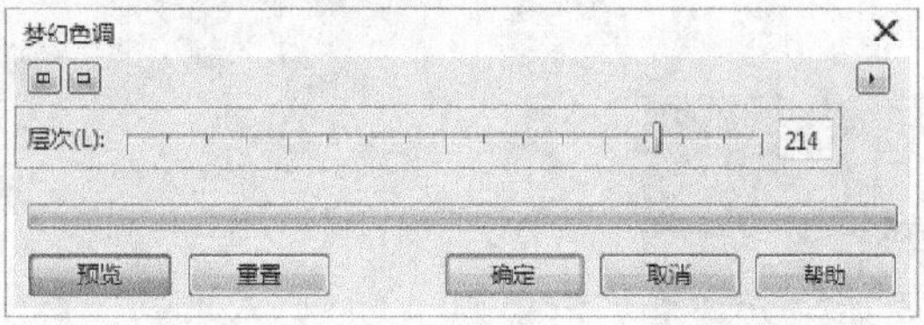

图10-45 应用【梦幻色调】

图10-44 【梦幻色调】对话框

04 使用 （透明度工具）在图像上单击，然后在【属性栏】中设置【合并模式】为【兰】，如图10-46所示。

> **提示**
>
> 设置 （透明度工具）的【合并模式】时，可以根据图像的不同，多次进行模式对比，这样可以选择一个自己最喜欢的效果。

05 在透视矩形上绘制一个小灰色圆角矩形，最终如图10-47所示。

图10-47 最终效果

图10-46 调整透视点

实例 128 轮廓描摹——汽车

| 实例目的 |

本实例的目的是让大家了解在CorelDRAW X7中使用【轮廓描摹】命令制作汽车并将位图转换为矢量图的方法，最终效果如图10-48所示。

图10-48 最终效果

实例要点

☆ 导入素材
☆ 应用轮廓描摹
☆ 插入字符
☆ 绘制正圆键入文字
☆ 通过封套为文字变形

操作步骤

01 执行菜单中【文件】/【新建】命令，新建一个空白文档，导入"素材/第10章/蜘蛛汽车"，如图10-49所示。

02 执行菜单中【位图】/【轮廓描摹】/【徽标】命令，打开【轮廓描摹】对话框，其参数值设置如图10-50所示。

图10-49 导入素材

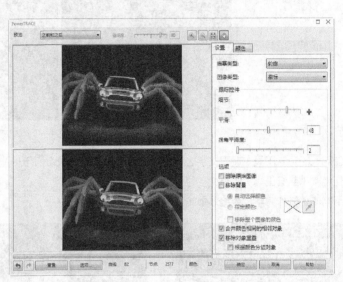

图10-50 【轮廓描摹】对话框

03 设置完毕，单击【确定】按钮，效果如图10-51所示。

04 执行菜单中【文本】/【插入字符】命令，打开【插入字符】面板，设置字体并选择字符，效果如图10-52所示。

图10-51 轮廓描摹后效果

图10-52 插入字符

05 将选择的星形拖动到矢量图上，调整大小后将填充【白色】，效果如图10-53所示。

06 使用 ○（椭圆工具）绘制一个粉色的圆形，再使用 字（文本工具）键入文字，效果如图10-54所示。

图10-53　为字符填充颜色

图10-54　绘制圆形键入文字

07 使用 ▶ （形状工具）调整文字之间的间距，效果如图 10-55 所示。

08 使用 ▦ （封套工具）调整文字的形状，如图 10-56 所示。

09 至此本例制作完毕，最终效果如图 10-57 所示。

图10-55　调整文字的间距　　　　　图10-56　调整形状　　　　　图10-57　最终效果

实例 129　凸凹贴图——浮雕

｜实例目的｜

　　本实例的目的是让大家了解在CorelDRAW X7中通过【凸凹贴图】命令制作浮雕的方法，最终效果如图10-58所示。

图10-58　最终效果

┤ **实例要点** ├

　☆ 导入素材

　☆ 应用【凸凹贴图】命令，制作浮雕效果

┤ **操作步骤** ├

01 执行菜单中【文件】/【新建】命令，新建一个空白文档，导入"素材/第10章/奔"，如图10-59所示。

图10-59　导入素材

02 执行菜单中【位图】/【自定义】/【凸凹贴图】命令，打开【凸凹贴图】对话框，其参数值设置如图10-60所示。

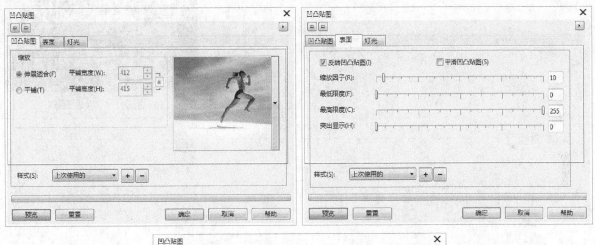

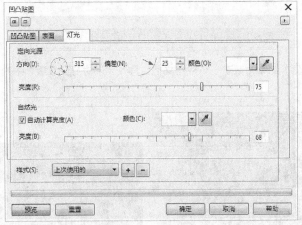

图10-60　【凸凹贴图】对话框

03 设置完毕，单击【确定】按钮，最终效果如图10-61所示。

图10-61 最终效果

实例 130 图框精确剪裁——快递

| 实例目的 |

　　本实例的目的是让大家了解在CorelDRAW X7中通过图框精确剪裁将图片添加到文字中的方法，最终效果如图10-62所示。

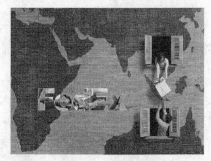

图10-62 最终效果

| 实例要点 |

☆ 导入素材
☆ 键入文字调整文字间距
☆ 使用【图框精确剪裁】命令
☆ 编辑PowerClip内容
☆ 添加阴影

| 操作步骤 |

01 执行菜单中【文件】/【新建】命令，新建一个空白文档，导入"素材/第10章"中的"墙面"和"飞机座舱"，如图10-63所示。

图10-63 导入素材

02 使用 ![text tool] （文本工具）选择字体后键入文字，如图10-64所示。

03 使用 ![shape tool] （形状工具）调整文字之间的间距，效果如图10-65所示。

使用 ![shape tool] （形状工具）调整文字间距时，在文字下面的小矩形上单击，此时可以单独调整两个文字之间的间距。

图10-64　键入文字

图10-65　调整文字

04 选择"飞机座舱"素材后，执行菜单中【对象】/【图框精确剪裁】/【置入图文框内部】命令，使用鼠标指针在文字上单击，效果如图10-66所示。

05 在文字上单击，会将"飞机座舱"按照文字进行剪裁，效果如图10-67所示。

图10-66　将飞机座舱置入图文框　　　　　　　　　　图10-67　图框精确剪裁

06 单击 ![edit powerclip] （编辑PowerClip）按钮，进入编辑状态，调整图像大小和位置，效果如图10-68所示。

图10-68　编辑对象

07 编辑完毕，单击 ![stop editing] （停止编辑内容）按钮，效果如图10-69所示。

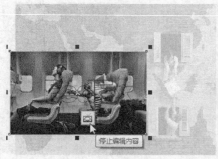

图10-69 编辑完毕

08 为文字添加一个【白色】轮廓，如图10-70所示。

09 使用 ☐ （阴影工具）在文字底部向右边拖动，为其添加阴影，效果如图10-71所示。

10 至此本例制作完毕，最终效果如图10-72所示。

图10-70 添加白色轮廓

图10-71 添加阴影

图10-72 最终效果

实例 131 通道混合器——炫彩字

实例目的

　　本实例的目的是让大家了解在CorelDRAW X7中使用【颜色平衡、通道混合器】命令调整图像色调，再通过【图框精确剪裁】命令将图像放置到文字容器内的方法，最终效果如图10-73所示。

图10-73 最终效果

| 实例要点 |

☆ 颜色平衡
☆ 通道混合器
☆ 图框精确剪裁
☆ 交互式立体化
☆ 交互式阴影

| 操作步骤 |

01 执行菜单中【文件】/【新建】命令，新建一个空白文档，导入"素材/第10章/发光2"，如图10-74所示。

02 执行菜单中【效果】/【调整】/【颜色平衡】命令，打开【颜色平衡】对话框，其参数值设置如图10-75所示。

图10-74 素材

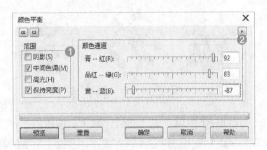

图10-75 【颜色平衡】对话框

03 设置完毕单击【确定】按钮，效果如图10-76所示。

04 执行菜单中【效果】/【调整】/【通道混合器】命令，打开【通道混合器】对话框，其参数值设置如图10-77所示。

图10-76 颜色平衡后

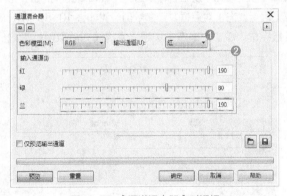

图10-77 【通道混合器】对话框

05 设置完毕，单击【确定】按钮，效果如图10-78所示。

06 使用（文本工具）在文档中键入文字，清除文字的【填充色】，将轮廓设置为【黑色】，如图10-79所示。

图10-78 应用通道混合器

图10-79 键入文字

07 选择"发光"素材，执行菜单中【效果】/【图框精确剪裁】/【置入图文框内部】命令，此时使用箭头在文字上单击，效果如图10-80所示。

08 单击鼠标后，执行菜单中【效果】/【图框精确剪裁】/【编辑PowerClip】命令，将素材移动到文字相应区域，效果如图10-81所示。

图10-80 容器

图10-81 编辑内容

09 编辑完毕，执行菜单中【效果】/【图框精确剪裁】/【结束编辑】命令，完成编辑后得到如图10-82所示的效果。

10 使用 （立体化工具）在文字上向下拖动产生立体化效果，如图10-83所示。

图10-82 完成编辑

图10-83 立体化

11 在【属性栏】中单击 （立体化颜色）按钮，在弹出菜单中选择 （使用递减的颜色）按钮，设置【从】的颜色为【灰色】、【到】的颜色为【橘色】，如图10-84所示。

12 使用 （矩形工具）在文档中绘制矩形，选择绘制的矩形，选择 （交互式填充工具）后，在【属性栏】中单击 （渐变填充）按钮，再单击 （编辑填充）按钮，打开【编辑填充】对话框，其参数值设置如图10-85所示。设置完毕，单击【确定】按钮，完成填充后取消矩形的轮廓。

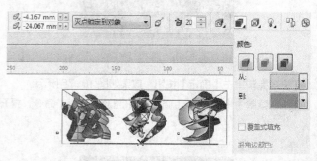

图10-84 立体化颜色

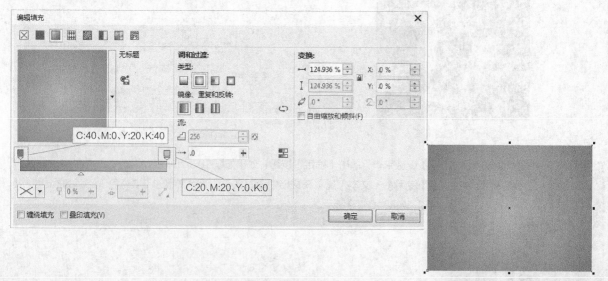

图10-85 【编辑填充】对话框

13 按Ctrl+C组合键拷贝，再按Ctrl+V组合键粘贴，复制一个矩形副本，将副本缩小。选择 （交互式填充工具）后，在【属性栏】中单击 （渐变填充）按钮，再单击 （编辑填充）按钮，打开【编辑填充】对话框，其参数值设置如图

10-86所示，设置完毕，单击【确定】按钮，完成填充后取消矩形的轮廓。

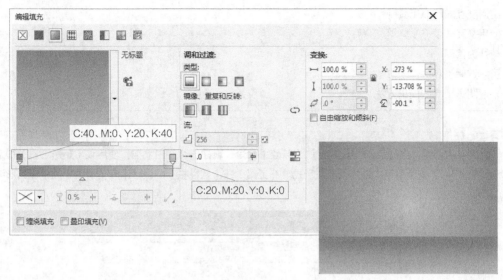

图10-86 设置渐变色并填充

14 将文字移到渐变矩形背景上，效果如图10-87所示。

15 使用❑（阴影工具）在文字的底部向下拖动产生投影效果，如图10-88所示。

16 添加投影后完成本例的制作，最终效果如图10-89所示。

图10-87 移动文字

图10-88 投影效果

图10-89 最终效果

实例 132 转换为位图——金属字

▌实例目的 ▌

　　本实例的目的是让大家了解在CorelDRAW X7中将选取的多个对象转换为位图再为其添加交互式透明的方法，最终效果如图10-90所示。

图10-90 最终效果

☆ 使用交互式填充工具制作背景
☆ 使用交互式填充工具填充金属效果
☆ 转换为位图
☆ 了解透明工具的使用方法
☆ 了解阴影工具的使用方法

┃ 操作步骤 ┃

01 首先制作金属字的背景。执行菜单中【文件】/【新建】命令，新建一个空白文档，使用□（矩形工具）在文档中绘制矩形，选择绘制的矩形，在工具箱中选择◈（交互式填充工具）在【属性栏】中设置【渐变类型】为【椭圆形渐变填充】，如图10-91所示。

图10-91　属性栏

02 用鼠标在矩形上拖动填充渐变色，效果如图10-92所示。

03 绘制一个小一点的矩形，使用◈（交互式填充工具）从上向下拖动填充【线性渐变色】，此时背景绘制完毕，效果如图10-93所示。

图10-92　填充交互式辐射渐变

图10-93　填充线性渐变色

04 下面绘制金属效果，使用□（矩形工具）绘制矩形，选择◈（交互式填充工具）后，在【属性栏】中单击■（渐变填充）按钮，再单击◈（编辑填充）按钮，打开【编辑填充】对话框，其参数值设置如图10-94所示，单击【确定】按钮完成渐变填充。

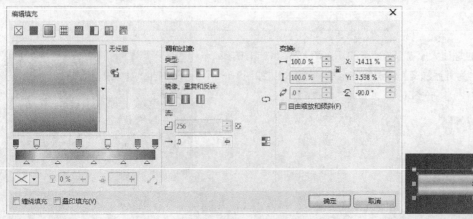

图10-94　【编辑填充】对话框

05 使用 ▢（选择工具）对绘制的金属矩形进行复制和移动，过程如图10-95所示。

图10-95 复制和移动对象

06 下面绘制金属螺丝效果。使用 ▢（椭圆工具）绘制圆形，选择 ▢（交互式填充工具）后，在【属性栏】中单击 ▢（渐变填充）按钮，再单击 ▢（编辑填充）按钮，打开【编辑填充】对话框，其参数值设置如图10-96所示，单击【确定】按钮完成渐变填充。

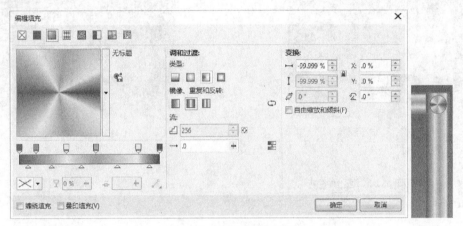

图10-96 【编辑填充】对话框

07 复制圆形，将其缩小并旋转一定角度，如图10-97所示。

08 选择两个圆形，执行菜单中【排列】/【群组】命令，再使用 ▢（阴影工具）在图形中间向外拖动，添加投影，效果如图10-98所示。

09 复制多个圆形，移动到相应位置，效果如图10-99所示。

图10-97 复制圆形

图10-98 添加投影

图10-99 复制并移动圆形

10 框选整个金属字，复制一个副本，单击 ▢（垂直镜像）按钮，移动到倒影位置处，效果如图10-100所示。

11 选择倒影金属字，执行菜单中【位图】/【转换为位图】命令，打开【转换为位图】对话框，其参数值设置如图10-101所示。

12 设置完毕，单击【确定】按钮，将选择的图形转换为位图，再使用 ▢（透明度工具）在位图上从下向上拖动为其添加渐变透明，效果如图10-102所示。

图10-100 倒影

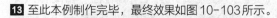

图10-101 【转换为位图】对话框

13 至此本例制作完毕，最终效果如图10-103所示。

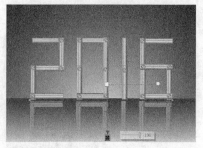

图10-102 透明效果

图10-103 最终效果

实例 133 湿笔画——降雪字

实例目的

　　本实例的目的是让大家了解在CorelDRAW X7中使用 ▣（立体化工具）制作文字的三维效果，再绘制艺术画笔转换为位图应用【散开】、【湿笔画】制作特效的方法，最终效果如图10-104所示。

图10-104 最终效果

实例要点

　☆ 键入文字，使用立体化工具制作立体效果
　☆ 使用艺术笔工具绘制画笔并将其转换为位图
　☆ 应用散开特效
　☆ 应用湿笔画特效

操作步骤

01 执行菜单中【文件】/【新建】命令，新建一个空白文档，使用 ▣（文本工具）在文档中键入文字，如图10-105所示。

02 使用　（立体化工具）在文字上拖动创建立体效果，如图10-106所示。

图10-105　键入文字

图10-106　立体化

03 在属性栏中设置立体化颜色，在弹出的菜单中选择　（使用递减的颜色）按钮，设置【从】的颜色为【灰色】、【到】的颜色为【黑色】，如图10-107所示。

04 使用　（艺术笔工具）中的　（压力），在立体文字的上方绘制白色积雪状的画笔，效果如图10-108所示。

图10-107　编辑立体化

图10-108　绘制画笔

05 选择绘制的积雪。执行菜单中【位图】/【转换为位图】命令，打开【转换为位图】对话框，设置【分别率】为150dpi。

06 转换为位图后。执行菜单中【位图】/【创造性】/【散开】命令，打开【散开】对话框，其参数值设置如图10-109所示。

07 设置完毕，单击【确定】按钮，效果如图10-110所示。

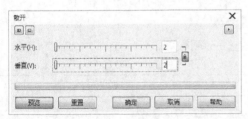

图10-109　【散开】对话框

图10-110　应用散开

08 再执行菜单中【位图】/【扭曲】/【湿笔画】命令，打开【湿笔画】对话框，其参数值设置如图10-111所示。

09 设置完毕，单击【确定】按钮，效果如图10-112所示。

图10-111　【湿笔画】对话框

图10-112　应用湿笔画后效果

10 导入随书附带光盘中的"素材/第10章/雪背景"素材，如图10-113所示。

11 使用　（选择工具）将文字移动到素材上面，至此本例制作完毕，最终效果如图10-114所示。

图10-113　素材　　　　　　　　　　　　　　　图10-114　最终效果

彩色玻璃——石头字

实例目的

　　本实例的目的是让大家了解在CorelDRAW X7中将文字转换为位图并应用【彩色玻璃和炭笔画】产生石头纹理的方法，最终效果如图10-115所示。

图10-115　最终效果

实例要点

　　☆ 分离文字
　　☆ 转换为位图
　　☆ 应用【彩色玻璃】特效
　　☆ 应用【炭笔画】特效
　　☆ 立体化工具制作立体效果

操作步骤

01 执行菜单中【文件】/【新建】命令，新建一个默认大小的空白文档，使用字（文本工具）键入文字并对文字进行拆分，调整文字位置，效果如图10-116所示。

02 将文字转换为【位图】，再为文字应用【彩色玻璃】命令，效果如图10-117所示。

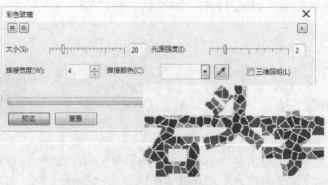

图10-116　键入文字拆分并调整位置　　　　　　　　　图10-117　彩色玻璃

03 再为文字应用【炭笔画】命令，参数及效果如图10-118所示。

04 使用 （立体化工具）为对象添加立体效果，再使用 （阴影工具）为其添加一个阴影。至此本例制作完毕，最终效果如图10-119所示。

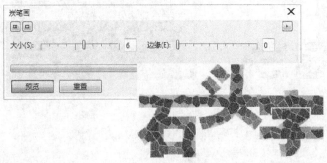

图10-118 炭笔画设置　　　　　　　　　　图10-119 最终效果

实例 135 粒子——气泡字

实例目的

本实例的目的是让大家了解在CorelDRAW X7中将文字转换为位图并应用【粒子和散开】产生气泡纹理的方法，最终效果如图10-120所示。

图10-120 最终效果

实例要点

☆ 键入文字转换为位图
☆ 应用【散开】特效
☆ 应用【粒子】特效

操作步骤

01 执行菜单中【文件】/【新建】命令，新建一个默认大小的空白文档，使用 （文本工具）键入文字，将文字转换为【位图】，应用【散开】命令，效果如图10-121所示。

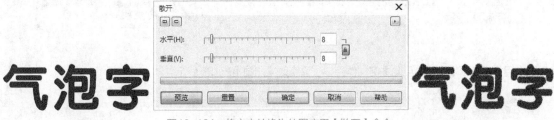

图10-121 将文字转换为位图应用【散开】命令

02 再为其应用【粒子】命令，效果如图10-122所示。

03 为文字添加一个背景。至此本例制作完毕，最终效果如图10-123所示。

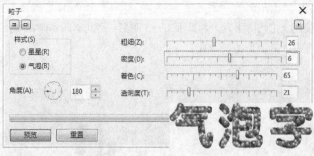

图10-122 绘制身体

图10-123 最终效果

实例 136 蜡笔画——彩沙字

实例目的

本实例的目的是让大家了解在CorelDRAW X7中将文字转换为位图并应用【粒子和蜡笔画】产生彩沙纹理的方法，最终效果如图10-124所示。

图10-124 最终效果

实例要点

☆ 键入文字转换为位图
☆ 应用【粒子】特效
☆ 应用【蜡笔画】特效

操作步骤

01 执行菜单中【文件】/【新建】命令，新建一个默认大小的空白文档，使用 ![text] （文本工具）键入文字，将文字转换为【位图】，应用【粒子】命令，效果如图10-125所示。

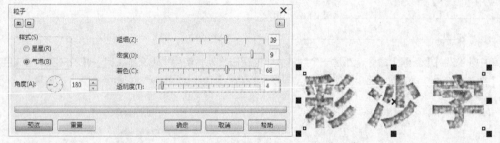

图10-125 粒子

02 再为其应用【蜡笔画】命令，至此本例制作完毕，最终效果如图10-126所示。

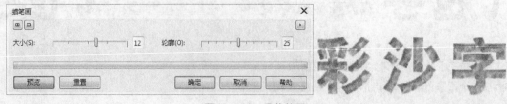

图10-126 最终效果

图像调整试验器——调整色调

实例目的

　　本实例的目的是让大家了解在CorelDRAW X7中将导入素材进行裁剪并应用【图像调整试验器】调整位图的方法，最终效果如图10-127所示。

图10-127　最终效果

实例要点

☆ 使用裁剪工具裁切位图

☆ 应用【图像调整试验器】调整位图色调

☆ 绘制矩形调整顺序

☆ 添加阴影

操作步骤

01 执行菜单中【文件】/【新建】命令，新建一个默认大小的空白文档，导入"素材/第10章/风景"，使用 （裁剪工具）在图片上创建裁剪框，按Enter键完成裁剪，效果如图10-128所示。

图10-128　裁剪对象

02 执行菜单中【位图】/【图像调整试验器】命令，效果如图10-129所示。

图10-129　图像调整试验器

03 绘制一个矩形，并调整图层顺序，将其作为边框，至此本例制作完毕，最终效果如图10-130所示。

图10-130　最终效果

实例 138 椭圆渐变透明——合成图像

┃ 实例目的 ┃

　　本实例的目的是让大家了解在CorelDRAW X7中使用透明度工具设置透明的方法，最终效果如图10-131所示。

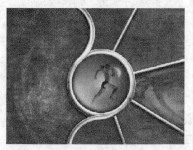

图10-131　最终效果

┃ 实例要点 ┃

　　☆ 导入素材调整大小
　　☆ 为位图添加透明
　　☆ 设置透明为椭圆形渐变透明
　　☆ 设置渐变透明颜色

┃ 操作步骤 ┃

01 执行菜单中【文件】/【新建】命令，新建一个默认大小的空白文档，导入"素材/第10章/"中的"奔"和"按钮"，调整顺序并调整大小，效果如图10-132所示。

02 使用 🔲（透明度工具）在"奔.jpg"上单击，在【属性栏】中设置透明方式为【椭圆形透明】，效果如图10-133所示。

03 调整大小和位置。至此本例制作完毕，最终效果如图10-134所示。

图10-132　调整素材大小

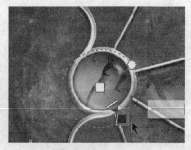

图10-133　透明设置

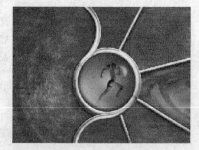

图10-134　最终效果

实 例
139
图框精确剪裁——合成图像

实例目的

本实例的目的是让大家了解在CorelDRAW X7中使用钢笔工具创建轮廓并为图像创建精确剪裁的方法，最终效果如图10-135所示。

图10-135 最终效果

实例要点

☆ 导入素材，调整大小
☆ 使用钢笔工具沿人物创建轮廓
☆ 通过图框精确剪裁将人物镶嵌到轮廓内
☆ 绘制灰色椭圆并将其转换为位图
☆ 应用高斯模糊制作模糊阴影

操作步骤

01 执行菜单中【文件】/【新建】命令，新建一个默认大小的空白文档，导入"素材/第10章"中的"瑜伽"和"海滩树桩"，在"瑜伽"素材中，使用 (钢笔工具)创建轮廓，效果如图10-136所示。

图10-136 创建轮廓

02 选择"瑜伽"素材，执行【图框精确剪裁】命令，将其裁剪到刚刚绘制的轮廓内，效果如图10-137所示。

03 将裁剪框内的图像移到"海滩树桩"上，调整大小，在手掌处绘制灰色椭圆形，转换为【位图】，再应用【高斯式模糊】命令，然后调整不透明度，至此本例制作完毕，最终效果如图10-138所示。

图10-137 图框精确剪裁

图10-138 最终效果

实例
140　天气——脚印

实例目的

　　本实例的目的是让大家了解在CorelDRAW X7中使用【天气】命令制作雪天的方法，最终效果如图10-139所示。

图10-139　最终效果

实例要点

　　☆　填充渐变色
　　☆　应用相交造型
　　☆　绘制艺术笔
　　☆　转换为位图
　　☆　绘制艺术笔脚印

操作步骤

01 执行菜单中【文件】/【新建】命令，新建一个默认大小的空白文档，使用◻（矩形工具）绘制一个矩形填充渐变色，再使用▨（手绘工具）绘制一个图形，将其与矩形应用【相交】造型命令，将相交区域填充为【白色】，效果如图10-140所示。

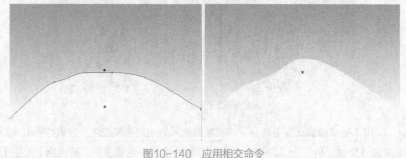

图10-140　应用相交命令

02 使用▨（艺术笔工具）绘制4棵树，如图10-141所示。

图10-141　绘制艺术笔

03 框选对象，将其转换为【位图】，再为其应用【天气】命令，效果如图10-142所示。

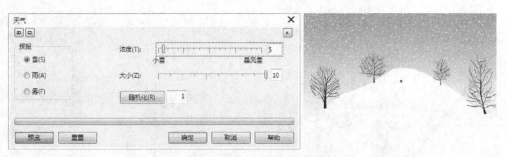

图10-142 应用天气命令

04 使用 （艺术笔工具）绘制几个脚印，至此本例制作完毕，最终效果如图10-143所示。

图10-143 最终效果

第 11 章

矢量绘图

本章针对CorelDRAW软件的矢量绘图特性，结合多个绘图和编辑工具进行矢量实物效果的绘制。

实 例
141 篮球

| 实例目的 |

　　本实例的目的是让大家了解在CorelDRAW X7中绘制与制作篮球的方法，最终效果如图11-1所示。

图11-1 最终效果

| 实例要点 |

☆ 绘制圆形作为篮球主体
☆ 使用钢笔工具绘制曲线
☆ 填充渐变色
☆ 应用图框精确剪裁
☆ 添加阴影并拆分阴影移动位置

| 操作步骤 |

01 执行菜单中【文件】/【新建】命令，新建一个默认大小的空白文档，使用 （椭圆工具）绘制一个圆形，将其作为篮球的主体，如图11-2所示。

02 使用 （钢笔工具）在圆形内绘制曲线，将其作为篮球的线条，如图11-3所示。

图11-2 绘制圆形

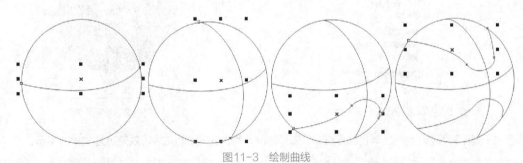

图11-3 绘制曲线

03 线条绘制完毕，框选所有对象，在【属性栏】中设置【轮廓宽度】为0.75mm，效果如图11-4所示。

04 选择圆形，在工具箱中选择 （交互式填充工具），在【属性栏】中设置【渐变类型】为 （椭圆形渐变），如图11-5所示。

05 使用鼠标在矩形上拖动填充渐变色，在色标块内设置渐变颜色，效果如图11-6所示。

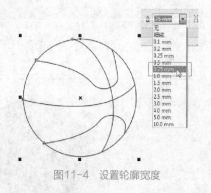

图11-4　设置轮廓宽度

图11-5　设置渐变类型

06 此时篮球的雏形已经制作出来，框选整个篮球，按Ctrl+G组合键组合篮球，在边上绘制一个圆形轮廓，选择篮球后使用鼠标右键拖动篮球到圆形框内，此时会出现一个瞄准星，如图11-7所示。

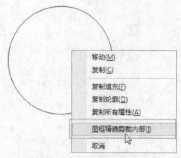

图11-6　填充渐变色

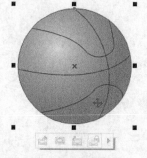

图11-7　右键移动

> **提示**
>
> 在CorelDRAW中鼠标右键，不但可以复制对象，在拖动对象时还可以出现特殊效果。

07 松开鼠标，在弹出的菜单中选择【图框精确剪裁内部】命令，如图11-8所示。

08 应用【图框精确剪裁内部】命令后，会将篮球放置到圆形容器内，如图11-9所示。

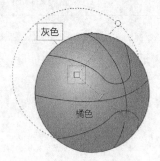

图11-8　选择【图框精确剪裁内部】命令

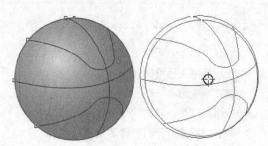

图11-9　精确剪裁

09 在【颜色表】⊠（无填充）色标上单击鼠标右键，去掉轮廓，此时篮球绘制完成，效果如图11-10所示。

> **技巧**
>
> 在带有轮廓的图形上应用【图框精确剪裁】命令来裁剪的好处就是，在图形的边缘轮廓会根据容器的边缘自行裁剪，如果不应用此命令轮廓边缘会与填充不对齐，对比如图11-11所示。

10 再使用 （阴影工具）在篮球底部向上拖动，为其添加一个阴影，如图11-12所示。

11 按Ctrl+K组合键对阴影进行拆分，移动阴影位置，至此本例制作完毕，最终效果如图11-13所示。

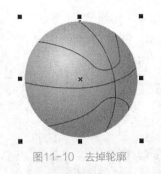

图11-10 去掉轮廓

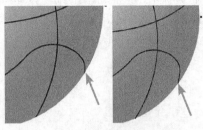

图11-11 对比效果

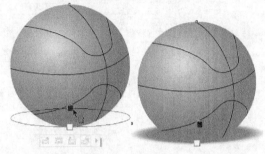

图11-12 添加投影

图11-13 绘制云彩

实例 142 灯笼

实例目的

本实例的目的是让大家了解在CorelDRAW X7中绘制与制作灯笼的方法，最终效果如图11-14所示。

图11-14 最终效果

实例要点

☆ 绘制椭圆并复制

☆ 填充渐变色

☆ 改变轮廓颜色

☆ 使用调和工具调和线条

☆ 改变调和对象的路径

☆ 键入文字调整封套变形

☆ 设置不透明度的合并模式

操作步骤

01 执行菜单中【文件】/【导入】命令，新建一个空白文档，使用 ○ （椭圆工具）绘制一个椭圆，将其作为灯笼的主体，如图11-15所示。

02 按住Shift键的同时向内拖动椭圆边框，右键单击鼠标复制椭圆，效果如图11-16所示。

03 选择后面最大的椭圆，使用 ![icon] （交互式填充工具）拖动，设置【渐变类型】为 ![icon] （椭圆形渐变），设置渐变颜色，中心为【黄色】、外边为【红色】，效果如图11-17所示。

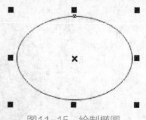

图11-15　绘制椭圆

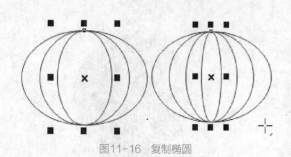

图11-16　复制椭圆

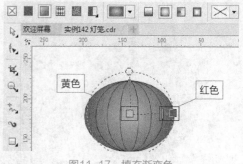

图11-17　填充渐变色

04 框选所有对象，在【颜色表】中右键单击【黄色】，效果如图11-18所示。

05 使用 ![icon] （矩形工具）在灯笼上面绘制一个矩形，按Ctrl+Q组合键将其转换为曲线，再使用 ![icon] （形状工具）调整形状，如图11-19所示。

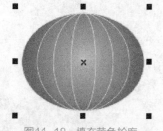

图11-18　填充黄色轮廓

图11-19　绘制矩形调整形状

06 选择 ![icon] （交互式填充工具）后，在【属性栏】中单击 ![icon] （渐变填充）按钮，再单击 ![icon] （编辑填充）按钮，打开【编辑填充】对话框，其参数值设置如图11-20所示。

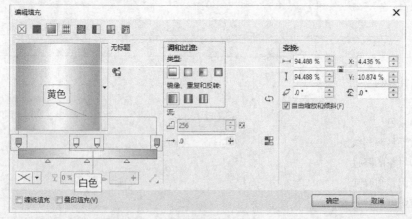

图11-20　【编辑填充】对话框

07 设置完毕，单击【确定】按钮，再去掉轮廓，效果如图11-21所示。

08 按Ctrl+D组合键复制一个副本，单击【属性栏】中的 ![icon] （垂直镜像）按钮，再将副本移到合适位置，如图11-22所示。

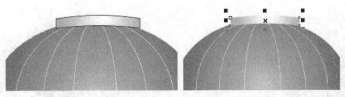

图11-21　渐变填充后

09 使用 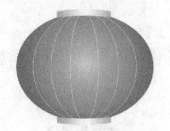（手绘工具）绘制两个红色线条，如图11-23所示。

图11-22　复制对象

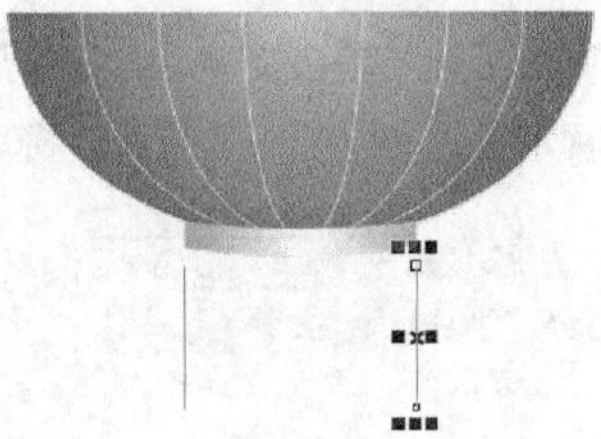

图11-23　绘制线条

10 使用（调和工具）在两个线条之间拖动，使其产生调和效果，如图11-24所示。

11 使用（贝塞尔工具）绘制一条曲线，如图11-25所示。

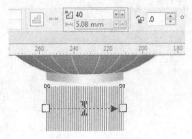

图11-24　调和对象

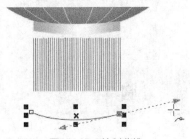

图11-25　绘制曲线

12 选择调和对象，在【属性栏】中单击（路径属性）按钮，在弹出的菜单中执行【新路径】命令，如图11-26所示。

13 用随后出现的箭头单击曲线，如图11-27所示。

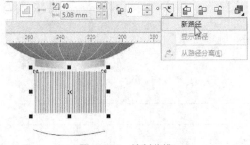

图11-26　绘制曲线

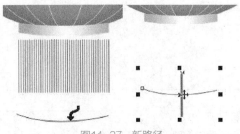

图11-27　新路径

14 单击（更多调和选项）按钮，在弹出的菜单中执行【沿全路径调和】命令，如图11-28所示。

15 隐藏曲线路径，调整调和对象位置，按Ctrl+End组合键调整顺序，如图11-29所示。

16 使用（文本工具）键入文字，使用（封套工具）调整文字形状，如图11-30所示。

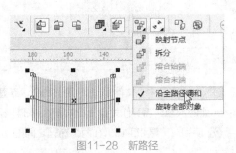

图11-28　新路径

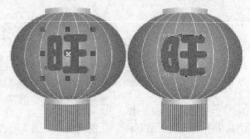

图11-29 调整顺序　　　　　　　　　　　　　　图11-30 键入文字调整形状

17 使用 [图] （透明度工具）单击文字后，在【属性栏】中设置【合并模式】为【叠加】，效果如图11-31所示。

18 使用 [图] （贝塞尔工具）绘制一条曲线，将其作为灯笼的拎绳，至此本例制作完毕，最终效果如图11-32所示。

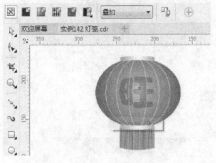

图11-31 设置合并模式　　　　　　　　　　　　图11-32 最终效果

实例 143 小圆桌

实例目的

本实例的目的是让大家了解在CorelDRAW X7中绘制与制作小圆桌的方法，最终效果如图11-33所示。

图11-33 最终效果

实例要点

☆ 绘制椭圆，添加调和效果
☆ 绘制矩形，填充渐变色
☆ 调整顺序

操作步骤

01 执行菜单中【文件】/【新建】命令，新建一个空白文档，使用 [图] （椭圆工具）绘制一个椭圆，复制一个椭圆，填充浅一点的灰色，将其作为桌面，如图11-34所示。

02 使用 [图] （调和工具）在两个椭圆之间拖动创建调和效果，如图11-35所示。

图11-34　绘制桌面

图11-35　移动并变换

03 使用□（矩形工具）绘制一个矩形，按Ctrl+Q组合键将矩形转换为曲线，再使用（形状工具）调整矩形形状，如图11-36所示。

04 选择（交互式填充工具）后，在【属性栏】中单击（渐变填充）按钮，再单击（编辑填充）按钮，打开【编辑填充】对话框，其参数值设置如图11-37所示。

05 设置完毕，单击【确定】按钮，效果如图11-38所示。

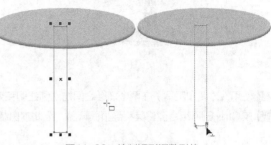

图11-36　绘制矩形调整形状

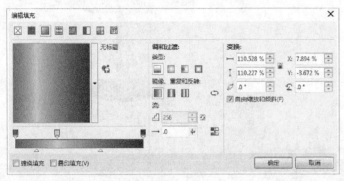

图11-37　【编辑填充】对话框

图11-38　填充渐变色

06 执行菜单中【对象】/【顺序】/【置于次对象后面】，使用箭头在调和桌面上单击，此时会将顺序进行调整，效果如图11-39所示。

07 再使用（椭圆工具）绘制一个椭圆，如图11-40所示。

图11-39　调整顺序

图11-40　绘制椭圆

08 选择（交互式填充工具）后，在【属性栏】中单击（渐变填充）按钮，再单击（编辑填充）按钮，打开【编辑填充】对话框，其参数值设置如图11-41所示。

09 设置完毕，单击【确定】按钮，效果如图11-42所示。

10 复制椭圆填充为【灰色】，按Ctrl+PgDn组合键将其向下移动一层，效果如图11-43所示。

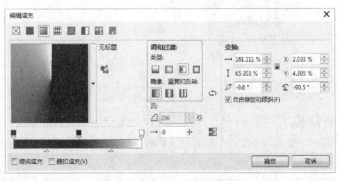

图11-41　【编辑填充】对话框

图11-42 填充渐变

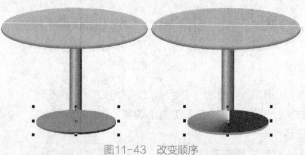

图11-43 改变顺序

11 使用 (调和工具) 在两个椭圆之间拖动创建调和效果, 如图11-44所示。

12 按Ctrl+End组合键将其移到页面背面, 至此本例制作完毕, 最终效果如图11-45所示。

图11-44 改变顺序

图11-45 最终效果

实 例 144 挂钟

┃ 实例目的 ┃

本实例的目的是让大家了解在CorelDRAW X7中绘制与制作挂钟的方法, 最终效果如图11-46所示。

图11-46 最终效果

┃ 实例要点 ┃

☆ 绘制圆形, 填充渐变色

☆ 复制副本

☆ 填充PostScript纹理

☆ 设置透明

☆ 绘制图形

┃ 操作步骤 ┃

01 执行菜单中【文件】/【新建】命令, 新建一个空白文档, 使用 (椭圆工具) 按住Ctrl键绘制一个圆形, 如图11-47所示。

02 选择 (交互式填充工具) 后, 在【属性栏】中单击 (渐变填充) 按钮, 再单击 (编辑填充) 按钮, 打开【编辑填充】对话框，其参数值设置如图11-48所示。

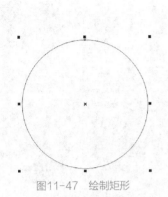

图11-47 绘制矩形

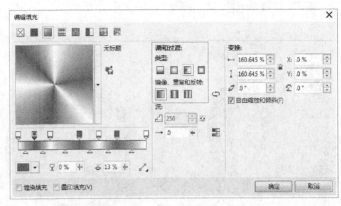

图11-48 【编辑填充】对话框

03 设置完毕，单击【确定】按钮，效果如图11-49所示。

04 按住Shift键的同时使用鼠标拖动图形，将图形进行缩小，单击鼠标右键会自动复制一个副本，将副本填充为【灰色】，去掉轮廓，如图11-50所示。

05 再复制一个圆形，为其填充淡一点的灰色，如图11-51所示。

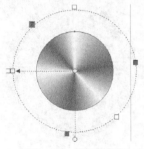

图11-49 渐变填充后

图11-50 复制对象

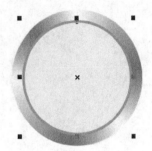

图11-51 复制并填充

06 复制一个圆形，选择 ![icon](交互式填充工具）后，在【属性栏】中单击 ![icon]（PostScript填充）按钮，再单击 ![icon]（编辑填充）按钮，打开【编辑填充】对话框，其参数值设置如图11-52所示。

07 设置完毕，单击【确定】按钮，效果如图11-53所示。

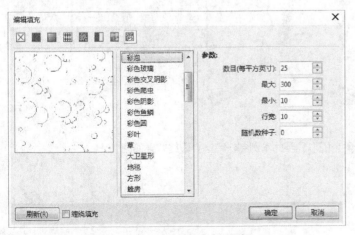

图11-52 【编辑填充】对话框

图11-53 设置填充

08 使用 ![icon]（透明度工具）设置透明，效果如图11-54所示。

09 绘制一个黑色小圆点，将旋转中心点移到表盘的中心处，如图11-55所示。

10 执行菜单中【对象】/【变换】/【旋转】命令，打开【旋转变换】面板，其参数值设置如图11-56所示。单击【应用】按钮数次，直到旋转复制一周为止，如图11-57所示。

图11-54 设置填充

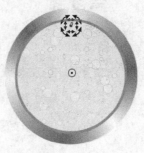

图11-55 设置中心点

图11-56 旋转对象

11 删除上、下、左、右4个圆点，并在此处绘制矩形，如图11-58所示。

12 执行菜单中【文本】/【插入字符】命令，打开【插入字符】面板，设置合适的文字字体选择字符，将其移动到钟表上，如图11-59所示。

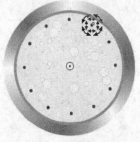

图11-57 旋转复制

图11-58 绘制矩形

图11-59 插入字符

13 再绘制圆角矩形箭头，将其作为时针、分针和秒针，如图11-60所示。

图11-60 绘制图形

14 在时针、分针和秒针旋转的位置绘制一个黑色圆形，至此本例制作完毕，最终效果如图11-61所示。

图11-61 绘制图形

小白兔

实例目的

　　本实例的目的是让大家了解在CorelDRAW X7中绘制与制作小白兔的方法，最终效果如图11-62所示。

图11-62　最终效果

实例要点

　　☆ 绘制椭圆
　　☆ 转换为曲线
　　☆ 调整形状
　　☆ 合并造型

操作步骤

01 执行菜单中【文件】/【新建】命令，新建一个空白文档，使用 ◎（椭圆工具）绘制一个椭圆，按Ctrl+Q组合键将椭圆转换为曲线，使用 ◊（形状工具）调整椭圆形状，如图11-63所示。

02 再使用 ◎（椭圆工具）绘制一个椭圆，按Ctrl+Q组合键将椭圆转换为曲线，使用 ◊（形状工具）调整椭圆形状，此时的椭圆用来作为兔耳朵，如图11-64所示。

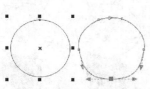

图11-63　绘制椭圆并调整

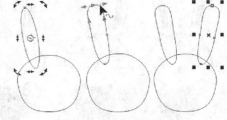

图11-64　绘制椭圆并调整

03 框选所有对象，执行菜单中【对象】/【造型】/【合并】命令，将对象合并为一个整体，再将轮廓加宽，如图11-65所示。

04 在耳朵部位绘制两个黑色椭圆，再绘制三个椭圆作为眼睛和鼻子，效果如图11-66所示。

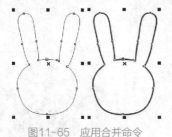

图11-65　应用合并命令

图11-66　绘制椭圆

05 绘制椭圆填充【粉色】并去掉轮廓，按Ctrl+Q组合键转换为曲线后，使用 ◊（形状工具）调整椭圆形状，效果如图11-67所示。

06 在绘制黑色椭圆转换为曲线后，使用 ◊（形状工具）调整椭圆形状，将其作为嘴部形状，再绘制一个椭圆进行连接，效果如图11-68所示。

图11-67 绘制椭圆调整形状

图11-68 嘴部

07 使用 ✎ (手绘工具)绘制曲线作为胡子,效果如图11-69所示。

08 再使用 ◯ (椭圆工具)绘制黑色椭圆作为身体,白色椭圆转为手脚,调整身体顺序,如图11-70所示。

09 复制一个小白兔副本,分别在每个小白兔上添加修饰,为左面的小白兔绘制两个矩形的牙齿,如图11-71所示。

图11-69 绘制曲线

图11-70 绘制椭圆

图11-71 绘制矩形

10 在右侧的小白兔耳朵上绘制椭圆转换为曲线后,调整形状,效果如图11-72所示。

11 复制领结,调整大小,至此本例制作完毕,最终效果如图11-73所示。

图11-72 调整形状

图11-73 最终效果

实例 146 折扇

实例目的

本实例的目的是让大家了解在CorelDRAW X7中绘制与制作折扇的方法,最终效果如图11-74所示。

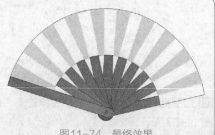

图11-74 最终效果

实例要点

☆ 绘制圆角矩形
☆ 填充底纹
☆ 旋转变换复制对象
☆ 应用【简化】、【相交】造型命令

操作步骤

01 执行菜单中【文件】/【新建】命令，新建一个空白文档，使用 ▢ (矩形工具) 绘制一个矩形，在【属性栏】中设置【圆角值】，如图11-75所示。

02 在工具箱中选择 ▨ (交互式填充工具)，在【属性栏】中设置【填充类型】为 ▨ (底纹填充)，在【底纹库】中选择【样本8】，设置【填充】为【木纹】，如图11-76所示。

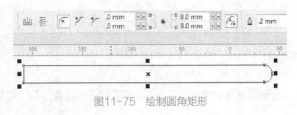

图11-75 绘制圆角矩形

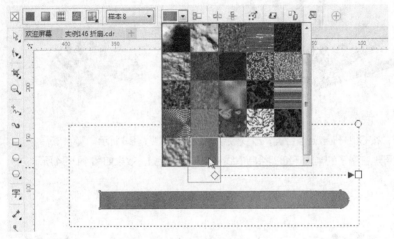

图11-76 填充木纹

03 设置旋转中心点，执行菜单中【对象】/【变换】/【旋转】命令，打开【变换】面板，其参数值设置如图11-77所示。

04 单击【应用】按钮数次，进行旋转复制，效果如图11-78所示。

05 框选所有对象。将扇骨旋转回来，使用 ◯ (椭圆工具) 绘制一个圆形，效果如图11-79所示。

图11-77 【变换】面板

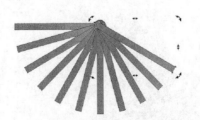

图11-78 旋转复制

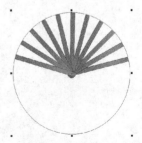

图11-79 旋转

06 复制正圆将其缩小，将两个圆一同选中，执行菜单中【对象】/【造型】/【简化】命令，再删除中间的小圆，效果如图

11-80所示。

07 使用 （贝塞尔工具）沿扇子边缘绘制曲线，选取曲线与圆环，执行菜单中【对象】/【造型】/【相交】命令，效果如图11-81所示。

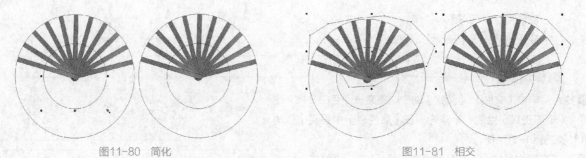

图11-80 简化　　　　　　　　　　　　　　　　图11-81 相交

08 删除圆环和曲线，只留下相交的部分，将填充【白色】，效果如图11-82所示。

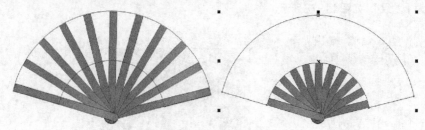

图11-82 填充白色

09 选择最上面的扇骨，按Ctrl+Home组合键，改变顺序，效果如图11-83所示。

10 使用 （贝塞尔工具）在扇子的半圆环纸上绘制曲线，填充【灰色】，效果如图11-84所示。

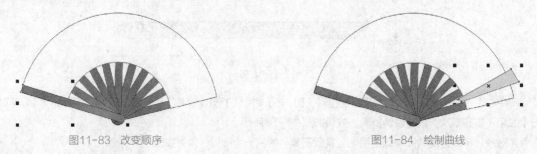

图11-83 改变顺序　　　　　　　　　　　　　　图11-84 绘制曲线

11 调出旋转中心点，将其调整到扇骨中心点，设置【角度】为15°，单击【应用】按钮，效果如图11-85所示。

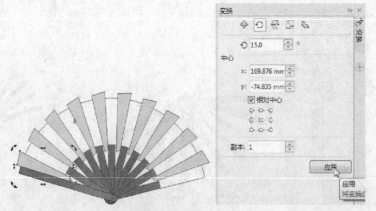

图11-85 旋转复制

12 将曲线以及副本一同选中，按Ctrl+L组合键进行【合并】，再将后面的半圆环一同选取，执行菜单中【对象】/【造型】/【相交】命令，效果如图11-86所示。

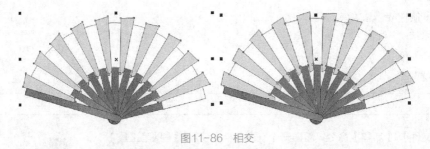

图11-86 相交

13 删除合并曲线，将相交区域填充为【灰色】，效果如图11-87所示。

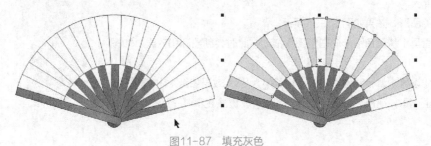

图11-87 填充灰色

14 去掉轮廓，在扇骨中心点处绘制一个黑色圆点，至此本例制作完毕，最终效果如图11-88所示。

图11-88 最终效果

<table><tr><td>实例
147</td><td>**酒瓶**</td></tr></table>

┃ **实例目的** ┃

本实例的目的是让大家了解在CorelDRAW X7中绘制与制作酒瓶的方法，最终效果如图11-89所示。

图11-89 最终效果

实例要点

☆ 绘制酒瓶形状

☆ 添加调和制作立体感效果

☆ 绘制艺术笔

☆ 调整不透明度

☆ 转换为位图

操作步骤

01 执行菜单中【文件】/【新建】命令，新建一个空白文档，使用 ![钢笔] （钢笔工具）在背景上绘制一个酒瓶的轮廓，填充为（C:100、M:20、Y:0、K:0），取消轮廓，效果如图11-90所示。

02 绘制一个白色的图形，效果如图11-91所示。

03 使用 ![调和] （调和工具）从蓝色图形向白色图形拖动，此时会创建调和效果，如图11-92所示。

04 在【属性栏】中设置【调和对象】中的【步长】为53，效果如图11-93所示。

05 使用 ![椭圆] （椭圆工具）在瓶口处绘制椭圆轮廓，设置颜色为【青色】，如图11-94所示。

图11-90 取消轮廓后的效果　　图11-91 绘制图形

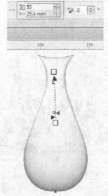

图11-92 调和　　　　　图11-93 设置步长　　　　　图11-94 绘制椭圆

06 选择 ![交互式填充工具] （交互式填充工具）后，在【属性栏】中单击 ![渐变填充] （渐变填充）按钮，再单击 ![编辑填充] （编辑填充）按钮，打开【编辑填充】对话框，其参数值设置如图11-95所示。

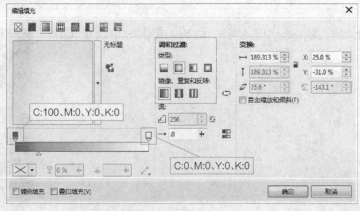

图11-95 【编辑填充】对话框

07 设置完毕，单击【确定】按钮，效果如图11-96所示。

08 按Ctrl+C组合键复制、再按Ctrl+V组合键粘贴，得到一个副本，单击属性栏中的 （水平镜像）按钮 ，右键单击⊠（无填充）色块取消椭圆的轮廓效果，将副本缩小，如图11-97所示。

09 在瓶底处绘制椭圆，填充渐变色制作出瓶底效果，调整顺序，如图11-98所示。

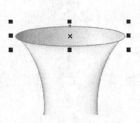

图11-96　渐变填充后

图11-97　复制翻转

图11-98　酒瓶

10 选择工具箱中的 （艺术笔工具），单击【属性栏】中的 （喷涂）按钮，设置【类别】为【植物】，在下拉列表中选择【植物】，在文档上绘制小绿花，效果如图11-99所示。

11 按Ctrl+K组合键打散路径，删除选择绘制的路径，再按Ctrl+U组合键取消群组，选择其中的一个小花，如图11-100所示。

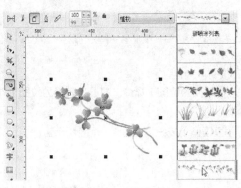

图11-99　绘制绿花

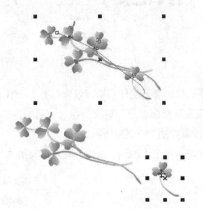

图11-100　选择对象

12 移动选择的小花，将其拖动到瓶边，效果如图11-101所示。

13 框选小花，复制得到副本，填充【青色】，效果如图11-102所示。

14 使用 （透明度工具）设置【透明度】为62，效果如图11-103所示。

图11-101　移动并复制

图11-102　复制

图11-103　设置透明

15 使用 （文本工具）在酒瓶上键入文字，效果如图11-104所示。

16 再键入红色文字，绘制一个矩形框，效果如图11-105所示。

17 选择矩形框，执行菜单中【效果】/【艺术笔】命令，打开【艺术笔】面板，选择并单击画笔，效果如图11-106所示。

图11-104　键入文字（1）

图11-105　键入文字（2）

18 按Ctrl+K组合键打散，将矩形轮廓删除，将其填充为【红色】，效果如图11-107所示。

图11-106　描边

图11-107　填充红色

19 此时酒瓶修饰部分制作完毕，效果如图11-108所示。

20 框选瓶身及修饰部分，复制得到一个副本，执行菜单中【位图】/【转换为位图】命令，打开【转换为位图】对话框，其参数值设置如图11-109所示。

21 设置完毕，单击【确定】按钮，将副本转换为位图后，单击 （垂直镜像）按钮，如图11-110所示。

图11-108　酒瓶效果

图11-109　【转换为位图】对话框

图11-110　翻转

22 按Ctrl+PgDn组合键将位图向下调整顺序，效果如图11-111所示。

23 使用 （透明度工具）从上向下拖动创建渐变透明，效果如图11-112所示。

24 选择瓶底，复制得到副本，向下移动，效果如图11-113所示。

25 使用 （透明度工具）设置【透明度】为51，效果如图11-114所示。

26 绘制矩形，填充渐变色，将其作为背景，至此本例制作完毕。最终效果如图11-115所示。

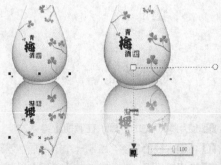

图11-111　调整顺序　　图11-112　创建透明

图11-113 选择瓶底

图11-114 设置透明

图11-115 最终效果

实例 148 智能手机

实例目的

本实例的目的是让大家了解在CorelDRAW X7中绘制与制作智能手机的方法,最终效果如图11-116所示。

图11-116 最终效果

实例要点

☆ 绘制圆角矩形

☆ 绘制圆形,设置透明度

☆ 图框精确剪裁

操作步骤

01 执行菜单中【文件】/【新建】命令,新建一个空白文档,使用 ▢(矩形工具)绘制一个矩形,在【属性栏】中设置【圆角值】,如图11-117所示。

02 使用 ▣(轮廓图工具)在矩形边框上向内拖动,为其设置轮廓图效果,在【属性栏】中设置轮廓图参数,如图11-118所示。

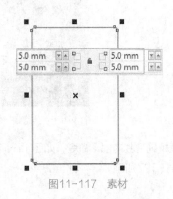

图11-117 素材

图11-118 设置轮廓图

03 复制两个副本缩小后，按Ctrl+Q组合键将其转换为曲线，调整形状，按Ctrl+End组合键将其调整到最后一层，效果如图11-119所示。

04 使用 ◯（椭圆工具）绘制红色和灰色圆形，如图11-120所示。

05 使用 ▨（透明度工具）设置【透明度】为69，效果如图11-121所示。

图11-119　调整顺序

图11-120　绘制圆形

图11-121　设置透明度

06 选择 ▨（交互式填充工具），在【属性栏】中单击 ▨（PostScript填充）按钮，再单击 ▨（编辑填充）按钮，打开的【编辑填充】对话框，其参数值设置如图11-122所示。

图11-122　【编辑填充】对话框

07 设置完毕，单击【确定】按钮，再使用 ▨（透明度工具）设置【透明度】为67，效果如图11-123所示。

08 使用 ▨（文本工具）键入文字，绘制灰色矩形，效果如图11-124所示。

09 导入"素材/第11章/手机屏幕"，如图11-125所示。

图11-123　填充后设置透明度

图11-124　键入文字绘制矩形

图11-125　导入素材

10 使用鼠标右键拖动素材到矩形上，松开鼠标，在弹出的菜单中执行【图框精确剪裁内部】命令，如图11-126所示。

11 应用【图框精确剪裁内部】命令后，会将素材添加到矩形容器内，如图11-127所示。

图11-126 右键移动

图11-127 图框精确剪裁

12 按住Ctrl键在空白处单击鼠标,完成图框精确剪裁,效果如图11-128所示。

13 使用 ✎(贝塞尔工具)绘制一条封闭曲线,将其填充【白色】,如图11-129所示。

14 使用 ▲(透明度工具)设置【透明度】为81,至此本例制作完毕,最终效果如图11-130所示。

图11-128 图框精确剪裁

图11-129 设置渐变色并填充

图11-130 最终效果

实例 149 轮胎

实例目的

　　本实例的目的是让大家了解在CorelDRAW X7中绘制与制作轮胎的方法,最终效果如图11-131所示。

图11-131 最终效果

实例要点

　　☆ 绘制图形,使用交互式填充工具填充渐变色

　　☆ 组合对象

　　☆ 旋转复制对象

　　☆ 转换为位图

　　☆ 添加渐变透明

┃ 操作步骤 ┃

01 执行菜单中【文件】/【新建】命令，新建一个默认大小的空白文档，使用 ◯（椭圆工具）绘制圆形，为其填充渐变色，在边缘上绘制3根线条，调出旋转中心点，将其进行旋转复制，效果如图11-132所示。

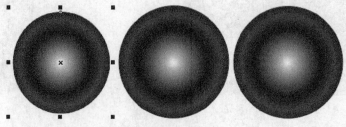

图11-132 绘制圆形

02 绘制圆形填充渐变色，在渐变色上绘制图形，调出旋转中心点，进行旋转复制，效果如图11-133所示。

图11-133 绘制图形并旋转复制

03 绘制圆形填充渐变色，并在上面绘制4个圆环，效果如图11-134所示。

04 将轮胎进行复制，转换为【位图】，使用 ▦（透明度工具）制作倒影。至此本例制作完毕，最终效果如图11-135所示。

图11-135 最终效果

图11-134 编辑

| 实例 **150** | **卡通小猪** |

┃ 实例目的 ┃

　　本实例的目的是让大家了解在CorelDRAW X7中绘制与制作卡通小猫的方法，最终效果如图11-136所示。

图11-136 最终效果

☆ 绘制椭圆，转换曲线
☆ 调整形状
☆ 调整顺序
☆ 智能填充颜色

操作步骤

01 执行菜单中【文件】/【新建】命令，新建一个默认大小的空白文档，使用◯（椭圆工具）绘制椭圆，转换为曲线后调整形状，绘制小猪的头部，效果如图11-137所示。

02 绘制椭圆，转换为曲线后，调整形状，绘制身体部分，效果如图11-138所示。

03 再绘制小猪的猪脚。至此本例制作完毕，最终效果如图11-139所示。

图11-137 绘制头部

图11-138 绘制身体

图11-139 最终效果

实例 151 小猫

实例目的

本实例的目的是让大家了解在CorelDRAW X7中绘制与制作小猫的方法，最终效果如图11-140所示。

图11-140 最终效果

实例要点

☆ 绘制圆形和三角形
☆ 绘制基本形状
☆ 使用形状工具调整形状
☆ 绘制黑色椭圆，转换为位图
☆ 设置不透明度
☆ 设置轮廓宽度
☆ 转换为曲线
☆ 绘制贝塞尔曲线
☆ 添加高斯式模糊

01 执行菜单中【文件】/【新建】命令，新建一个默认大小的空白文档。首先绘制小猫的头部，使用 🔲（椭圆工具）绘制圆形，调整轮廓宽度，使用 ✎（贝塞尔工具）绘制曲线作为嘴巴，再使用 🔲（多边形工具）绘制三角形，将其作为猫耳朵，效果如图11-141所示。

02 再绘制小猫的身体。绘制一个椭圆转换为曲线后，使用 🔖（形状工具）调整形状，效果如图11-142所示。

03 再绘制小猫的爪子和腿部，效果如图11-143所示。

图11-141 绘制小猫头部

04 使用 ✎（贝塞尔工具）绘制小猫尾巴，在身体下面绘制一个灰色椭圆，转换为【位图】，应用【高斯式模糊】，再调整透明度制作影子，至此本例制作完毕，最终效果如图11-144所示。

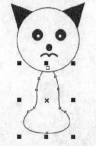

图11-142 绘制小猫身体

图11-143 爪子和腿部

图11-144 最终效果

实例 152 马克杯

┥ 实例目的 ┝

本实例的目的是让大家了解在CorelDRAW X7中绘制与制作马克杯的方法，最终效果如图11-145所示。

图11-145 最终效果

┥ 实例要点 ┝

☆ 绘制矩形，转换为曲线

☆ 填充渐变色

☆ 绘制椭圆，应用调和工具调和对象

☆ 复制对象设置透明度

☆ 绘制杯子手柄

☆ 应用轮廓图制作立体效果

┥ 操作步骤 ┝

01 执行菜单中【文件】/【新建】命令，新建一个默认大小的空白文档，使用 🔲（矩形工具）和 🔲（椭圆工具）绘制杯身并填充渐变色，效果如图11-146所示。

图11-146 绘制杯身

02 导入素材，键入文字，使用 🖼 （封套工具）调整形状，再使用 🖼 （透明度工具）调整透明，效果如图11-147所示。

03 绘制杯子手柄，使用 🖼 （轮廓图工具）制作立体效果，至此本例制作完毕，最终效果如图11-148所示。

图11-147 调整形状

图11-148 最终效果

实例 153 电量

实例目的

　　本实例的目的是让大家了解在CorelDRAW X7中绘制与制作电量的方法，最终效果如图11-149所示。

图11-149 最终效果

实例要点

☆ 绘制矩形，填充渐变色

☆ 设置圆角矩形

☆ 设置透明度

☆ 调整顺序

☆ 使用透明工具添加投影

操作步骤

01 执行菜单中【文件】/【新建】命令，新建一个默认大小的空白文档，使用 🖼 （矩形工具）绘制一个矩形，填充渐变色并调整透明度，效果如图11-150所示。

02 绘制矩形，设置圆角值后，设置不透明度，效果如图11-151所示。

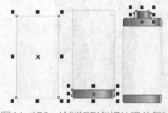
图11-150 绘制矩形斜切处理并复制

图11-151 透明度设置

03 绘制绿色渐变矩形，调整顺序，制作倒影。至此本例制作完毕，最终效果如图11-152所示。

图11-152 最终效果

实例 154 表情

┃ 实例目的 ┃

本实例的目的是让大家了解在CorelDRAW X7中绘制与制作表情的方法，最终效果如图11-153所示。

图11-153 最终效果

┃ 实例要点 ┃

☆ 绘制椭圆，转换为曲线

☆ 使用调整工具调整形状

☆ 调整对象顺序

☆ 替换眼睛、眉毛和嘴

┃ 操作步骤 ┃

01 执行菜单中【文件】/【新建】命令，新建一个默认大小的空白文档，使用 ◎（椭圆工具）绘制椭圆按Ctrl+Q组合键转换为曲线，再使用 ◎（形状工具）调整曲线形状，依次绘制头和眉毛，效果如图11-154所示。

02 再绘制椭圆作为耳朵，使用🔲（矩形工具）绘制矩形，转换为曲线后调整为嘴型，再使用🖊（钢笔工具）绘制鼻子嘴唇线，效果如图11-155所示。

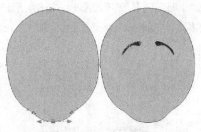
图11-154 头和眼眉

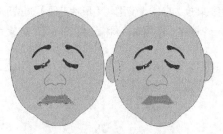
图11-155 鼻子、嘴、耳朵

03 使用🖊（手绘工具）绘制一个发型的封闭区域，将其填充为【黑色】，复制表情改变眼睛、嘴巴眉毛的形状，使其出现多个表情，至此本例制作完毕，最终效果如图11-156所示。

图11-156 最终效果

实 例
155 **珍珠项链**

▌实例目的 ▐

　　本实例的目的是让大家了解在CorelDRAW X7中绘制与制作珍珠项链的方法，最终效果如图11-157所示。

图11-157 最终效果

▌实例要点 ▐

　　☆ 绘制椭圆，转换为曲线

　　☆ 调整形状

　　☆ 使用调和工具创建调和

　　☆ 更换新调和路径

　　☆ 沿全路径调和

　　☆ 使用透明度工具制作倒影

操作步骤

01 执行菜单中【文件】/【新建】命令，新建一个默认大小的空白文档，使用 ▢（椭圆工具）绘制一个椭圆形，按 Ctrl+Q 组合键将其转换为曲线，使用 ▨（形状工具）调整形状，将椭圆形填充为【渐变色】，效果如图11-158所示。

02 复制一个副本，使用 ▨（调和工具）在两个对象上拖动，创建调和效果，再绘制一个半椭圆路径，如图11-159所示。

图11-158　绘制椭圆调整形状　　　　　　　　　　图11-159　调和

03 在【属性栏】中单击【新路径】命令，使用箭头在半椭圆上单击，改变路径，效果如图11-160所示。

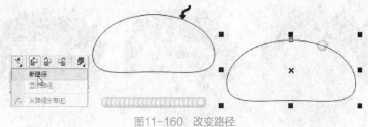

图11-160　改变路径

04 在【属性栏】中单击【沿全路径调和】命令，为其制作一个背景，至此本例制作完毕，最终效果如图11-161所示。

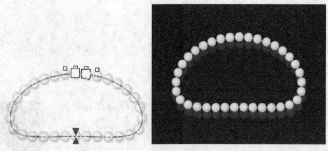

图11-161　最终效果

实例 156　电池人

实例目的

　　本实例的目的是让大家了解在CorelDRAW X7中绘制与制作电池人的方法，最终效果如图11-162所示。

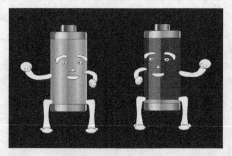

图11-162　最终效果

实例要点

- ☆ 绘制椭圆形，转换为曲线
- ☆ 使用形状工具调整形状
- ☆ 调整顺序
- ☆ 复制水平翻转

操作步骤

01 执行菜单中【文件】/【新建】命令，新建一个默认大小的空白文档，导入"素材/第11章/电量"，使用 （椭圆工具）绘制椭圆形，按Ctrl+Q组合键转换为曲线，调整椭圆形状，效果如图11-163所示。

02 依次绘制眼睛，鼻子、嘴，效果如图11-164所示。

图11-163　绘制眉毛

图11-164　填充颜色

03 再绘制手臂、手、腿和脚，至此本例制作完毕，最终效果如图11-165所示。

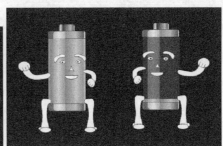

图11-165　最终效果

<table>
<tr><td>实　例
157</td><td>鸡蛋创意</td></tr>
</table>

实例目的

本实例的目的是让大家了解在CorelDRAW X7中绘制与制作鸡蛋创意的方法，最终效果如图11-166所示。

图11-166　最终效果

┨ 实例要点 ┠

☆ 绘制椭圆形，填充颜色

☆ 绘制曲线，使用形状工具调整形状

☆ 图框精确剪裁

┨ 操作步骤 ┠

01 执行菜单中【文件】/【新建】命令，新建一个默认大小的空白文档，导入"素材/第11章/鸡蛋"，在其中的一枚鸡蛋上绘制眼睛和嘴，效果如图11-167所示。

02 在第2个鸡蛋上绘制眼睛和嘴，效果如图11-168所示。

图11-167　绘制眼睛和嘴（1）

图11-168　绘制眼睛和嘴（2）

03 在第3枚鸡蛋上绘制眼睛和嘴，沿鸡蛋边缘绘制一个封闭轮廓，将眼睛和嘴进行【图框精确剪裁】，至此本例制作完毕，最终效果如图11-169所示。

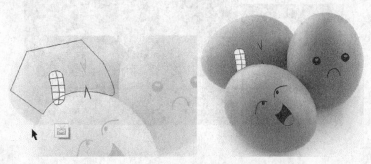

图11-169　最终效果

第 12 章

企业形象设计

本章针对CorelDRAW软件的矢量绘图以及位图编辑特性，将软件设计特色结合到企业形象设计中，介绍了一些企业形象的设计方法。

实 例
158 图标01

实例目的

本实例的目的是让大家了解在CorelDRAW X7中绘制与制作图标01的方法，最终效果如图12-1所示。

图12-1 最终效果

实例要点

☆ 使用椭圆工具绘制圆形
☆ 使用艺术笔描边路径
☆ 拆分艺术笔
☆ 改变艺术笔颜色
☆ 键入文字改变颜色

操作步骤

01 执行菜单中【文件】/【新建】命令，新建一个默认大小的空白文档，使用 （椭圆工具）绘制一个圆形，如图12-2所示。

02 执行菜单中【效果】/【艺术笔】命令，在【艺术笔】面板中选择笔触后单击，效果如图12-3所示。

03 使用 （选择工具）单击对象调出旋转变换框后，拖动控制点，将对象进行旋转，效果如图12-4所示。

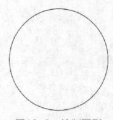

图12-2 绘制圆形

04 使用 （艺术笔工具）选择笔触后，在页面中绘制，如图12-5所示。

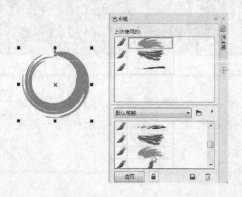

图12-3 描边艺术笔

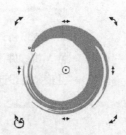

图12-4 旋转

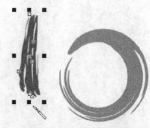

图12-5 绘制艺术笔

05 按Ctrl+K组合键拆分艺术笔，将其中的路径删除，变换对象后，将其填充为【橘色】，效果如图12-6所示。

06 使用同样的方法制作另外两笔，再绘制一个圆形，填充【橘色】，效果如图12-7所示。

图12-6　拆分艺术笔并变换　　　　　　　　　　　图12-7　绘制艺术笔

07 使用字（文本工具）选择合适的文字字体，后在图标下面键入文字【康达盈创】，如图12-8所示。

08 将文字颜色分别填充为【青色】和【橘色】，至此本例制作完毕，最终效果如图12-9所示。

图12-8　键入文字　　　　　　　　　　　　图12-9　最终效果

实例 159　图标02

实例目的

　　本实例的目的是让大家了解在CorelDRAW X7中绘制与制作图标02的方法，最终效果如图12-10所示。

图12-10　最终效果

实例要点

☆ 绘制两个圆形
☆ 应用【简化】造型
☆ 使用形状工具调整形状
☆ 应用【相交】造型
☆ 调整透明度
☆ 键入文字改变颜色

操作步骤

01 执行菜单中【文件】/【新建】命令，新建一个默认大小的空白文档，使用（椭圆工具）绘制两个圆形为其应用【简化】造型命令，如图12-11所示。

02 将简化后的月牙转换为曲线，使用 ▶ (形状工具) 调整形状，并将其填充为【青色】，再绘制圆形和其他图形，效果如图12-12所示。

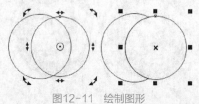

图12-11 绘制图形

图12-12 编辑

03 应用【相交】造型命令，将相交的区域填充为【橘色】，效果如图12-13所示。

04 键入文字，在图标上制作高光。至此本例制作完毕，最终效果如图12-14所示。

图12-13 填充橘色

图12-14 最终效果

实 例 160

图标03

┨ 实例目的 ┠

本实例的目的是让大家了解在CorelDRAW X7中绘制与制作图标03的方法，最终效果如图12-15所示。

图12-15 最终效果

┨ 实例要点 ┠

☆ 绘制圆形，填充颜色

☆ 调整位置和大小

☆ 复制对象进行翻转

☆ 应用【相交】造型

☆ 键入文字改变颜色

┨ 操作步骤 ┠

01 执行菜单中【文件】/【新建】命令，新建一个默认大小的空白文档，使用 ◯ (椭圆工具) 绘制圆形，效果如图12-16所示。

02 复制圆形，进行翻转复制后，改变颜色，效果如图12-17所示。

图12-16 填充渐变色

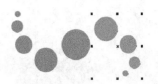

图12-17 复制

03 将中间的圆形制作一个相交区域，并进行填充，效果如图12-18所示。

04 键入文字。至此本例制作完毕，最终效果如图12-19所示。

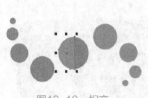

图12-18 相交

图12-19 最终效果

実 例
161　图标04

| 实例目的 |

　　本实例的目的是让大家了解在CorelDRAW X7中绘制与制作图标04的方法，最终效果如图12-20所示。

图12-20 最终效果

| 实例要点 |

☆ 绘制两个圆形
☆ 应用【简化】造型
☆ 旋转复制对象
☆ 键入文字，填充颜色
☆ 绘制圆角矩形，调整顺序

| 操作步骤 |

01 执行菜单中【文件】/【新建】命令，新建一个默认大小的空白文档，使用
⬭（椭圆工具）绘制两个圆形为其应用【简化】造型命令，调出旋转中心点，效果如图12-21所示。

02 通过【旋转】变换面板，进行旋转复制，效果如图12-22所示。

03 键入文字，调整文字颜色。至此本例制作完毕，最终效果如图12-23所示。

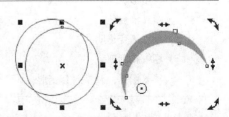

图12-21 绘制矩形和椭圆并编辑透明

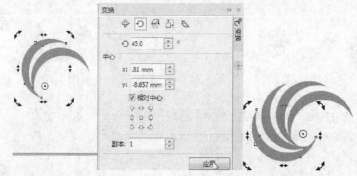

图12-22　图框精确剪裁

图12-23　最终效果

实例 162　一次性纸杯

┃ **实例目的** ┃

　　本实例的目的是让大家了解在CorelDRAW X7中绘制与制作一次性纸杯的方法，最终效果如图12-24所示。

图12-24　最终效果

┃ **实例要点** ┃

☆　使用贝塞尔工具绘制轮廓

☆　使用椭圆工具绘制椭圆

☆　使用形状工具调整形状

☆　填充渐变色

☆　添加渐变透明

☆　图框精确剪裁

☆　导入图标，调整封套变形

┃ **操作步骤** ┃

01 执行菜单中【文件】/【新建】命令，新建一个默认大小的空白文档，使用 （贝塞尔工具）在文档中绘制杯身轮廓，

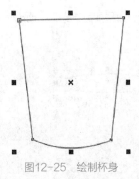

图12-25 绘制杯身

如图12-25所示。

02 选择 🖉（交互式填充工具）后，在【属性栏】中单击 ▣（渐变填充）按钮，再单击 🖉（编辑填充）按钮，打开【编辑填充】对话框，其参数值设置如图12-26所示。

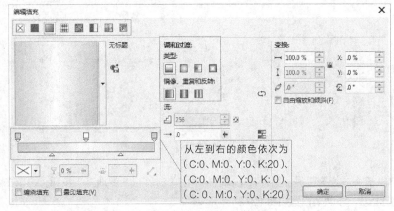

从左到右的颜色依次为（C:0、M:0、Y:0、K:20）、（C:0、M:0、Y:0、K:0）、（C:0、M:0、Y:0、K:20）

图12-26 【编辑填充】对话框

03 设置完毕，单击【确定】按钮，用鼠标右键单击 ⊠（无填充）色块，取消轮廓，效果如图12-27所示。

04 使用 ✎（贝塞尔工具）在杯身上绘制灰色轮廓线，如图12-28所示。

图12-27 填充渐变色

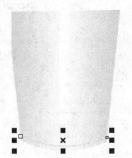

图12-28 绘制轮廓线

05 选择工具箱中的 🖉（艺术笔工具），单击【属性栏】中的 🖉（喷涂）按钮，设置【类别】为【植物】，在下拉列表中选择需要的植物，在文档上绘制小花，如图12-29所示。

06 按Ctrl+K组合键拆分曲线，删除选择路径，如图12-30所示。

07 使用 🖉（透明度工具）在小花上拖动，创建线性透明，如图12-31所示。

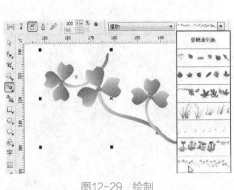

图12-29 绘制

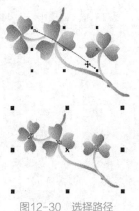

图12-30 选择路径

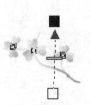

图12-31 线性透明

08 使用鼠标右键将小花拖动到杯子上，松开鼠标，在弹出菜单中执行【图框精确剪裁内部】命令，效果如图12-32所示。

09 使用 (椭圆工具) 在杯身处绘制椭圆轮廓，如图12-33所示。

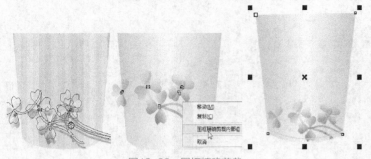

图12-32　图框精确剪裁

图12-33　绘制椭圆轮廓

10 选择 (交互式填充工具) 后，在【属性栏】中单击 (渐变填充) 按钮，再单击 (编辑填充) 按钮，打开【编辑填充】对话框，其参数值设置如图12-34所示。

11 设置完毕，单击【确定】按钮，将轮廓填充为【淡灰色】，效果如图12-35所示。

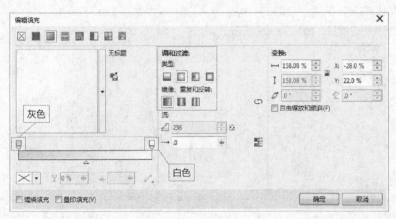

图12-34　【编辑填充】对话框

图12-35　填充渐变

12 使用 (轮廓图工具) 在轮廓上向外拖动，添加轮廓，设置属性如图12-36所示。

13 将之前制作的图标导入到杯子上，通过 (封套工具) 调整素材形状。完成一次性纸杯的制作，最终效果如图12-37所示。

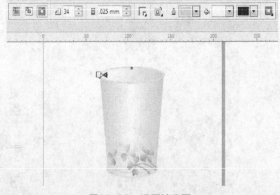

图12-36　设置轮廓图

图12-37　最终效果

实例 163 帽子

实例目的

本实例的目的是让大家了解在CorelDRAW X7中绘制与制作帽子的方法，最终效果如图12-38所示。

图12-38 最终效果

实例要点

☆ 使用贝塞尔工具绘制曲线和形状
☆ 填充渐变色
☆ 添加渐变透明
☆ 添加阴影
☆ 调整顺序

操作步骤

01 执行菜单中【文件】/【新建】命令，新建一个默认大小的空白文档，使用 （贝塞尔工具）在文档中绘制帽子的轮廓路径，填充渐变色，效果如图12-39所示。

02 使用 （贝塞尔工具）在冒顶处绘制轮廓，填充灰色，效果如图12-40所示。

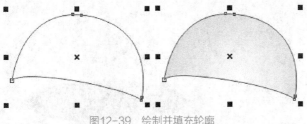

图12-39 绘制并填充轮廓

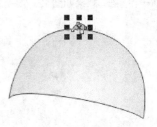

图12-40 冒顶

03 使用 （贝塞尔工具）绘制帽檐，填充白色，效果如图12-41所示。

04 复制帽檐，移动使帽檐产生立体效果，如图12-42所示。

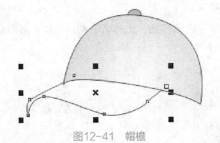

图12-41 帽檐

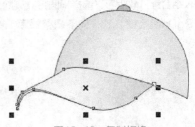

图12-42 复制帽檐

05 使用 （贝塞尔工具）绘制路径设置【样式】为虚线，如图12-43所示。

06 制作帽子内侧，填充灰色，调整顺序到后面，效果如图12-44所示。

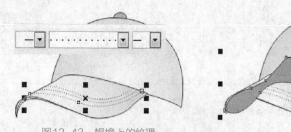

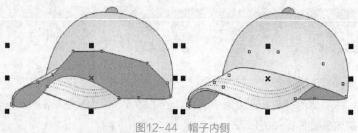

图12-43　帽檐上的纹理　　　　　　　　　　　　图12-44　帽子内侧

07 使用 ╲ （贝塞尔工具）绘制帽子上的阴影填充灰色，使用 ▦ （透明度工具）在上面拖动创建透明，效果如图12-45所示。

08 框选整个帽子，用鼠标右键单击 ⊠ （无填充）色块，取消轮廓，再绘制一条轮廓曲线，效果如图12-46所示。

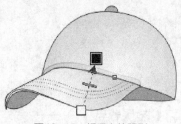

图12-45　帽子上的阴影

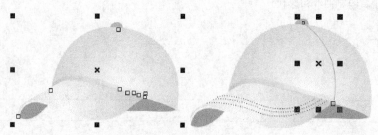

图12-46　帽子上的轮廓

09 将之前制作的图标导入到帽子前面，调整大小，效果如图12-47所示。

10 绘制一个椭圆，效果如图12-48所示。

图12-47　帽子的标志

图12-48　绘制椭圆

11 使用 ▢ （阴影工具）在椭圆上向下拖动，产生投影效果，如图12-49所示。

12 按Ctrl+K组合键打散阴影，选择椭圆将其删除，效果如图12-50所示。

13 按Ctrl+PgDn组合键几次，向下调整顺序，直到将椭圆调整到帽子后面位置，此时帽子制作完毕，最终效果如图12-51所示。

图12-49　应用投影

图12-50　删除

图12-51　最终效果

<table>
<tr><td>实 例
164</td><td>## T恤衫</td></tr>
</table>

┨ 实例目的 ┠

　　本实例的目的是让大家了解在CorelDRAW X7中绘制
与制作T恤衫的方法，最终效果如图12-52所示。

图12-52　最终效果

┨ 实例要点 ┠

　　☆ 使用贝塞尔工具绘制形状
　　☆ 填充颜色
　　☆ 导入图标

┨ 操作步骤 ┠

01 执行菜单中【文件】/【新建】命令，新建一个默认大小的空白文档，使用 ✎（贝塞尔工具）在文档中绘制T恤主身轮
廓，如图12-53所示。

02 绘制衣领，效果如图12-54所示。

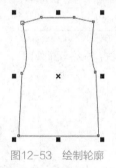

图12-53　绘制轮廓

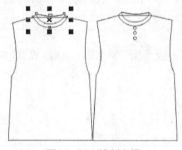

图12-54　绘制衣领

03 绘制衣袖，效果如图12-55所示。

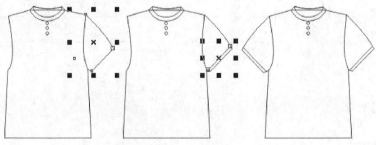

图12-55　绘制衣袖

04 使用同样的方法绘制衣服背面，效果如图12-56所示。

05 为对象填充【青色】，效果如图12-57所示。

图12-56 绘制背面　　　　　　　　　　　图12-57 填充绿色

06 在T恤正面绘制一个下面【圆角值】为3mm的圆角矩形，复制将其缩小，填充为【青色】，再绘制一个【橘色】圆形，效果如图12-58所示。

07 将之前制作的图标导入到衣服前面，至此本例制作完毕，最终效果如图12-59所示。

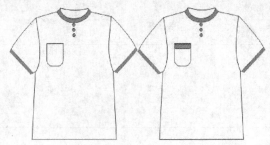

图12-58 绘制图形　　　　　　　　　　　图12-59 最终效果

实例 165　道旗

▌实例目的 ▌

　　本实例的目的是让大家了解在CorelDRAW X7中绘制与制作道旗的方法，最终效果如图12-60所示。

图12-60 最终效果

▌实例要点 ▌

☆ 绘制矩形

☆ 填充渐变色

☆ 造型【相交】命令

☆ 复制副本

☆ PostScript填充

☆ 设置透明度

━┃ 操作步骤 ┃━

01 执行菜单中【文件】/【新建】命令，新建一个默认大小的空白文档，使用 ▯（矩形工具）绘制一个矩形，如图12-61所示。

02 选择 ▨（交互式填充工具）后，在【属性栏】中单击 ▨（渐变填充）按钮，再单击 ▨（编辑填充）按钮，打开【编辑填充】对话框，其参数值设置如图12-62所示。

03 设置完毕，单击【确定】按钮，用鼠标右键单击 ⊠（无填充）色块，取消矩形的轮廓效果，效果如图12-63所示。

04 拖动渐变矩形的同时右键单击鼠标，系统会复制一个矩形副本，设置【旋转】为90°，拖动控制点将矩形副本缩小，效果如图12-64所示。

05 使用 ▢（椭圆工具）在两个矩形相交的位置绘制一个圆，如图12-65所示。

图12-61 绘制矩形

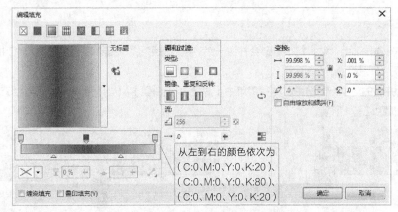

图12-62 【编辑填充】对话框

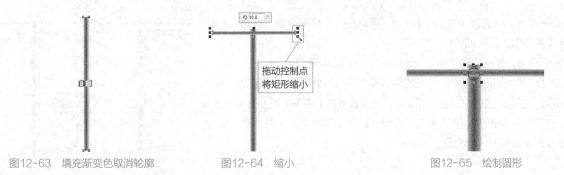

图12-63 填充渐变色取消轮廓　　　　图12-64 缩小　　　　图12-65 绘制圆形

06 选择 ▨（交互式填充工具）后，在【属性栏】中单击 ▨（渐变填充）按钮，再单击 ▨（编辑填充）按钮，打开【编辑填充】对话框，其参数值设置如图12-66所示。

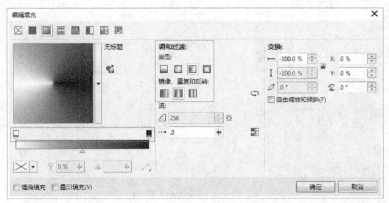

图12-66 【编辑填充】对话框

07 设置完毕，单击【确定】按钮，用鼠标右键单击⊠（无填充）色块，取消圆形的轮廓效果，效果如图12-67所示。

08 使用▢（矩形工具）绘制一个矩形，填充【淡灰色】，效果如图12-68所示。

09 绘制矩形填充【橘色】，复制4个副本，效果如图12-69所示。

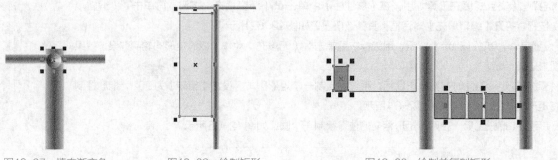

图12-67 填充渐变色　　　　图12-68 绘制矩形　　　　图12-69 绘制并复制矩形

10 框选5个小矩形，按Ctrl+L组合键，将小矩形合并为一个对象，使用✎（贝塞尔工具）绘制一个封闭对象，如图12-70所示。

11 将绘制的对象与合并后的对象一同选中，执行菜单中【对象】/【造型】/【相交】命令，得到相交区域，将其他区域删除，去掉轮廓，效果如图12-71所示。

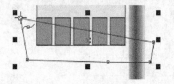
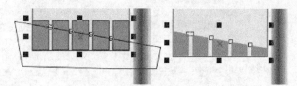

图12-70 合并后绘制封闭对象　　　　　　图12-71 相交

12 复制一个副本，将其填充为【青色】，再单击▣（垂直镜像）按钮，将副本移到矩形顶部，效果如图12-72所示。

13 绘制一个圆角矩形和两个圆形，效果如图12-73所示。

14 选择后面的大矩形，按Ctrl+C组合键复制，再按Ctrl+V组合键粘贴，得到一个副本，选择▨（交互式填充工具）后，在【属性栏】中单击▣（PostScript填充）按钮，再单击▨（编辑填充）按钮，打开【编辑填充】对话框，其参数值设置效果如图12-74所示。

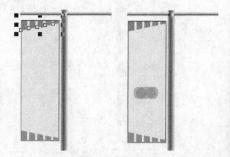

图12-72 复制　　　图12-73 绘制图形

图12-74 【编辑填充】对话框

15 设置完毕，单击【确定】按钮，效果如图12-75所示。

16 使用 （透明度工具）设置不透明度，效果如图12-76所示。

17 键入直排文字，再将之前制作的图标导入到矩形上面，将左面的对象一同选取，按Ctrl+D组合键复制一个副本，单击 （水平镜像）按钮，效果如图12-77所示。

18 将右面的文字和对象删除，再键入其他合适的文字，在数字上插入一个电话字符。至此本例制作完毕，最终效果如图12-78所示。

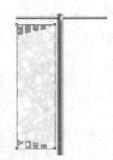

图12-75　PostScript填充

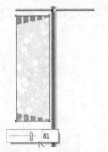

图12-76　设置不透明度

图12-77　复制

图12-78　最终效果

实例
166　名片

实例目的

本实例的目的是让大家了解在CorelDRAW X7中绘制与制作名片的方法，最终效果如图12-79所示。

图12-79　最终效果

实例要点

☆ 绘制矩形

☆ 绘制直线，调整形状

☆ 键入文字

☆ 导入图标

操作步骤

01 执行菜单中【文件】/【新建】命令，新建一个默认大小的空白文档，使用 （矩形工具）绘制一个【宽度】为

95mm、【高度】为55mm的矩形，效果如图12-80所示。

02 使用 🖊 （手绘工具）绘制一条横线，再使用 🖌 （形状工具）调整形状，效果如图12-81所示。

图12-80 绘制矩形

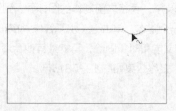

图12-81 调整形状

03 键入文字，导入"素材/第12章/logo"，绘制修饰矩形，至此本例制作完毕。使用相似的方法制作另外的几个效果，最终效果如图12-82所示。

图12-82 最终效果

实例 167 背景墙

┤ 实例目的 ┠

本实例的目的是让大家了解在CorelDRAW X7中绘制与制作背景墙的方法，最终效果如图12-83所示。

图12-83 最终效果

┤ 实例要点 ┠

☆ 绘制圆角矩形

☆ 填充底纹

☆ 复制对象，添加调和效果

☆ 添加立体化效果

☆ 添加阴影效果

操作步骤

01 执行菜单中【文件】/【新建】命令，新建一个空白文档，使用 ▢（矩形工具）绘制一个【圆角值】为5mm的圆角矩形，如图12-84所示。

02 在工具箱中选择 ◈（交互式填充工具），在【属性栏】中设置【填充类型】为 ▨（底纹填充），在【底纹库】中选择【样本8】，设置【填充】为【木纹】，如图12-85所示。

03 按Ctrl+D组合键复制一个副本，将其移动到另一端，效果如图12-86所示。

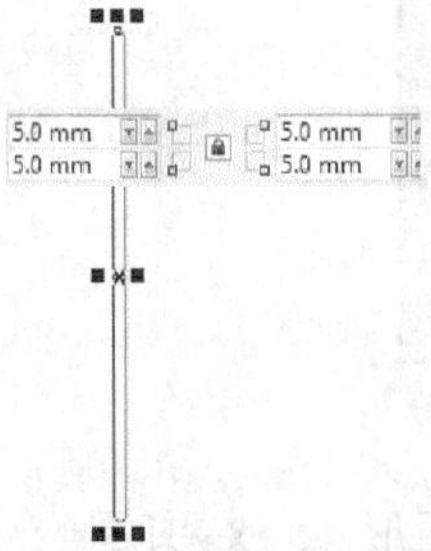

图12-84 绘制圆角矩形

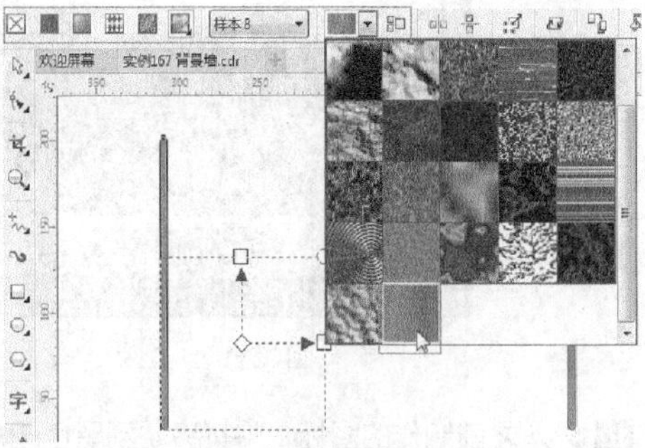

图12-85 填充木纹

04 使用 ◈（调和工具）在两个圆角矩形上拖动，创建一个调和效果，在【属性栏】中设置【步长】为45，效果如图12-87所示。

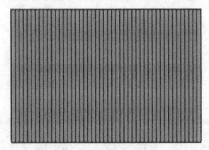

图12-86 复制

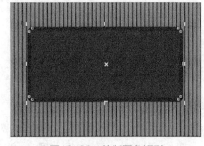

图12-87 调和

05 绘制一个黑色矩形，按Ctrl+PgDn组合键将黑色矩形调整到圆角矩形的后面，效果如图12-88所示。

06 使用 ▢（矩形工具）绘制一个圆角矩形，设置【轮廓宽度】为5mm，效果如图12-89所示。

图12-88 调整顺序

图12-89 绘制圆角矩形

07 执行菜单中【对象】/【将轮廓转换为对象】命令，再选择 ◈（交互式填充工具）后，在【属性栏】中单击 ▨（渐变填充）按钮，再单击 ◪（编辑填充）按钮，打开【编辑填充】对话框，其参数值设置如图12-90所示。

08 设置完毕，单击【确定】按钮，使用 ◈（立体化工具）在矩形框上拖动创建立体效果，如图12-91所示。

09 使用 ◻（阴影工具）在黑色圆角矩形上拖动创建投影，效果如图12-92所示。

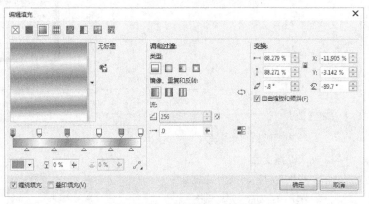

图12-90 【编辑填充】对话框

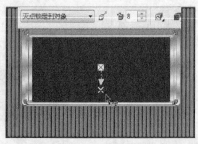

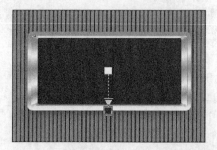

图12-91　相交　　　　　　　　　　　　图12-92　创建投影

10 导入之前制作的图标，将其移动到黑色圆角矩形上，效果如图12-93所示。

11 使用 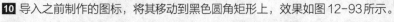（立体化工具）在图标上拖动，为其添加立体效果，在【属性栏】中为其添加光照效果，如图12-94所示。

12 使用 （文本工具）在图标下面键入文字，将文字填充为【青色】，至此本例制作完毕，最终效果如图12-95所示。

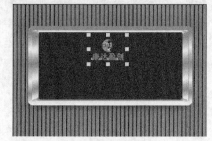

图12-93　移入图标

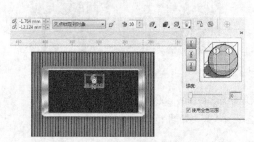

图12-94　添加立体化

图12-95　最终效果

实例 168　工作证

┃ 实例目的 ┃

　　本实例的目的是让大家了解在CorelDRAW X7中绘制与制作工作证的方法，最终效果如图12-96所示。

图12-96　最终效果

┃ 实例要点 ┃

☆　绘制矩形和圆角矩形

☆　填充渐变色

☆　导入素材，转换为矢量图

☆　键入文字进行版式调整

操作步骤

01 执行菜单中【文件】/【新建】命令，新建一个空白文档，使用□（矩形工具）绘制一个圆角矩形，再使用（交互式填充工具）为圆角矩形填充一个从浅灰到深灰的径向渐变，效果如图12-97所示。

04 使用□（矩形工具）在圆角矩形上绘制一个矩形，使用（交互式填充工具）填充一个从青色到白色的线性渐变，效果如图12-98所示。

03 导入"素材/第12章/图"，如图12-99所示。

图12-97　绘制圆角矩形填充渐变色（1）

图12-98　绘制矩形填充渐变色（2）

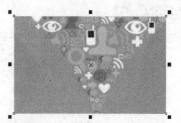

图12-99　素材

04 执行菜单中【位图】/【轮廓描摹】/【徽标】命令，在打开的对话框中设置参数值，如图12-100所示。

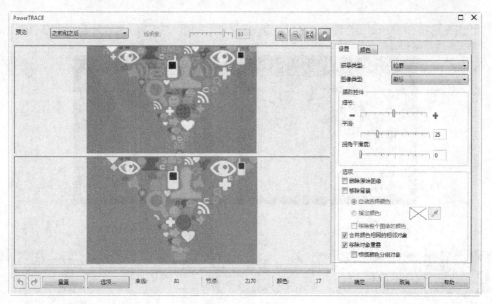

图12-100　描摹

05 设置完毕，单击【确定】按钮，再按Ctrl+U组合键，取消对象组合，使用（选择工具）选择背景并将其删除，效果如图12-101所示。

06 将去掉背景的对象移到渐变矩形上，并调整对象形状，效果如图12-102所示。

07 键入文字，绘制直线和圆角矩形，此时正面制作完毕，效果如图12-103所示。

08 在圆角矩形上绘制一个椭圆，将椭圆和圆角矩形一同选中，执行菜单中【对象】/【造型】/【简化】命令，效果如图12-104所示。

图12-101　描摹成矢量图并删除背景

图12-102　【渐变填充】对话框

图12-103　正面

图12-104　简化造型

09 复制正面对象得到一个副本，删除文字和放置照片的圆角矩形，再导入以前的制作的图标，然后键入公司全称，效果如图12-105所示。

图12-105　正反面

10 绘制一个黑色矩形，按Ctrl+End组合键将放置到最后一层，至此本例制作完毕，最终效果如图12-106所示。

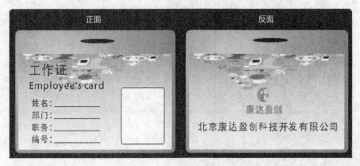

图12-106　最终效果

实例
169　　**优盘**

▍**实例目的**▍

　　本实例的目的是让大家了解在CorelDRAW X7中绘制与制作优盘的方法，最终效果如图12-107所示。

图12-107　最终效果

实例要点

☆ 绘制圆角矩形

☆ 转换为曲线，使用形状工具调整形状

☆ 通过调和工具制作立体效果

☆ 调整顺序

☆ 渐变填充

☆ 轮廓图制作立体圆环

操作步骤

01 执行菜单中【文件】/【新建】命令，新建一个空白文档，使用 ▢（矩形工具）绘制一个绿色圆角矩形，去掉轮廓，按
Ctrl+Q 组合键将其转换为曲线，在使用 ◣（形状工具）调整两边的曲线，如图 12-108 所示。

02 按 Ctrl+D 组合键得到一个副本，将副本缩小并将其填充为【草绿色】，效果如图 12-109 所示。

03 使用 ◳（调和工具）在两个对象之间拖动，为其添加立体调和效果，如图 12-110 所示。

图12-108 素材

图12-109 设置轮廓图

图12-110 调和

04 复制前面的草绿色，将其填充为【黑色】，调整形状后，按 Ctrl+End 组合键将其放置到最后一层，如图 12-111 所示。

05 在左面绘制一个椭圆形，为其添加一个从白色到灰色的【菱形渐变】，按 Ctrl+End 组合键将其放置到最后一层，效果
如图 12-112 所示。

06 使用 ◯（椭圆工具）绘制一个圆形，设置【轮廓宽度】为 2mm，如图 12-113 所示。

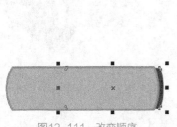

图12-111 改变顺序

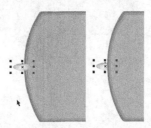

图12-112 填充渐变色

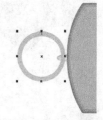

图12-113 绘制轮廓

07 按 Ctrl+Shift+Q 组合键，将轮廓转换为对象。使用 ◳（轮廓图工具）在边缘向内部拖动，创建立体轮廓图，按 Ctrl+
End 组合键将其放置到最后一层，效果如图 12-114 所示。

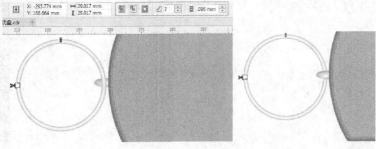

图12-114 轮廓图

08 导入之前绘制的图标，再键入公司全称，效果如图 12-115 所示。

09 使用 ✎（贝塞尔工具）绘制一个封闭对象，如图 12-116 所示的效果。

图12-115 导入图标

图12-116 绘制对象

10 选择草绿色图形，复制一个副本，将其与后边绘制的封闭对象一同选中，执行菜单中【对象】/【造型】/【相交】命令，将相交区域填充为【白色】，删除多余部分，如图 12-117 所示。

11 使用 ✎（透明度工具）设置不透明度，效果如图 12-118 所示。

12 复制一个优盘副本，将后面的黑色对象进行旋转，效果如图 12-119 所示。

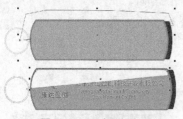
图12-117 应用相交

图12-118 设置不透明度

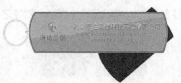
图12-119 旋转

13 绘制圆角矩形，填充线性渐变，如图 12-120 所示。

14 复制一个副本，将其进行翻转并缩小，效果如图 12-121 所示。

15 绘制黑色矩形和灰色线条，至此本例制作完毕，最终效果如图 12-122 所示。

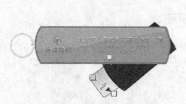
图12-120 设置渐变色并填充

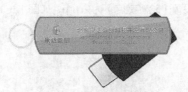
图12-121 复制

图12-122 最终效果

实例 170 **纸兜**

┃实例目的┃

　　本实例的目的是让大家了解在 CorelDRAW X7 中绘制与制作纸兜的方法，最终效果如图 12-123 所示。

图12-123 最终效果

┤ 实例要点 ├

☆ 绘制矩形，进行斜切调整

☆ 使用贝塞尔工具绘制图形，填充颜色

☆ 调整顺序

☆ 绘制圆环，使用轮廓制作立体效果

☆ 添加阴影和背景

┤ 操作步骤 ├

01 执行菜单中【文件】/【新建】命令，新建一个默认大小的空白文档，使用 ☐（矩形工具）绘制一个矩形，将其进行斜切处理后复制一个副本，效果如图12-124所示。

02 在两个矩形之间绘制连接的区域，效果如图12-125所示。

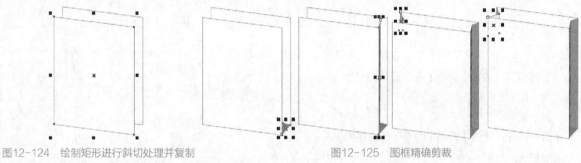

图12-124　绘制矩形进行斜切处理并复制　　　　　　　　图12-125　图框精确剪裁

03 在纸兜上使用 ☐（椭圆工具）绘制圆形作为纸兜与拎绳之间圆环，再使用 ✎（贝塞尔工具）绘制拎绳，效果如图12-126所示。

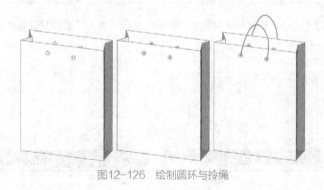

图12-126　绘制圆环与拎绳

04 导入"素材/第12章/logo"，为纸兜添加阴影和背景，至此本例制作完毕，最终效果如图12-127所示。

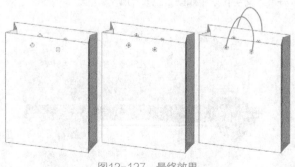

图12-127　最终效果

车身

▌实例目的▐

本实例的目的是让大家了解在CorelDRAW X7中绘制与制作车身的方法，最终效果如图12-128所示。

图12-128 最终效果

▌实例要点▐

☆ 绘制椭圆，结合【造型】命令合并对象

☆ 导入图标

☆ 键入文本

☆ 拆分图标，通过【调和】命令制作立体效果

☆ 旋转变换复制

☆ 图框精确剪裁

▌操作步骤▐

01 执行菜单中【文件】/【新建】命令，新建一个默认大小的空白文档，导入"素材/第12章/汽车"，绘制椭圆并进行【相交】造型处理，效果如图12-129所示。

图12-129 绘制矩形进行斜切处理并复制

02 导入"素材/第12章/logo"并键入文字，效果如图12-130所示。

图12-130 图框精确剪裁

03 复制logo中的月牙，将其进行旋转复制，复制后调整颜色并进行组合，再执行【图框精确剪裁】命令，将其剪裁到矩

形内部，至此本例制作完毕，最终效果如图12-131所示。

图12-131　最终效果

伞

实例目的

　　本实例的目的是让大家了解在CorelDRAW X7中绘制与
制作伞的方法，最终效果如图12-132所示。

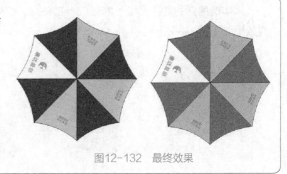

图12-132　最终效果

实例要点

　　☆ 绘制多边形
　　☆ 转换为曲线并调整
　　☆ 智能填充
　　☆ 导入图标

操作步骤

01 执行菜单中【文件】/【新建】命令，新建一个默认大小的空白文档，使用 ▢（多边形工具）绘制一个八边形，按Ctrl+Q组合键将其转换为曲线，使用 ▷（形状工具）调整曲线形状，效果如图12-133所示。

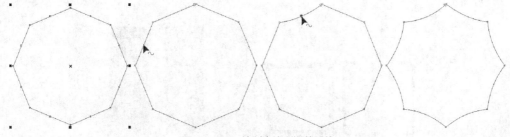

图12-133　绘制多边形调整弧线

02 在角上绘制直线，再使用 ▨（智能填充工具）填充颜色，效果如图12-134所示。

03 导入"素材/第12章/logo"，至此本例制作完毕，最终效果如图12-135所示。

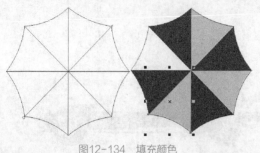

图12-134 填充颜色

图12-135 最终效果

实例 173 停车牌

实例目的

本实例的目的是让大家了解在CorelDRAW X7中绘制与制作停车牌方法，最终效果如图12-136所示。

图12-136 最终效果

实例要点

☆ 绘制圆角矩形
☆ 转换轮廓为对象
☆ 渐变填充
☆ 导入图标

操作步骤

01 执行菜单中【文件】/【新建】命令，新建一个默认大小的空白文档，使用▢（矩形工具）绘制圆角矩形并填充渐变色，效果如图12-137所示。

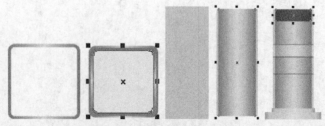

图12-137 绘制多边形调整弧线

02 导入"素材/第12章/logo"移到合适位置，效果如图12-138所示。

03 键入文字，至此本例制作完毕，最终效果如图12-139所示。

图12-138 填充颜色

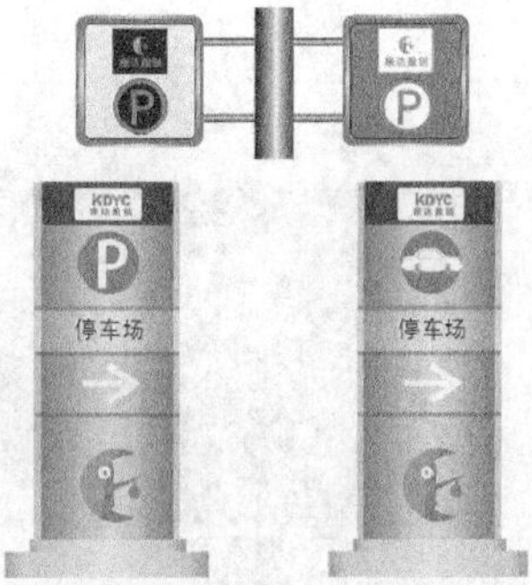

图12-139 最终效果

实例 174 光盘

实例目的

　　本实例的目的是让大家了解在CorelDRAW X7中绘制与制作光盘的方法，最终效果如图12-140所示。

图12-140 最终效果

实例要点

　☆ 绘制圆形
　☆ 应用【简化】造型
　☆ 绘制箭头
　☆ 调整不透明度

操作步骤

01 执行菜单中【文件】/【新建】命令，新建一个默认大小的空白文档，使用（椭圆工具）绘制圆形，缩小并复制后应用【简化】造型命令，效果如图12-141所示。

图12-141 绘制多边形调整弧线

02 导入"素材/第12章/图"，执行菜单中【位图】/【轮廓描摹】/【徽标】命令，再执行【图框精确剪裁】命令，效果如图12-142所示。

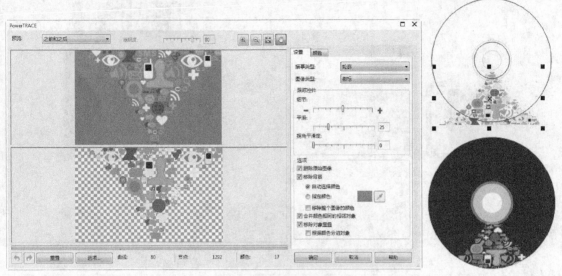

图12-142　描摹轮廓并图框精确剪裁

03 导入"素材/第12章/logo",绘制箭头,至此本例制作完毕,最终效果如图12-143所示。

图12-143　最终效果

实例 175　信封

┃ **实例目的** ┃

　　本实例的目的是让大家了解在CorelDRAW X7中绘制与制作名片的方法,最终效果如图12-144所示。

图12-144　最终效果

┨ **实例要点** ┠

- ☆ 绘制圆形和三角形
- ☆ 设置轮廓宽度
- ☆ 绘制基本形状
- ☆ 转换为曲线
- ☆ 使用形状工具调整形状
- ☆ 绘制贝塞尔曲线
- ☆ 绘制黑色椭圆转换为位图
- ☆ 添加高斯式模糊
- ☆ 设置不透明度

┨ **操作步骤** ┠

01 执行菜单中【文件】/【新建】命令，新建一个默认大小的空白文档，绘制矩形，转换为曲线并调整形状，效果如图 12-145 所示。

02 导入"素材/第12章/图"，执行菜单中【位图】/【轮廓描摹】/【徽标】命令，再执行【图框精确剪裁】命令，效果如图 12-146 所示。

图12-145 绘制多边形调整弧线

图12-146 描摹轮廓并图框精确剪裁

03 导入"素材/第12章/logo"，绘制矩形，至此本例制作完毕，最终效果如图 12-147 所示。

图12-147 最终效果

第 **13** 章

界面设计

本章针对CorelDRAW软件的矢量绘图以及位图编辑特性，将软件设计特色结合到制作与设计登录界面的应用中。

<table>
<tr><td>实 例
176</td><td>**登录界面01**</td></tr>
</table>

▌ 实例目的 ▐

　　本实例的目的是让大家了解在CorelDRAW X7中绘制与制作登录界面的方法，最终效果如图13-1所示。

图13-1　最终效果

▌ 实例要点 ▐

　　☆ 使用矩形工具绘制矩形
　　☆ 填充渐变色
　　☆ 复制矩形
　　☆ 使用调和工具添加调和效果

▌ 操作步骤 ▐

01 执行菜单中【文件】/【新建】命令，新建一个默认大小的空白文档，使用▢（矩形工具）绘制一个矩形，此为登录界面背景，如图13-2所示。

02 使用▨（交互式填充工具）为矩形填充径向渐变，复制矩形将其缩小，调整渐变色并去掉轮廓，效果如图13-3所示。

图13-2　绘制矩形

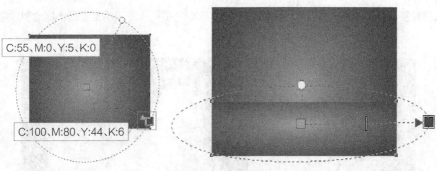

C:55、M:0、Y:5、K:0

C:100、M:80、Y:44、K:6

图13-3　填充渐变色

03 使用▢（矩形工具）绘制一个灰色圆角矩形，复制副本后将副本缩小并填充为【白色】，效果如图13-4所示。

图13-4 绘制圆角矩形

04 使用 🔧（调和工具）在白色和灰色圆角矩形之间拖动，创建调和效果，如图13-5所示。

05 使用 🖊（钢笔工具）绘制封闭轮廓，效果如图13-6所示。

图13-5 调和效果

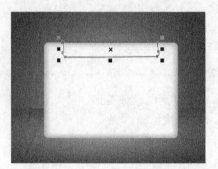

图13-6 绘制轮廓

06 使用 🔧（交互式填充工具）为封闭对象填充径向渐变，效果如图13-7所示。

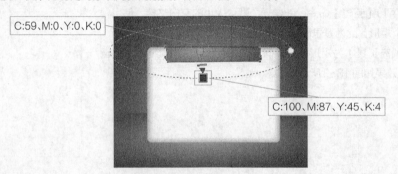

C:59、M:0、Y:0、K:0

C:100、M:87、Y:45、K:4

图13-7 填充径向渐变

07 复制对象，去掉轮廓，为其填充（C:100、M:87、Y:45、K:4），使用 🔧（透明度工具）拖动创建渐变透明，效果如图13-8所示。

图13-8 渐变透明

08 使用 ▨（钢笔工具）绘制封闭轮廓后填充【白色】，去掉轮廓，效果如图13-9所示。

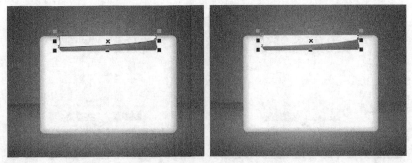

图13-9 绘制图形

09 使用 ▨（透明度工具）拖动创建渐变透明，效果如图13-10所示。

10 导入之前绘制的图标，在后面绘制一个白色圆形，效果如图13-11所示。

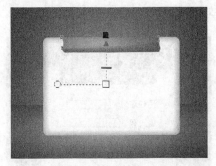

图13-10 渐变透明

图13-11 导入图标

11 绘制矩形，填充渐变色，在渐变色上绘制一个单色矩形，效果如图13-12所示。

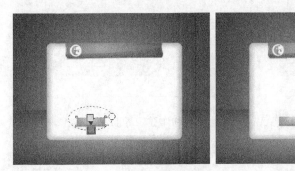

图13-12 填充渐变色

12 使用 ▨（阴影工具）在上面图形上拖动为其添加阴影，效果如图13-13所示。

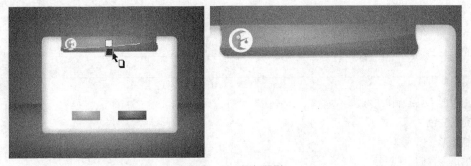

图13-13 添加阴影

13 使用 ▢（矩形工具）绘制一个圆角矩形，再使用 ▫（阴影工具）添加阴影，效果如图13-14所示。

图13-14　添加阴影

14 按Ctrl+K组合键拆分阴影，将圆角矩形删除，选择阴影后按Ctrl+PgDn组合键数次，直到将其调整到调和对象后面为止，效果如图13-15所示。

15 使用 字（文本工具）键入相应文字，至此本例制作完毕，最终效果如图13-16所示。

图13-15　调整顺序　　　　　　　　　　　　　　　图13-16　最终效果

<table>
<tr><td>实例
177</td><td>**登录界面02**</td></tr>
</table>

│ 实例目的 │

　　本实例的目的是让大家了解在CorelDRAW X7中绘制与制作登录界面的方法，最终效果如图13-17所示。

图13-17　最终效果

│ 实例要点 │

　　☆ 使用矩形工具绘制矩形
　　☆ 填充渐变色
　　☆ 复制矩形
　　☆ 添加渐变透明

┤ 操作步骤 ├

01 执行菜单中【文件】/【新建】命令，新建一个默认大小的空白文档，使用 ▫（矩形工具）绘制一个矩形，此为登录界面背景，如图13-18所示。

02 使用 ▧（交互式填充工具）为矩形填充径向渐变，去掉轮廓，效果如图13-19所示。

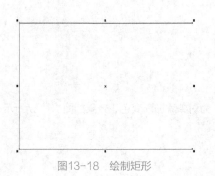
图13-18　绘制矩形

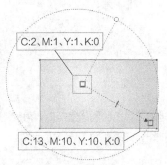
图13-19　填充渐变色

03 使用 ▫（矩形工具）绘制一个圆角矩形，使用 ▧（交互式填充工具）为矩形填充径向渐变，将【轮廓颜色】设置为【白色】，效果如图13-20所示。

04 使用 ▫（阴影工具）在圆角矩形上拖动为其添加阴影，效果如图13-21所示。

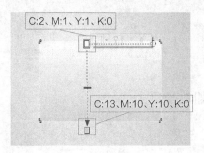
图13-20　圆角矩形

图13-21　添加投影

> **技巧**
>
> 为对象添加阴影后，通过【拆分】命令，将阴影拆分后，可以进行位置的精确调整。

05 绘制一个矩形后，使用 ▧（透明度工具）添加渐变透明，效果如图13-22所示。

06 使用 ▫（矩形工具）和 ◯（椭圆工具）绘制矩形和圆形。执行菜单中【对象】/【造型】/【合并】命令，再使用 ▧（交互式填充工具）为对象添加渐变色，效果如图13-23所示。

07 使用 ▧（钢笔工具）绘制封闭轮廓后填充【白色】，去掉轮廓，使用 ▧（透明度工具）设置透明度，效果如图13-24所示。

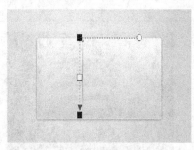
图13-22　添加阴影

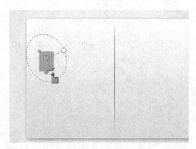
图13-23　填充径向渐变

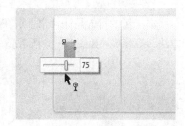
图13-24　透明设置

08 使用同样的方法，绘制另外3个图形，效果如图13-25所示。

09 导入之前绘制的图标，拆分图标后，将图标主体填充【白色】，效果如图13-26所示。

图13-25　绘制图形

图13-26　导入图标

10 使用□（矩形工具）绘制圆角矩形，再使用◆（交互式填充工具）为对象添加渐变色，效果如图13-27所示。

11 复制一个按钮，效果如图13-28所示。

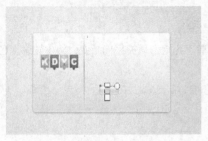

图13-27　绘制圆角矩形填充渐变色

图13-28　复制

12 再绘制一个白色圆角矩形，效果如图13-29所示。

13 使用字（文本工具）键入相应文字，至此本例制作完毕，最终效果如图13-30所示。

图13-29　绘制圆角矩形

图13-30　最终效果

实例 178　登录界面03

┃ 实例目的 ┃

　　本实例的目的是让大家了解在CorelDRAW X7中绘制与制作登录界面的方法，最终效果如图13-31所示。

图13-31　最终效果

实例要点

☆ 绘制矩形，填充渐变色
☆ 绘制圆形，填充渐变色
☆ 转换轮廓为对象
☆ 调整不透明度
☆ 应用【相交】造型
☆ 键入文字

操作步骤

01 执行菜单中【文件】/【新建】命令，新建一个默认大小的空白文档，使用▢（矩形工具）绘制的矩形，为其填充渐变色，使用◯（椭圆工具）绘制圆形，为其填充渐变色，如图13-32所示。

图13-32 绘制图形填充渐变色

02 绘制一个黑色圆形，使用▨（透明度工具）编辑透明，插入地图字符，再绘制矩形和三角形，绘制一个圆形，沿路径键入文字，效果如图13-33所示。

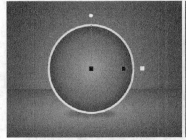  

图13-33 编辑透明插入字符

03 绘制圆角矩形填充渐变色，键入文字，复制圆球，在上面键入文字并通过▢（阴影工具）添加阴影，效果如图13-34所示。

04 绘制一个黑色椭圆，转换为【位图】，应用【高斯式模糊】命令调整不透明度。至此本例制作完毕，最终效果如图13-35所示。

图13-34 添加阴影　　　　　　　　　　　　　　　图13-35 最终效果

实例
179 登录界面04

实例目的

本实例的目的是让大家了解在CorelDRAW X7中绘制与制作登录界面的方法，最终效果如图13-36所示。

图13-36 最终效果

实例要点

☆ 绘制矩形，填充渐变色
☆ 绘制心形，填充渐变色
☆ 添加阴影
☆ 转换为位图应用【高斯式模糊】
☆ 导入图标

操作步骤

01 执行菜单中【文件】/【新建】命令，新建一个默认大小的空白文档，使用□（矩形工具）绘制合适大小的矩形，为其填充渐变色，再绘制一个小矩形为其填充渐变色，效果如图13-37所示。

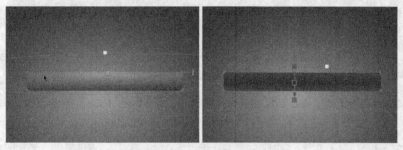

图13-37 填充渐变色

02 使用□（基本形状工具）绘制一个绿色心形，使用□（阴影工具）为其添加一个阴影，再使用□（贝塞尔工具）绘制心形，效果如图13-38所示。

图13-38 绘制后的效果

03 导入"素材/第13章/logo",键入文字并绘制矩形和圆角矩形,效果如图13-39所示。

04 绘制一个黑色椭圆形转换为【位图】,再为其应用【高斯式模糊】命令。至此本例制作完毕,最终效果如图13-40所示。

图13-39 导入素材绘制艺术笔

图13-40 最终效果

实例 180 **登录界面05**

┨ 实例目的 ┠

本实例的目的是让大家了解在CorelDRAW X7中绘制与制作登录界面的方法,最终效果如图13-41所示。

图13-41 最终效果

┨ 实例要点 ┠

☆ 绘制矩形以及圆角矩形

☆ 渐变透明编辑对象

☆ 图框精确剪裁

☆ 插入字符

☆ 复制对象

┨ 操作步骤 ┠

01 执行菜单中【文件】/【新建】命令,新建一个默认大小的空白文档,使用□(矩形工具)绘制大小的矩形,为其填充为【青色】,再绘制一个椭圆形并通过▧(透明度工具)编辑透明,效果如图13-42所示。

02 绘制矩形,将椭圆形进行【图框精确剪裁】到矩形内,效果如图13-43所示。

03 绘制白色矩形,按Ctrl+Q组合键转换为曲线,使用▧(形状工具)调整形状,如图13-44所示。

图13-42 绘制矩形和椭圆并编辑透明

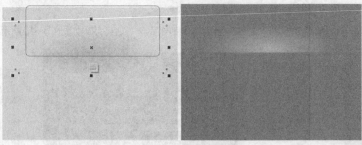

图13-43　图框精确剪裁

图13-44　编辑

04 键入文字，绘制字符和圆角矩形，导入"素材/第13章/logo"，至此本例制作完毕，最终效果如图13-45所示。

图13-45　最终效果

第

14

章

创意设计

本章针对CorelDRAW软件的矢量绘图以及位图编辑特性，将软件设计特色结合在创意与设计应用中。

立六

实例目的

　　本实例的目的是让大家了解在CorelDRAW X7中制作创意图像的方法，最终效果如图14-1所示。

图14-1　最终效果

实例要点

☆ 使用矩形工具绘制矩形

☆ 填充渐变色

☆ 转换为位图

☆ 应用【粒子、点彩派】特效

☆ 应用【高斯式模糊、漩涡】特效

☆ 绘制星形

☆ 使用立体化工具设置立体效果

☆ 添加阴影

操作步骤

01 执行菜单中【文件】/【新建】命令，新建一个默认大小的空白文档，使用 ▢（矩形工具）绘制一个矩形，使用 ▨（交互式填充工具）为矩形填充径向渐变色，效果如图14-2所示。

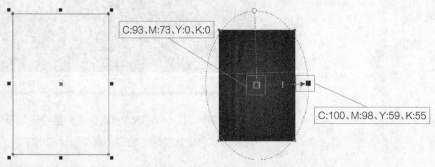

C:93、M:73、Y:0、K:0

C:100、M:98、Y:59、K:55

图14-2　绘制矩形填充渐变色

02 按Ctrl+D组合键复制一个副本，执行菜单中【位图】/【转换为位图】命令，在打开的对话框中设置各项参数，如图14-3所示。

03 设置完毕，单击【确定】按钮，再执行菜单中【位图】/【创造性】/【粒子】命令，打开【粒子】对话框，其参数值设置如图14-4所示。

图14-3 【转换为位图】对话框

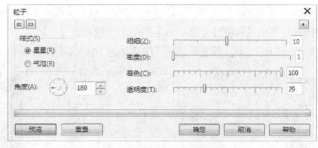

图14-4 【粒子】对话框

图14-5 调和效果

04 设置完毕，单击【确定】按钮，使用（透明度工具）设置【合并模式】为【颜色】，效果如图14-5所示。

05 按Ctrl+D组合键再复制一个副本，执行菜单中【位图】/【艺术笔触】/【点彩派】命令，打开【点彩派】对话框，其参数值设置如图14-6所示。

图14-6 【点彩派】对话框

06 设置完毕，单击【确定】按钮，使用（透明度工具）设置【合并模式】为【色度】，效果如图14-7所示。

07 使用（手绘工具）绘制封闭图形，填充【白色】，执行菜单中【位图】/【转换为位图】命令，将图形转换为位图，效果如图14-8所示。

图14-7 点彩派后

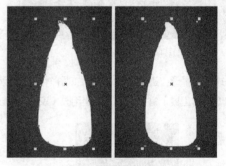

图14-8 转换为位图

08 执行菜单中【位图】/【模糊】/【高斯式模糊】命令，打开【高斯式模糊】对话框，其参数值设置如图14-9所示。

09 设置完毕，单击【确定】按钮，效果如图14-10所示。

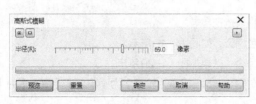

图14-9 【高斯式模糊】对话框

图14-10 模糊后

10 执行菜单中【位图】/【扭曲】/【漩涡】命令，打开【漩涡】对话框，其参数值设置如图14-11所示。

11 设置完毕，单击【确定】按钮，效果如图14-12所示。

12 使用 ▒（透明度工具）设置不透明，效果如图14-13所示。

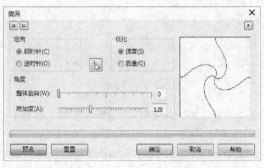

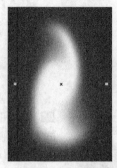

图14-11 【漩涡】对话框　　　　图14-12 填充渐变色　　　图14-13 设置不透明度

13 使用 ▒（星形工具）绘制一个7角星，再使用 ▒（椭圆工具）绘制7个白色圆形，效果如图14-14所示。

14 框选圆形和7角星，执行菜单中【对象】/【造型】/【合并】命令，使用 ▒（透明度工具）设置透明度，效果如图14-15所示。

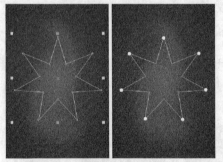

图14-14 添加阴影　　　　　　　　　图14-15 合并并设置透明

15 复制合并后的星形，进行旋转，效果如图14-16所示。

16 使用 ▒（文本工具）键入数字6，使用 ▒（交互式填充工具）填充渐变色，效果如图14-17所示。

图14-16 旋转　　　　　　　　　图14-17 键入文字填充渐变色

17 使用 ▒（立体化工具）为数字添加立体效果，如图14-18所示。

18 使用 ▒（阴影工具）为数字添加阴影，再绘制一个黑色椭圆，如图14-19所示。

19 将黑色椭圆转换为位图，再为其应用【高斯式模糊】命令，效果如图14-20所示。

20 使用 ▒（星形工具）绘制7角星，按Ctrl+Q组合键转换为曲线，设置【轮廓】为【粉色】、【填充】为【白色】，使用 ▒（形状工具）调整形状，效果如图14-21所示。

21 将星形转换为位图，再应用【高斯式模糊】命令，效果如图14-22所示。

图14-18 添加立体化

图14-19 添加阴影

图14-20 应用高斯式模糊

图14-21 调整星形

22 使用 （文本工具）键入文字，导入之前制作的图标，效果如图14-23所示。

23 再绘制一个白色圆形和白色圆角矩形，调整顺序，至此本例制作完毕，最终效果如图14-24所示。

图14-22 应用高斯式模糊

图14-23 导入图标

图14-24 最终效果

实例 182 飞舞

实例目的

本实例的目的是让大家了解在CorelDRAW X7中绘制与制作飞舞的方法，最终效果如图14-25所示。

图14-25 最终效果

▌实例要点 ▌

- ☆ 使用矩形工具绘制矩形
- ☆ 导入素材，应用【图框精确剪裁】命令
- ☆ 填充渐变色
- ☆ 转换为位图，应用【高斯式模糊】命令
- ☆ 添加渐变透明

▌操作步骤 ▌

01 执行菜单中【文件】/【新建】命令，新建一个默认大小的空白文档，使用□（矩形工具）绘制一个矩形，如图14-26所示。

02 导入"素材/第14章"中的"草球""树林天空"和"飞人"，效果如图14-27所示。

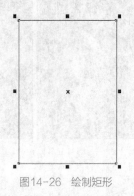

图14-26 绘制矩形

图14-27 导入素材

03 执行菜单中【对象】/【图框精确剪裁】/【置于图文框内部】命令，此时鼠标指针会变成一个黑色箭头，将箭头在绘制的矩形上单击，效果如图14-28所示。

04 单击鼠标后，会将素材放在到矩形容器内，效果如图14-29所示。

图14-28 应用【置于图文框内部】命令

图14-29 放置容器内

05 执行菜单中【对象】/【图框精确剪裁】/【编辑PowerClip】命令，进入容器内对图像进行编辑，如图14-30所示。

06 在容器内，绘制一个黑色对象，效果如图14-31所示。

图14-30 编辑对象

图14-31 填充径向渐变

07 转换为位图后，对其应用【高斯式模糊】命令，再使用 🔧（透明度工具）设置透明度，效果如图14-32所示。

08 执行菜单中【对象】/【图框精确剪裁】/【完成编辑】命令，再导入"素材/第14章/热气球"，将其放置到合适位置，效果如图14-33所示。

09 绘制一个与之前矩形大小一致的矩形，使用 🔧（交互式填充工具）为矩形填充径向渐变色，效果如图14-34所示。

图14-32 透明设置

图14-33 完成图框精确剪裁

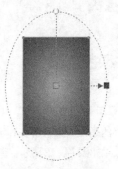

图14-34 导入图标

10 使用 🔧（透明度工具）在矩形上填充渐变透明，设置【合并模式】为【乘】，效果如图14-35所示。

11 绘制一个圆形，导入"素材/第14章/蝴蝶4"，执行【图框精确剪裁】命令，效果如图14-36所示。

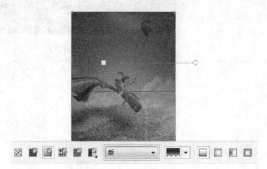

图14-35 渐变透明

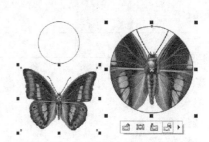

图14-36 导入素材应用图框精确剪裁

12 再绘制一个黑色圆形，使用 🔧（透明度工具）为圆形添加径向渐变透明，效果如图14-37所示。

13 绘制一个白色圆形，转换为位图后应用【高斯式模糊】命令，按Ctrl+PgDn组合键调整顺序，效果如图14-38所示。

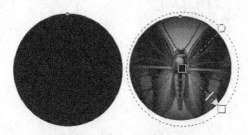

图14-37 绘制圆角矩形

图14-38 制作发光

14 使用 🔧（透明度工具）设置透明度，设置【合并模式】为【颜色】，效果如图14-39所示。

15 绘制一个矩形作为连接线，效果如图14-40所示。

16 复制两个副本，将其调整大小，至此本例制作完毕，最终效果如图14-41所示。

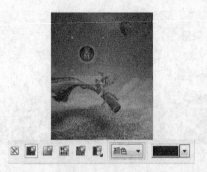

图14-39 制作发光　　　　　图14-40 绘制矩形　　　　图14-41 最终效果

实例 183 绿色家园

实例目的

　　本实例的目的是让大家了解在CorelDRAW X7中绘制与制作绿色家园的方法，最终效果如图14-42所示。

图14-42 最终效果

实例要点

☆ 绘制矩形，填充渐变颜色
☆ 导入素材
☆ 调整顺序
☆ 转换为位图
☆ 应用【虚光】特效

操作步骤

01 导入"素材/第14章/天空背景"，将导入的素材作为背景，如图14-43所示。

图14-43 绘制矩形

02 执行菜单中【文件】/【新建】命令，新建一个默认大小的空白文档，使用□（矩形工具）绘制一个与背景素材相同大小的矩形，使用◙（交互式填充工具）为矩形填充径向渐变色，效果如图14-44所示。

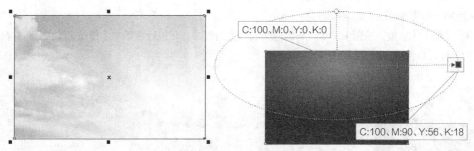

C:100、M:0、Y:0、K:0

C:100、M:90、Y:56、K:18

图14-44 绘制矩形填充渐变色

03 使用 （透明度工具）在矩形上单击，设置【合并模式】为【叠加】，效果如图14-45所示。

图14-45 不透明度设置

04 导入"素材/第14章"中的"绿地""心形花环""小孩""蝴蝶1"和"蝴蝶2"，效果如图14-46所示。

图14-46 素材

05 依次将素材放置到背景上并调整位置，如图14-47所示。

图14-47 编辑

06 在小孩脚上绘制一个黑色椭圆，效果如图14-48所示。

07 执行菜单中【位图】/【转换为位图】命令，将黑色椭圆转换为位图，在执行菜单中【位图】/【创造性】/【虚光】命令，打开【虚光】对话框，其参数值设置如图14-49所示。

图14-48 绘制黑色椭圆

图14-49 【虚光】对话框

08 设置完毕，单击【确定】按钮，复制3个副本，效果如图14-50所示。

09 将虚光对象一同选中，按Ctrl+PgDn组合键调整顺序，至此本例制作完毕，最终效果如图14-51所示。

图14-50 应用虚光效果

图14-51 最终效果

实例 184 步步高

实例目的

　　本实例的目的是让大家了解在CorelDRAW X7中绘制与制作步步高的方法，最终效果如图14-52所示。

图14-52 最终效果

实例要点

☆ 绘制矩形，填充底纹　　　　　☆ 填充渐变透明

☆ 导入素材　　　　　　　　　　☆ 复制并翻转

☆ 艺术笔描边　　　　　　　　　☆ 拆分艺术笔

操作步骤

01 执行菜单中【文件】/【新建】命令，新建一个默认大小的空白文档，使用 ▢（矩形工具）绘制一个与背景素材相同大小的矩形，使用 ▨（交互式填充工具），在【属性栏】中单击填充 ▨（底纹填充）按钮，为矩形填充底纹，如图14-53所示。

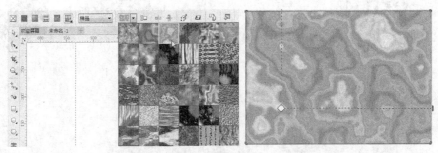

图14-53 绘制矩形

02 复制矩形为其填充【黄色】，再使用 ▨（透明度工具）设置渐变透明，效果如图14-54所示。

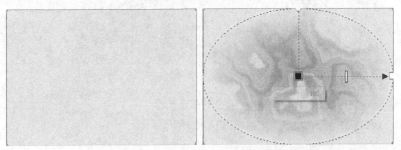

图14-54 复制矩形设置不透明度

03 导入"素材/第14章"中的"树""小鸟"和"草蔓"，效果如图14-55所示。

04 选择"树"素材，执行菜单中【位图】/【轮廓描摹】/【徽标】命令，在弹出的对话框中设置参数值，如图14-56所示。

图14-55 素材

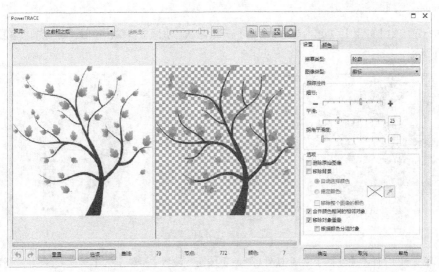

图14-56 【PowerTRACE】对话框

05 设置完毕，单击【确定】按钮，将转换为矢量图的对象填充为【黑色】，效果如图14-57所示。

06 复制一个副本，进行水平翻转，再选取两个对象进行垂直翻转，效果如图14-58所示。

图14-57　转换为矢量图　　　　　　　　　　　　　　　　　　　　图14-58　复制并翻转

07 将"树"和"草蔓"进行调整并放置到"小鸟"尾巴上，如图14-59所示。

图14-59　调整

08 复制对象进行水平翻转，将副本进行缩小，效果如图14-60所示。

09 使用 🖊（手绘工具）绘制直线，搭成梯子，效果如图14-61所示。

图14-60　复制　　　　　　　　　　　　　　　　　　　　图14-61　绘制梯子

10 框选梯子，执行菜单中【效果】/【艺术笔】命令，打开【艺术笔】面板，单击笔触，将描边的笔触填充为【黑色】，效果如图14-62所示。

图14-62　描边艺术笔

11 使用 🖊（艺术笔工具），在【属性栏】中单击 🖋（喷涂）按钮，设置【类型】为【其它】，在下拉列表中选择小动物，如图14-63所示。

图14-63 艺术笔设置

12 使用（艺术笔工具）绘制图案，按Ctrl+K组合键进行拆分，将路径删除，再按Ctrl+U组合键取消组合，选择其中的小动物，删除其他的图案，如图14-64所示。

图14-64 绘制图案拆分后并取消组合

13 将小动物移动到合适的位置，至此本例制作完毕，最终效果如图14-65所示。

图14-65 最终效果

实例 185 康达盈创

实例目的

本实例的目的是让大家了解在CorelDRAW X7中绘制与制作康达盈创的方法，最终效果如图14-66所示。

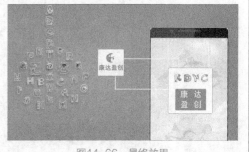

图14-66 最终效果

实例要点

☆ 绘制矩形，填充渐变色

☆ 图框精确剪裁

☆ 设置不透明度

☆ 插入字符

☆ 添加阴影

操作步骤

01 执行菜单中【文件】/【新建】命令，新建一个默认大小的空白文档，使用▢（矩形工具）绘制的矩形，为其填充渐变色，并导入"素材/第14章/智能手机"，将手机通过【图框精确剪裁】剪裁到矩形中，如图14-67所示。

02 在手机屏幕上绘制一个白色矩形，调整不透明度，再通过【插入字符】命令插入合适文字字符，效果如图14-68所示。

03 绘制矩形和线条，导入"素材/第14章/logo"，效果如图14-69所示。

图14-67　图框精确剪裁

图14-68　绘制矩形插入字符

图14-69　绘制矩形和线条

04 执行菜单中【文本】/【插入字符】命令，选择合适的字符。至此本例制作完毕，最终效果如图14-70所示。

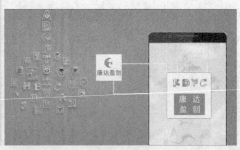

图14-70　最终效果

实 例
186 静夜思

⊣ **实例目的** ⊢

　　本实例的目的是让大家了解在CorelDRAW X7中绘制与制作静夜思的方法，最终效果如图14-71所示。

图14-71　最终效果

⊣ **实例要点** ⊢

　　☆ 渐变填充
　　☆ 转换为位图
　　☆ 虚光滤镜
　　☆ 形状工具调整形状
　　☆ 艺术笔工具
　　☆ 插入字符

⊣ **操作步骤** ⊢

01 执行菜单中【文件】/【新建】命令，新建一个默认大小的空白文档，使用
□（矩形工具）绘制合时大小的矩形，为其填充渐变色，绘制一些多边形图案作为星星，使用 ╲（艺术笔工具）绘制蘑菇笔触，拆分后，将蘑菇填充为【黑色】，在蘑菇下面绘制一个黑色矩形，效果如图14-72所示。

02 绘制圆形和椭圆，转换为【位图】，为圆形应用【虚光】命令，为椭圆应用【高斯式模糊】，效果如图14-73所示。

图14-72　填充渐变色绘制艺术笔

图14-73　应用【高斯式模糊】命令

03 导入"素材/第14章/月亮"，通过 ▨（透明度工具）设置不透明度，再绘制艺术笔中的云彩、鸟，效果如图14-74所示。

04 导入"素材/第14章/竹子"，复制并将副本缩小。至此本例制作完毕，最终效果如图14-75所示。

图14-74　导入素材绘制艺术笔

图14-75　最终效果

实例 187　倒影景色

│ 实例目的 │

　　本实例的目的是让大家了解在CorelDRAW X7中绘制与制作倒影景色的方法，最终效果如图14-76所示。

图14-76　最终效果

│ 实例要点 │

☆　导入素材

☆　使用刻刀工具

☆　水平翻转

☆　应用【茶色玻璃】特效

☆　应用【锯齿状模糊】特效

│ 操作步骤 │

01 导入"素材/第14章/雪景"，使用 ✎（刻刀工具）在图像的山根处进行裁割，效果如图14-77所示。

02 复制图像并进行垂直翻转，效果如图14-78所示。

图14-77 应用刻刀工具

图14-78 复制并翻转

03 应用【茶色玻璃】和【锯齿状模糊】命令，最终效果如图14-79所示。

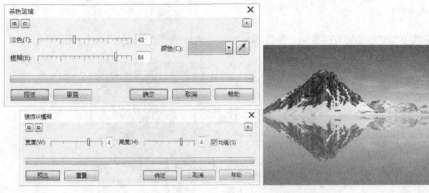

图14-79 最终效果

实例 188	空中之城

实例目的

本实例的目的是让大家了解在CorelDRAW X7中绘制与制作空中之城的方法，最终效果如图14-80所示。

图14-80 最终效果

实例要点

☆ 导入素材

☆ 移动位置

☆ 键入文字

☆ 通过封套调整形状

☆ 通过立体化添加立体效果

操作步骤

01 导入本例所需的素材，调整顺序，移动位置，效果如图14-81所示。

02 键入直排文字，通过 ▨（封套工具）调整文字形状，效果如图14-82所示。

图14-81 移入素材

图14-82 调整文字形状

03 使用 ◙（立体化工具）为文字添加立体效果，至此本例制作完毕，最终效果如图14-83所示。

图14-83 最终效果

实例 189 康达

实例目的

本实例的目的是让大家了解在CorelDRAW X7中绘制与制作康达的方法，最终效果如图14-84所示。

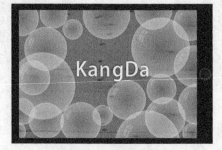

图14-84 最终效果

实例要点

☆ 绘制圆角矩形

☆ 绘制圆形，通过透明度工具制作透明气泡

☆ 绘制图形，结合【简化】造型制作气泡高光

☆ 图框精确剪裁

☆ 键入文字，添加阴影

┤ 操作步骤 ├

01 执行菜单中【文件】/【新建】命令，新建一个默认大小的空白文档，使用▢（矩形工具）绘制的矩形，为其填充为【黑色】，再使用◯（椭圆工具）绘制两个灰色圆形，效果如图14-85所示。

02 在上面绘制一个矩形▨（交互式填充工具），填充【位图】，调整不透明度。效果如图14-86所示。

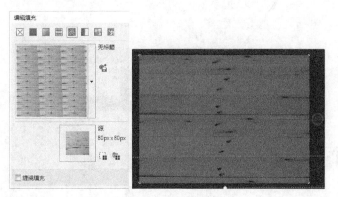

图14-85　绘制图形　　　　　　　　　　　　　　　　　图14-86　导航区域

03 绘制圆形，通过▨（透明度工具）制作气泡效果，绘制气泡上的高光。复制多个气泡，调整不同大小，将其组合，再通过【图框精确剪裁】命令剪裁矩形，效果如图14-87所示。

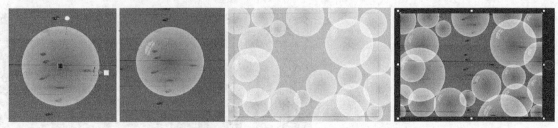

图14-87　制作气泡图框精确剪裁

04 绘制一个白色矩形，调整不透明度，键入文字完成制作。至此本例制作完毕，最终效果如图14-88所示。

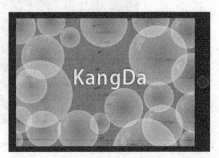

图14-88　最终效果

第 15 章

广告设计

本章针对CorelDRAW软件的矢量绘图以及位图编辑特性，将软件设计特色结合到创意与设计广告作品应用中。

实例
190 **手机广告**

┤ **实例目的** ├

　　本实例的目的是让大家了解在CorelDRAW X7中设计与制作手机广告的方法，最终效果如图15-1所示。

图15-1　最终效果

┤ **实例要点** ├

☆ 使用矩形工具绘制矩形
☆ 填充渐变色
☆ 导入素材
☆ 添加阴影
☆ 绘制艺术笔
☆ 应用艺术笔描边曲线

┤ **操作步骤** ├

01 执行菜单中【文件】/【新建】命令，新建一个默认大小的空白文档，使用▣（矩形工具）绘制一个矩形，使用▨（交互式填充工具）为矩形填充径向渐变色，效果如图15-2所示。

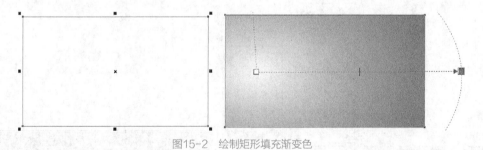

图15-2　绘制矩形填充渐变色

02 将【轮廓宽度】设置为3mm，执行菜单中【对象】/【将轮廓转换为对象】命令，如图15-3所示。

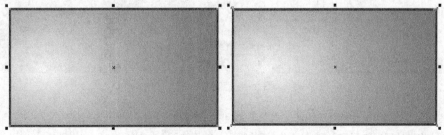

图15-3　转换为对象

03 使用 ▦（轮廓图工具）从边缘向内部拖动，为其创建轮廓，效果如图15-4所示。

04 导入"素材/第15章"中的"人物01"和"手机"，将素材移动到合适的位置，效果如图15-5所示。

图15-4　添加轮廓图

图15-5　导入素材

05 使用 ⌇（贝塞尔工具）绘制一个灰色图形，按Ctrl+PgDn组合键向后调整顺序，如图15-6所示。

06 导入"素材/第15章/草蔓"，调整到合适位置，复制副本，改变颜色，效果如图15-7所示。

图15-6　绘制图形调整顺序

图15-7　导入素材

07 使用 ◁（艺术笔工具）中的 ⊡（喷涂）绘制【乐器、气泡和气球】，效果如图15-8所示。

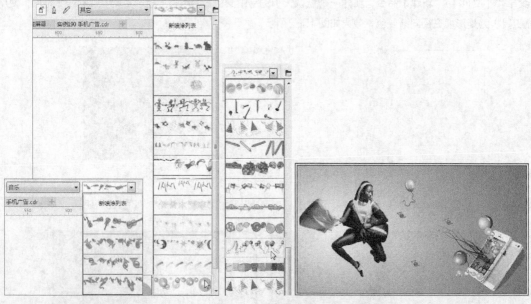

图15-8　绘制艺术笔

08 导入"素材/第15章/乐器"，使用 ▫（阴影工具）添加阴影，效果如图15-9所示。

09 使用同样的方法将其他乐器素材导入到文档中并添加阴影，效果如图15-10所示。

图15-9 为素材添加阴影

图15-10 导入素材

10 使用 ✎（贝塞尔工具）绘制一条曲线，如图15-11所示。

图15-11 绘制曲线

11 执行菜单中【效果】/【艺术笔】命令，打开【艺术笔】面板，选择一个笔触，为曲线进行描边，效果如图15-12所示。

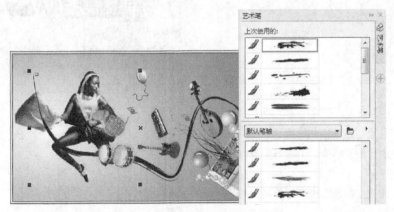

图15-12 描边曲线

12 在【颜色表】中单击▇（红色）色块，将面、边改变为【红色】，效果如图15-13所示。

13 绘制一个【轮廓】为【红色】、填充为【白色】圆角矩形，在上面键入文字，效果如图15-14所示。

图15-13 改变颜色

图15-14 添加阴影

14 绘制一个椭圆形，使用 ◻.（阴影工具）为其添加阴影，效果如图15-15所示。

15 按Ctrl+K组合键拆分阴影，将椭圆删除，至此本例制作完毕，最终效果如图15-16所示。

图15-15 添加阴影

图15-16 最终效果

实例 191 店铺宣传招贴

┤ 实例目的 ├

　　本实例的目的是让大家了解在CorelDRAW X7中绘制与制作店铺宣传招贴的方法，最终效果如图15-17所示。

图15-17 最终效果

┤ 实例要点 ├

☆ 使用矩形工具绘制矩形填充颜色

☆ 导入素材，制作倒影后应用【图框精确剪裁】命令

☆ 绘制艺术笔图案

☆ 键入文字，改变文字位置进行排版

☆ 添加轮廓图

☆ 插入字符

┤ 操作步骤 ├

01 执行菜单中【文件】/【新建】命令，新建一个默认大小的空白文档，使用◻（矩形工具）绘制一个矩形，将其填充为（C:17、M:0、Y:75、K:0）的颜色，如图15-18所示。

02 导入"素材/第15章"中的"手机"和"花纹"，将素材分别移动到合适的位置并进行相应的旋转，效果如图15-19所示。

03 使用◻（艺术笔工具）中的◻（笔刷），在背景上进行拖动，绘制【符号】类型中的画笔，效果如图15-20所示。

图15-18 绘制矩形填充颜色

图15-19　导入素材

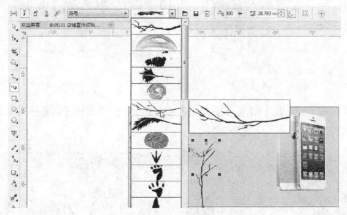

图15-20　绘制画笔

04 复制画笔并对副本进行旋转和缩小，效果如图15-21所示。

05 使用 🖊（艺术笔工具）中的 🖊（笔刷），在背景上进行拖动，绘制【符号】类型中的画笔，将画笔填充为【橘色】和【青色】，分别调整大小和位置，效果如图15-22所示。

图15-21　变换

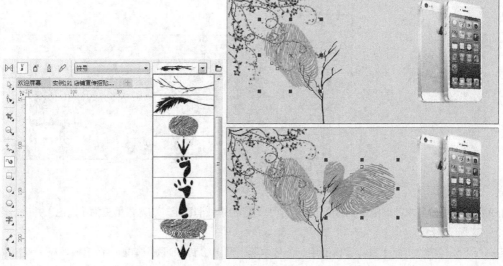

图15-22　绘制画笔

06 复制手机素材，再单击 ▓（垂直镜像）按钮，移动位置，效果如图15-23所示。

07 使用 ▓（透明度工具）在副本上拖动，为其添加渐变透明，效果如图15-24所示。

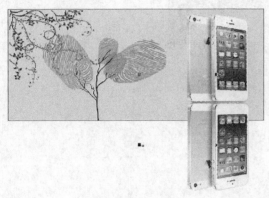
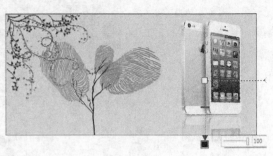

图15-23　垂直翻转　　　　　　　　　　　　　　　　　图15-24　透明设置

08 执行菜单中【对象】/【图框精确剪裁】/【置于图文框内部】命令，使用鼠标在后面的矩形上单击，将倒影添加到容器内，效果如图15-25所示。

图15-25　图框精确剪裁

09 使用 ▓（艺术笔工具）的 ▓（喷涂）在背景上拖动，填充【植物】类型中的画笔，效果如图15-26所示。

图15-26　选择画笔

10 按Ctrl+K组合键拆分艺术笔，将路径删除，再按Ctrl+U组合键取消群组，将对象填充为【黑色】并进行复制和缩小，效果如图15-27所示。

11 将蘑菇执行【图框精确剪裁】命令，再使用 ▓（艺术笔工具）绘制3个喷溅笔触，将笔触填充【紫色】，效果如图15-28所示。

图15-27 填充艺术图案

图15-28 应用图框精确剪裁绘制艺术笔工具

12 使用 （艺术笔工具）的 （喷涂）在背景上拖动，填充【其他】类型中的【云彩】笔触，效果如图15-29所示。

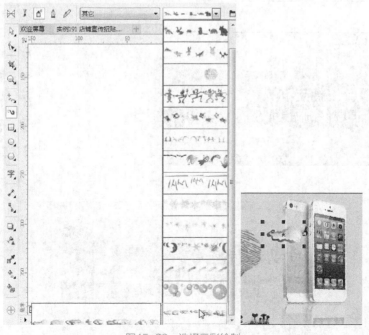

图15-29 选择云彩绘制

13 按Ctrl+K组合键拆分，再按Ctrl+U组合键取消群组，删除曲线和黑色云彩，效果如图15-30所示。

14 复制两个云彩，调整大小和方向，效果如图15-31所示。

15 使用 （文本工具）键入文字，移动文字位置重新进行排版，效果如图15-32所示。

图15-30　删除曲线和云彩

图15-31　复制云彩

图15-32　键入文字

16 选取文字，执行菜单中【对象】/【造型】命令，将文字变为一个整体，使用 （轮廓图工具）在文字边缘处向外拖动，为其添加轮廓图效果，在【属性栏】中设置【填充】为【黑色】，如图15-33所示。

图15-33　设置轮廓图

17 轮廓图调整完毕后，效果如图15-34所示。

18 执行菜单中【文本】/【插入字符】命令，在打开的【插入字符】面板中选择字符，如图15-35所示。

19 选择字符，将其拖动到文档中，调整位置和大小，至此本例制作完毕，最终效果如图15-36所示。

图15-34　添加轮廓图

图15-35　【插入字符】面板

图15-36　最终效果

实 例
192 汽车广告

实例目的

　　本实例的目的是让大家了解在CorelDRAW X7中绘制与制作汽车广告的方法，最终效果如图15-37所示。

图15-37　最终效果

实例要点

☆ 绘制矩形，填充渐变颜色
☆ 导入素材
☆ 进行垂直翻转，添加渐变透明
☆ 转换为位图
☆ 应用【虚光】特效
☆ 绘制轮廓线，转换为对象

操作步骤

01 执行菜单中【文件】/【新建】命令，新建一个默认大小的空白文档，使用□（矩形工具）绘制一个矩形，使用▣（交互式填充工具）为矩形填充径向渐变色，效果如图15-38所示。

02 复制矩形将其缩小，调整渐变色并去掉轮廓，效果如图15-39所示。

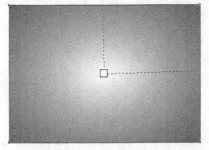

图15-38　绘制矩形填充渐变

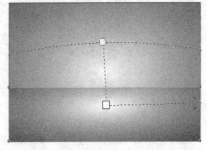

图15-39　填充渐变色

03 在两个矩形交会处，绘制一个白色矩形，效果如图15-40所示。

04 绘制一个白色圆形，将其转换为位图，执行菜单中【位图】/【创造性】/【虚光】命令，打开【虚光】对话框，其参数值设置如图15-41所示。

05 设置完毕，单击【确定】按钮，再绘制一个白色矩形，效果如图15-42所示。

图15-40　绘制矩形

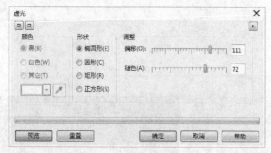

图15-41 【虚光】对话框

图15-42 应用虚光后的效果

06 绘制一个粉色圆形，使用 （透明度工具）添加渐变透明，效果如图15-43所示。

07 使用 （贝塞尔工具）绘制一个图形，再绘制两条线条，选取两条线条按Ctrl+Shift+Q组合键将轮廓转换为对象，再将3个对象一同选中，执行菜单中【对象】/【造型】/【简化】命令，将黑色线条删除，效果如图15-44所示。

08 使用 （透明度工具）设置透明，效果如图15-45所示。

图15-43 渐变透明

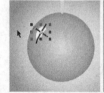

图15-44 造型

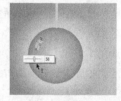

图15-45 虚光设置

09 导入"素材/第15章/蜘蛛网"，使用 （透明度工具）设置透明渐变透明，效果如图15-46所示。

图15-46 渐变透明

10 绘制一个圆形，选择渐变透明的对象，执行菜单中【对象】/【图框精确剪裁】/【置于图文框内部】命令，使用箭头在圆形上单击，将其添加到圆形容器内，效果如图15-47所示。

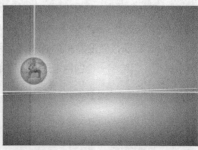

图15-47 图框精确剪裁

11 绘制一个圆形，使用█（变形工具）将圆变形，再使用█（透明度工具）添加渐变透明，效果如图15-48所示。

图15-48 变形及透明

12 导入"素材/第15章/汽车"，移到合适位置，如图15-49所示。

图15-49 导入素材

13 复制汽车，单击【属性栏】中█（垂直镜像）按钮，移动位置，使用█（透明度工具）添加渐变透明，效果如图15-50所示。

图15-50 制作倒影

14 绘制椭圆，将其转换为位图，再应用【虚光】特效，按Ctrl+PgDn组合键调整顺序，效果如图15-51所示。

图15-51 制作阴影

15 绘制曲线，按Ctrl+Shift+Q组合键将其转换为对象，使用█（透明度工具）添加渐变透明，效果如图15-52所示。

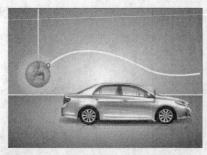

图15-52 绘制曲线转换为对象

16 复制曲线副本，进行旋转变换后填充其他颜色，效果如图 15-53 所示。

17 框选曲线，复制 3 个副本，分别进行变换调整，效果如图 15-54 所示。

图15-53 复制曲线 　　　　　　　　　　　　　　图15-54 复制并变换

18 使用 [文] （文本工具）键入文字，按 Ctrl+K 组合键进行拆分，重新调整文字版式，效果如图 15-55 所示。

19 为文字添加【轮廓宽度】为 3mm，效果如图 15-56 所示。

20 按 Ctrl+Shift+Q 组合键，将轮廓转换为对象，再按 Ctrl+PgDn 组合键调整顺序，至此本例制作完毕，最终效果如图 15-57 所示。

图15-55 键入文字

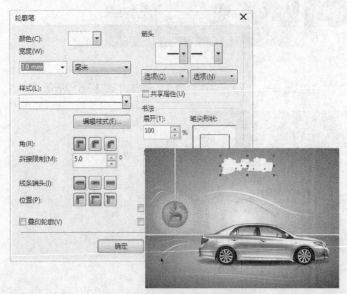

图15-56 添加文字轮廓 　　　　　　　　　　　图15-57 最终效果

实例 193 演唱会门票

▌实例目的▐

　　本实例的目的是让大家了解在CorelDRAW X7中绘制与制作演唱会门票的方法，最终效果如图15-58所示。

图15-58　最终效果

▌实例要点▐

　☆ 绘制矩形，填充渐变色

　☆ 转换为位图，应用【粒子】特效

　☆ 导入素材进行图像描摹

　☆ 设置不透明度和合并模式

　☆ 图框精确剪裁

　☆ 使用立体化工具制作立体文本

▌操作步骤▐

01 执行菜单中【文件】/【新建】命令，新建一个默认大小的空白文档，使用▢（矩形工具）绘制合适大小的矩形，为其填充渐变色，并导入"素材/第15章/欢呼"，如图15-59所示。

图15-59　绘制矩形填充渐变色并导入素材

02 复制矩形执行菜单中【位图】/【转换为位图】命令，将其转换为位图，再执行菜单中【位图】/【创造性】/【粒子】命令，打开【粒子】对话框，设置参数后，单击【确定】按钮，效果如图15-60所示。

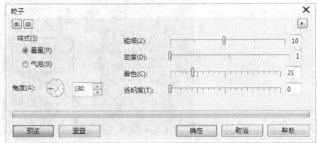

图15-60　【粒子】对话框

03 绘制梯形进行【旋转】复制后，再将其进行【合并】，然后使用 🔲（矩形工具）绘制一个与背景大小一致的矩形，最后将合并后的对象通过【图框精确剪裁】命令放置到矩形框内，效果如图15-61所示。

图15-61　图框精确剪裁

04 导入"素材/第15章/音乐人"，通过【轮廓描摹】/【徽标】命令，将其转换为矢量图，填充为【黑色】，调整渐变透明后，再将"音乐人"素材放置到上面，调整渐变透明，效果如图15-62所示。

图15-62　导入素材描摹位图

05 绘制艺术笔，键入文字，再为文字添加立体化效果。至此本例制作完毕，最终效果如图15-63所示。

图15-63　最终效果

实例 194 **商场促销广告**

┤实例目的├

　　本实例的目的是让大家了解在CorelDRAW X7中绘制与制作商场促销广告的方法，最终效果如图15-64所示。

图15-64　最终效果

┨ **实例要点** ┠

- ☆ 矩形工具
- ☆ 渐变填充
- ☆ 图框精确剪裁
- ☆ 交互式立体化
- ☆ 转换为位图
- ☆ 交互式透明

┨ **操作步骤** ┠

01 执行菜单中【文件】/【新建】命令，新建一个默认大小的空白文档，使用□（矩形工具）绘制合适大小的矩形，为其填充渐变色，再绘制两个圆形，调整透明度后，通过【图框精确剪裁】命令，将其剪裁到矩形内，效果如图15-65所示。

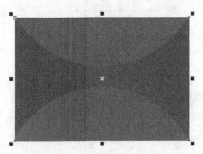

图15-65 图框精确剪裁

02 导入"素材/第15章/光纹"，设置【合并模式】为【亮度】，键入文字为其添加立体化并制作阴影，将立体文字转换为【位图】，垂直翻转后通过▣（透明度工具）制作倒影，效果如图15-66所示。

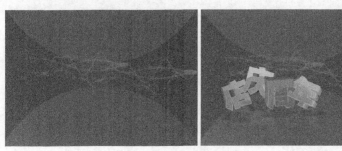

图15-66 倒影文字

03 使用▣（艺术笔工具）中的▣（喷涂）绘制艺术笔图案，效果如图15-67所示。

04 导入"素材/第15章/美女"，进行【徽标】描摹后，制作人物倒影，再键入文字完成制作。至此本例制作完毕，最终效果如图15-68所示。

图15-67 修饰图案

图15-68 最终效果

实例 195 公益广告

实例目的

本实例的目的是让大家了解在CorelDRAW X7中绘制与制作公益广告的方法，最终效果如图15-69所示。

图15-69　最终效果

实例要点

☆ 绘制矩形，填充渐变色
☆ 导入素材
☆ 通过【简化】造型命令制作修剪效果
☆ 通过艺术笔工具绘制书法笔触
☆ 调整不透明度

操作步骤

01 执行菜单中【文件】/【新建】命令，新建一个默认大小的空白文档，使用□（矩形工具）绘制合适大小的矩形，为其填充渐变色，效果如图15-70所示。

图15-70　绘制渐变色

02 绘制黑色矩形，通过【简化】命令制作减去效果，再绘制□（笔刷），调整不透明度，效果如图15-71所示。

图15-71　绘制笔刷

> **技巧**
>
> 笔刷也可以通过绘制路径，然后使用合适的笔触进行描边来进行制作。

03 导入素材移到合适位置，效果如图15-72所示。

04 键入文字。至此本例制作完毕，最终效果如图15-73所示。

图15-72　移入素材　　　　　　　　　　　　　　　　图15-73　最终效果

实例 196 电影海报

实例目的

　　本实例的目的是让大家了解在CorelDRAW X7中绘制与制作电影海报的方法，最终效果如图15-74所示。

图15-74　最终效果

实例要点

☆ 通过交互式透明混合多个素材

☆ 转换为位图

☆ 通过交互式轮廓调整文字扩展

☆ 使用图框精确剪裁，将图像嵌入到文字中

操作步骤

01 导入本例需要的素材，选择作为背景的两个图像叠在一起，通过 ▧（透明度工具）编辑椭圆形渐变，效果如图15-75所示。

02 将其他素材依次进行调整并编辑透明度，效果如图15-76所示。

图15-75　渐变透明设置　　　　　　　　　　　　　　图15-76　调整并编辑透明度

03 绘制圆形，转换为【位图】，再执行菜单中【位图】/【模糊】/【缩放】命令，打开【缩放】对话框，设置参数后，单击【确定】按钮，再调整渐变透明，效果如图15-77所示。

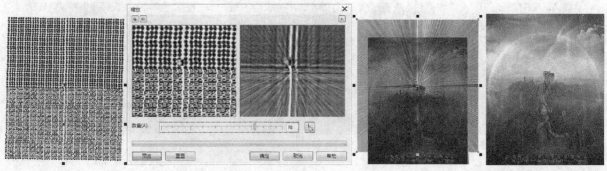

图15-77 【缩放】对话框

04 将导入的素材移到合适位置，对"文本"素材进行斜切处理，键入文字完成制作。至此本例制作完毕，最终效果如图15-78所示。

图15-78 最终效果

实例
197　旅游海报

┃ 实例目的 ┃

　　本实例的目的是让大家了解在CorelDRAW X7中绘制与制作旅游海报的方法，最终效果如图15-79所示。

图15-79 最终效果

┃ 实例要点 ┃

　　☆ 导入素材

　　☆ 调整顺序

　　☆ 键入文字

　　☆ 绘制艺术笔工具中喷涂对象

　　☆ 拆分艺术笔

　　☆ 取消群组

　　☆ 复制对象

┤操作步骤├

01 导入本例所需的素材，调整顺序移动位置，键入文字添加轮廓，并将文本中的单个文字调整为其他颜色，效果如图15-80所示。

图15-80 导入素材

02 绘制矩形，使用（透明度工具）调整透明，再使用（艺术笔工具）绘制画笔，拆分后选择单个艺术笔，在上面键入文字，效果如图15-81所示。

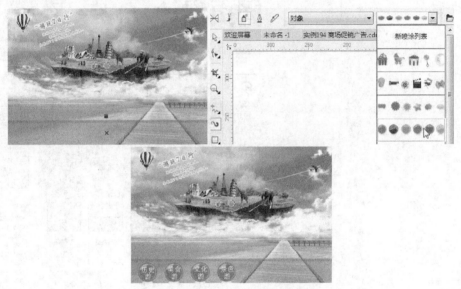

图15-81 调整

03 再绘制圆角矩形，调整不透明度，键入文字完成制作。至此本例制作完毕，最终效果如图15-82所示。

图15-82 最终效果

第 **16** 章

网页设计

本章针对CorelDRAW软件的矢量绘图以及位图编辑特性，将软件设计特色结合到创意与设计网页以及微网页作品中。

实例 **198** 天佑书吧微网页

实例目的

　　本实例的目的是让大家了解在CorelDRAW X7中设计与制作天佑书吧微网页的方法，最终效果如图16-1所示。

图16-1　最终效果

实例要点

☆ 使用矩形工具绘制矩形
☆ 填充PostScript纹理
☆ 填充渐变色
☆ 导入素材
☆ 添加透明
☆ 插入字符

操作步骤

01 执行菜单中【文件】/【新建】命令，新建一个默认大小的空白文档，使用▫（矩形工具）按照手机屏幕的大小比例绘制一个矩形，将其填充为【灰色】，效果如图16-2所示。

02 复制一个矩形，使用▨（交互式填充工具）填充▨（PostScript纹理）中的【彩色玻璃】，效果如图16-3所示。

03 使用▨（透明度工具）设置透明，效果如图16-4所示。

04 导入"素材/第16章/轮播图"，将素材移动到合适的位置并调整大小，效果如图16-5所示。

图16-2　绘制矩形填充颜色

图16-3　转换为对象

图16-4　设置透明

图16-5　导入素材

05 绘制一个圆形，使用▨（交互式填充工具）填充渐变色，再绘制一个大一点椭圆，框选两个对象，执行菜单中【对象】/【造型】/【相交】命令，如图16-6所示。

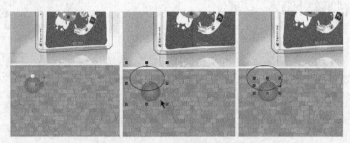

图16-6 绘制圆形，填充渐变色再进行相交造型

06 将相交的区域填充为【橘色】，删除大椭圆。使用 设置透明，效果如图16-7所示。

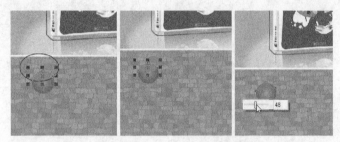

图16-7 填充颜色设置透明

07 复制对象将其缩小，再将多个对象框选复制一个副本，单击 按钮，将副本移动到合适的位置，效果如图16-8所示。

08 绘制一个圆角矩形，填充【橘色】并调整透明度，效果如图16-9所示。

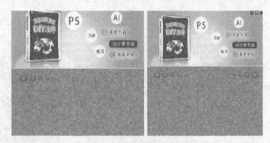

图16-8 复制并调整位置　　　　　　　　　　图16-9 绘制圆角矩形设置透明

09 执行菜单中【文本】/【插入字符】命令，打开【插入字符】面板，选择合适的字符移到圆角矩形上，将其填充为【白色】，键入白色文字，效果如图16-10所示。

10 使用 绘制一个白色矩形，如图16-11所示。

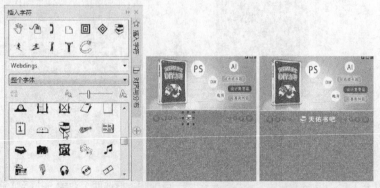

图16-10 插入字符　　　　　　　　　　图16-11 绘制矩形

11 绘制一个矩形，使用 🖌（交互式填充工具）填充渐变色，再绘制一个大一点椭圆，框选两个对象，执行菜单中【对象】/【造型】/【相交】命令，效果如图16-12所示。

12 将相交的区域填充【橘色】，删除大椭圆。使用 🖌（透明度工具）设置透明，效果如图16-13所示。

图16-12　应用相交命令

图16-13　设置透明

13 在上面键入文字后绘制两个椭圆，填充【橘色】，效果如图16-14所示。

14 绘制一个矩形，使用 🖌（交互式填充工具）填充渐变色，按Ctrl+PgDn组合键调整顺序，效果如图16-15所示。

15 键入文字并插入一个适合的字符，效果如图16-16所示。

16 使用同样的方法，制作另外的几个导航效果，如图16-17所示。

图16-14　填充橘色

图16-15　填充渐变色调整顺序

图16-16　插入字符

图16-17　导航效果

17 绘制一个矩形，使用使用 🖌（交互式填充工具）填充渐变色，再绘制一个矩形填充为【白色】并使用 🖌（透明度工具）设置透明度，然后键入白色文字，效果如图16-18所示。

18 下面再绘制一个橘色矩形，将其作为底部菜单，插入合适的字符并键入文字，至此本例制作完毕，最终效果如图16-19所示。

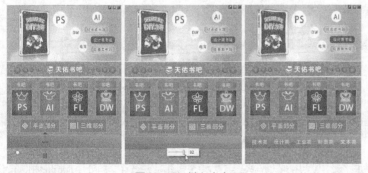
图16-18　键入文字

图16-19　最终效果

学校网页

实例目的

本实例的目的是让大家了解在CorelDRAW X7中绘制与制作学校网页的方法，最终效果如图16-20所示。

图16-20 最终效果

实例要点

☆ 绘制矩形和线条

☆ 导入素材

☆ 智能填充颜色

☆ 绘制圆形，填充渐变色

☆ 绘制图形

☆ 图框精确剪裁

操作步骤

01 执行菜单中【文件】/【新建】命令，新建一个默认大小的空白文档，使用 □ (矩形工具）绘制一个网页主页的矩形，为其填充为【白色】，再使用 ▨ (手绘工具）绘制3条线条，并通过 ▨ (智能填充工具）为下面的区域填充【灰色】，如图16-21所示。

02 导入在外部制作的素材并将其移动到合适的位置，在底部灰色区域键入文字，效果如图16-22所示。

图16-21 绘制矩形、直线并填充颜色

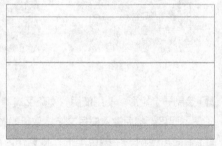

图16-22 移入素材

03 绘制矩形，按Ctrl+Q组合键将其转换为曲线，再使用 ▨ (形状工具）调整弧线，并在4个角处添加图形和圆形作为修饰，效果如图16-23所示。

04 导入调整图形上的素材。至此本例制作完毕，最终效果如图16-24所示。

图16-23　调整曲线并绘制修饰图形

图16-24　最终效果

儿童网页

实例目的

　　本实例的目的是让大家了解在CorelDRAW X7中绘制与制作儿童网页的方法，最终效果如图16-25所示。

图16-25　最终效果

实例要点

　☆　导入素材作为背景

　☆　绘制黑色矩形，应用透明工具制作渐变透明

　☆　绘制圆形，添加阴影

操作步骤

01 导入"素材/第16章/网页背景"，将其作为背景，绘制一个黑色矩形，通过 🔲 （透明度工具）编辑黑色矩形，效果如图16-26所示。

02 导入其他的素材并绘制导航区域，效果如图16-27所示。

图16-26　导入素材

图16-27　导航区域

03 绘制圆形、添加阴影、键入文字，再导入素材，制作网页的主体部分，效果如图16-28所示。

图16-28　网页主体

04 再绘制矩形调整不透明度，导入素材键入文字，完成网页的制作。至此本例制作完毕，最终效果如图16-29所示。

图16-29　最终效果